rororo

rororo

Zu diesem Buch

«Es war einmal ein Nichts. Das lag auf einer großen Weißen Ebene, die sich nach allen Seiten ins Unermessliche ausdehnte.» So beginnt die außergewöhnliche Geschichte des Computers Alex, der dem Nichts zu Hilfe kommt, als es herausfinden will, ob es wirklich ein Nichts sei. In Windeseile macht Alex sich ans Werk, und bald entsteht aus Nullen und Einsen, einigen Farben und simplen Rechnereien ein ganzes Universum skurrilster Formen – der Kosmos der Apfelmännchen und Fraktale. Die wundersamsten Dinge begegnen Alex auf seiner Reise durch diese fremde Welt: Mandelbrotbäume und Dreierdrachenringelschwänze, gezickte und gezackte Blitze und ein Elefantenrüsselkarussell – und mittendrin ein gefährlich aussehendes Schwarzes Loch.

Karl Günter Kröber, geboren 1933, studierte Mathematik und Philosophie in Jena und St. Petersburg. Er arbeitete zunächst am Institut für Philosophie der Deutschen Akademie der Wissenschaften zu Berlin, bevor er 1970 als Professor für Wissenschaftstheorie das Institut für Theorie, Geschichte und Organisation der Wissenschaft (ITW) gründete. Sein derzeitiges Interesse gilt Fragestellungen zur Strukturbildung durch Palindromisierung.

Karl Günter Kröber

Das Märchen vom Apfelmännchen

Band 1: Wege in die Unendlichkeit

Rowohlt Taschenbuch Verlag

rororo science

Lektorat Angelika Mette

Originalausgabe
Veröffentlicht im Rowohlt Taschenbuch Verlag GmbH,
Reinbek bei Hamburg, September 2000

Fachliche Beratung Eva Ruhnau
Humanwissenschaftliches Zentrum,
Ludwig-Maximilians-Universität München
Redaktion Imke Hoffmann
Layout und Herstellung Constanze Hinz
Umschlaggestaltung Barbara Hanke
Foto: Tony Stone Images/Stephen Johnson
Satz: Utopia PostScript, QuarkXPress 4.04
Gesamtherstellung Clausen & Bosse, Leck
Printed in Germany
ISBN 3 499 60881 2

Inhalt

Vorwort

Ist dieses Buch ein Sach- oder ein Bilderbuch, ein Fach- oder ein Märchenbuch? So mag sich der wissenschaftlich versierte Leser fragen, der bei «Apfelmännchen» sogleich an die Mandelbrot-Menge und die fraktale Geometrie denkt. Doch auch wer das Apfelmännchen vielleicht mit einem Apfelbäumchen assoziiert und sich dabei des Märchens von Frau Holle erinnert, in dem das Apfelbäumchen darum bittet, geschüttelt zu werden, damit es seiner reifen Äpfel ledig werde, mag sich die gleiche Frage stellen. Ich wünsche mir, dass es sowohl das eine wie das andere ist, eine Art Sach-Bilderbuch oder Fach-Märchenbuch also, und hoffe, mit dieser Begriffskombination nicht allzu großen Ärger bei strengen Literatur- und anderen Wissenschaftlern zu erregen.

Die Mandelbrot-Menge – «Apfelmännchen» ist ihr bürgerliches Pseudonym – ist eine mathematische Struktur in der komplexen Zahlenebene, die uns nur über ihre Visualisierung durch den Computer bekannt geworden ist. Sie ist ein Objekt der fraktalen Geometrie, das am besten durch unseren visuellen Sinn erfasst werden kann. «Mit den Fraktalen kehren die Bilder in die Mathematik zurück», so ist ein aufschlussreiches Interview überschrieben, das Heinz-Otto Peitgen 1993 der Zeitschrift «Kunstforum» gegeben hat. Ähnlich äußert sich Benoît B. Mandelbrot: «... die Computergrafik bringt das Sehen zurück, als wesentlichen Bestandteil des Denk-, Forschungs- und Entdeckungsprozesses.»

Ob man in diesem Zusammenhang von einer Wende sprechen kann, von einem Jahrhundert der Algebraisierung in der Mathematik zu einem Jahrhundert der experimentellen Mathematik, in der Sehen und Denken gleichermaßen gefragt sind, wage ich nicht zu beurteilen. Sollte sich eine solche Wende aber gegenwärtig vollziehen, dann steht das vorliegende Buch in ihrem Zeichen.

Sehr viel unzweifelhafter ist es in anderer Hinsicht das Ergebnis einer Wende. Es wäre ohne die politische Wende in der früheren DDR nicht geschrieben worden. Sich in einem Zeitraum von drei und mehr Jahren konzentriert und ohne nennenswerte äußere Störungen mit einem scheinbar so abgelegenen Problem wie der phänomenologischen Beschreibung der Mandelbrot-Menge zu befassen, dazu bedarf es der Muße. Ich verdanke sie der Abwicklung der Akademie der Wissenschaften der DDR und des Instituts für Theorie, Geschichte und Organisation der Wissenschaft (ITW), an dem ich über zwanzig Jahre lang tätig gewesen war.

Zeugnis einer Wende ist das vorliegende Buch schließlich auch im Hinblick auf mein wissenschaftliches Arbeitsgebiet. Noch in den achtziger Jahren hatte ich mich von logisch-methodologischen Problemen der Wissenschaft, mit denen ich vorher stärker befasst gewesen war, dem Problem der Entwicklung von Wissenschaft zugewandt. Anknüpfend an frühere mathematische Studien und latente naturwissenschaftliche Interessen, suchte ich Wissenschaft als einen irreversiblen gesellschaftlichen Prozess und wissenschaftliche Theoriendynamik als Übergänge dissipativer kognitiver Strukturen weitab vom Gleichgewicht zu neuen stabilen Gleichgewichtszuständen aus der Sicht der Theorie der Evolution und Selbstorganisation zu verstehen. Das Vorhaben selbst blieb indes wegen nicht verfügbarer Forschungsmittel auf der Strecke.

Die Beschäftigung mit der Theorie dynamischer nichtlinearer Systeme, der Chaosforschung und der fraktalen Geometrie hatte jedoch die Jugendliebe zur Mathematik aus ihrem Dornröschenschlaf, in dem sie mehrere Jahrzehnte hinter der dichten Hecke einer sich allmächtig und allwissend dünkenden Ideologie verbracht hatte, wieder erwachen lassen. Der Königssohn aber, der diese Wandlung bewirkt hatte, war das Apfelmännchen.

Der Umgang mit dieser mathematischen Struktur – anhand der Literatur und am Computer – erwies sich als eine geradezu märchenhaft schöne Art, Wissenschaft zu betreiben. Als ich eines Tages – im Dezember 1989 war es wohl – den Computer gebeten hatte, die Mandelbrot-Menge doch einmal bei der Iterationszahl Eins zu zeigen und er mir eine leere weiße Ebene präsentierte, war der erste Satz des «Märchens vom Apfelmännchen» geboren worden: «Es war einmal ein Nichts.» Und nachdem das Apfelmännchen aus dem Weißen Nichts erschaffen war, begann des Computers Alex abenteuerliche Reise durch dessen Inneres.

Alex ist inzwischen verstorben. Er war ein 386er Computer, arbeitete mit 16 MHz und einem mathematischen Co-Prozessor, um auch kompliziertere Aufgaben mit einigermaßen passabler Rechengeschwindigkeit lösen zu können.

Ich habe vielen Personen zu danken, deren Unterstützung und Beistand zum Gelingen und zum Erscheinen des Werkes beigetragen haben. Es mag ungewöhnlich sein, eine Danksagung mit der Erwähnung von Literatur zu beginnen, doch kann ich nicht umhin, zwei Titel zu nennen, die mich in die Welt der Fraktale eingeführt haben und denen ich es verdanke, dass ich mich dem für mich neuen Gegenstand voll zugewandt habe: Benoît B. Mandelbrots «Die fraktale Geometrie der Natur» (Akademie-Verlag Berlin 1987) und Heinz-Otto Peitgens und Peter H. Richters «The Beauty of Fractals» (Springer-Verlag Berlin, Heidelberg, New York, Toronto, Tokyo 1986).

Das Programm, nach dem Alex seine Reisebilder erzeugte, stammt in seiner ursprünglichen Fassung von Herrn Dr. Dieter Schmidtke und in einer späteren, wesentlich vervollkommneten Variante von Herrn Dr. Christian Schmidt (beide Berlin). Die erste Fassung des Textes schrieb meine langjährige Sekretärin, Frau Renate Führer, noch am ITW.

Während ich mit Alex im malumitischen Universum – wie die Mandelbrot-Menge in diesem Buch gelegentlich auch genannt wird – hin und her reiste, war es meine Schwester, Frau Ursula Kilkowski (Erfurt), die fast alle Alltagsprobleme von mir fern gehalten hat und deren innige Anteilnahme an unseren Erlebnissen nicht unwesentlich zur Fertigstellung des Buches beigetragen hat.

Besonderen Dank schulde ich meinen ersten Zuhörern und Kritikern, Peter und Michael Hanschke, damals neun und zwölf Jahre alt. Als Peter nach einmaligem Anhören der Geschichte, wie das Apfelmännchen aus dem Nichts geboren wurde, eine Woche später die Hauptgedanken frei zu reproduzieren vermochte, war mir dies eine wichtige Bestätigung in meinem Glauben, für Kinder, die gern erwachsen sein wollen, vielleicht doch den rechten Ton gefunden zu haben. Ob dies auch für Erwachsene zutrifft, die gern Kinder bleiben möchten, muss sich nun erweisen, da das Buch ihrer Kritik anheim steht.

Fertig gestellt habe ich das Manuskript im Frühjahr 1993, während eines zweimonatigen Gastaufenthaltes am Wissenschaftskolleg zu Berlin. Dessen Rektor, Herrn Prof. Dr. Wolf Lepenies, bin ich zu Dank verpflichtet, dass ich an diesem hervorragenden Ort kreativer wissenschaftlicher Kommunikation die Vorzüge des Gedankenaustauschs mit den anwesenden Fellows erfahren und die ausgezeichneten Serviceleistungen des Kollegs in Anspruch nehmen durfte.

Seitdem hat das Manuskript fünf Jahre im Schubfach gelegen, gelegentlich auch auf dem Schreibtisch dieses oder jenes Lektors. Dass es schließlich doch nicht der nagenden Kritik der Mäuse anheim fiel, ist Frau Irene Kaiser und Herrn Dr. Bernhard Tesche (beide Berlin) zu danken, die mir den Weg zu Herrn Thomas Karlauf wiesen; dessen entschiedenes Engagement für Alex und seine Abenteuer traf sich seinerseits mit der Zuneigung, mit der Herr Jens Petersen, damals noch im Rowohlt Verlag Reinbek, Alex von Anfang an begegnete. Im Verlag selbst wurde Alex von Frau Angelika Mette liebevoll an die Hand genommen; der Text seines Berichts wurde von Frau Imke Hoffmann (Hamburg) sorgfältig und sachkundig lektoriert, während Frau Constanze Hinz (Hamburg) und Herr Dieter Duday (Leck) für eine gute drucktechnische Qualität der Bilder Sorge trugen.

In diesem Buch lernt der Leser Alex noch ganz als den naiven Beobachter kennen, der staunend zur Kenntnis nimmt, was sich ihm an wunderlichen Welten darbietet. Erst später wird er zum prüfenden Beobachter werden, der verwegene Hypothesen über die Binnenstruktur des Apfelmännchens aufstellt, sie prüft und modifiziert. Dabei unterlaufen ihm gelegentlich auch Irrtümer, von denen ich hoffe, dass sie ihn dem Leser nur sympathischer machen werden.

Die Bilder wurden in Turbo-Pascal 5.0 im PCX-Format hergestellt und sodann ins TIF-Format konvertiert. Ihre Koordinaten sind am Schluss des Buches zusammengestellt; für jedes Bild werden die Koordinaten der linken oberen Ecke (ReStart, ImStart) und der rechten oberen bzw. unteren Ecke (ReEnd) sowie die jeweilige Iterationszahl angegeben.

Ich wünsche Alex auf seiner Reise zu den Menschen, den Kleinen wie den Großen, viel Glück.

Berlin, im April 2000
Karl Günter Kröber

Peitgen, H.-O.: *Mit den Fraktalen kehren die Bilder in die Mathematik zurück.* In: Kunstforum, **124**, Nov. / Dez. 1993 (116–117)
Mandelbrot, B. B.: *Fraktale und die Wiedergeburt der Experimentellen Mathematik.* In: Peitgen, H.-O., Jürgens, H., Saupe, D.: Bausteine des Chaos – Fraktale. Berlin / Heidelberg 1992 (5)

Einleitung

«In einem schönen fernen Reiche, von welchem die Sage geht, dass die Sonne in seinen ewig grünen Gärten niemals untergehe, herrschte von Anfang an bis heute die Königin Phantasie. Mit vollen Händen spendete diese, seit vielen Jahrhunderten, die Fülle des Segens über die Ihrigen und war geliebt, verehrt von allen, die sie kannten. Das Herz der Königin war aber zu groß, als dass sie mit ihren Wohltaten bei ihrem Lande stehen geblieben wäre; sie selbst im königlichen Schmuck ihrer ewigen Jugend und Schönheit stieg herab auf die Erde; denn sie hatte gehört, dass dort Menschen wohnen, die ihr Leben in traurigem Ernst, unter Mühe und Arbeit hinbringen. Diesen hatte sie die schönsten Gaben aus ihrem Reiche mitgebracht, und seit die schöne Königin durch die Fluren der Erde gegangen war, waren die Menschen fröhlich bei der Arbeit, heiter in ihrem Ernst. Auch ihre Kinder, nicht minder schön und lieblich als die königliche Mutter, sandte sie aus, um die Menschen zu beglücken. Einst kam Märchen, die älteste Tochter der Königin, von der Erde zurück. Die Mutter bemerkte, dass Märchen traurig sei, ja hie und da wollte es ihr bedünken, als ob es verweinte Augen hätte.» So beginnt die Einleitung zu einer bekannten Märchensammlung.

Von der königlichen Mutter befragt, warum es seit seiner Reise zur Erde so traurig und niedergeschlagen sei, antwortete Märchen, es fühle nur zu gut, dass die Menschen es nicht mehr mögen.

«Überall, wo ich hinkomme, begegnen mir kalte Blicke, nirgends bin ich mehr gerne gesehen: Selbst die Kinder, die mich doch immer so lieb hatten, lachen über mich und wenden mir altklug den Rücken zu», sprach es. Dies komme daher, dass die Menschen kluge Wächter aufgestellt hätten, die alles, was aus dem Reiche der Königin Phantasie zu ihnen komme, mit scharfen Blicken musterten und prüften.

«Wenn nun einer kommt, der nicht nach ihrem Sinne ist, so erheben sie ein großes Geschrei, schlagen ihn tot oder verleumden ihn doch so sehr bei den Menschen, die ihnen aufs Wort glauben, dass man gar keine Liebe, kein Fünkchen Zutrauen mehr findet.» Nicht einmal Märchen wollten sie mehr zu sich einlassen.

Die Königin Phantasie erkannte in diesem Missgeschick das Werk ihrer bösen Muhme Mode, die sie und ihre Kinder verleumdet hatte. Sie redete ihrer Tochter zu, der Mode zum Trotz erneut zu versuchen, die Zuneigung der Menschen zu gewinnen, und wenn die Älteren, von der Mode betört, es auch gering schätzten, so möge sie sich an die Kleinen wenden. Und die Phantasie kleidete Märchen in das zierliche Gewand eines Almanachs, in das glänzende Farben und schöne Figuren eingewoben waren.

So stieg Märchen erneut herab auf die Erde, schläferte die rauen Wächter ein, indem es mit dem Zeigefinger viele Zeichen und belebte Bilder beschrieb, die es in buntem Gewimmel an ihnen vorüberziehen ließ, bis ein freundlicher Mann auf es zutrat, der es zu seinen Kindern zu führen versprach und ihm in seinem Hause ein stilles, freundliches Plätzchen geben wollte. «Dort kannst du wohnen und für dich leben», sprach er. «Wenn dann meine Söhne und Töchter gut gelernt haben, dürfen sie mit ihren Gespielen zu dir kommen und dir zuhören. Willst du so?»

Märchen folgte ihm gern und befleißigte sich fortan, ihnen zuweilen ein heiteres Stündchen zu bereiten.

Das war vor vielen, vielen Jahren. Seither geht Märchen auf unserer Erde in immer neuen Gewändern einher, um den Kleinen zu gefallen und von den Großen nicht verstoßen zu werden. Noch immer wird es freilich von der stets jungen Mode eine alte Jungfer gescholten, wird ihm der Zutritt zu dieser oder jener Stube verwehrt und drohen leichtfüßige und windige Gesellen in modischer Aufmachung, seine Stelle einzunehmen.

Da begab es sich vor nicht allzu langer Zeit, dass ihm ein Wissenschaftler begegnete, der seine Hand ergriff und es mit sich führen wollte. Märchen erschrak sehr, denn es hatte bisher nur wenige Wissenschaftler kennen gelernt, die ihm von Herzen zugetan waren. Erst als es hörte, dass dieser hier es von jeher liebte und er sich in seiner Kindheit und auch noch später von ihm oft und gern in das Reich der Phantasie hatte entführen lassen, fasste es Zutrauen.

Der Wissenschaftler aber versprach Märchen ein neues Gewand, so fein und ungewöhnlich, wie es noch keines je getragen. Es sollte von einem Computer hergestellt werden, einem wissenschaftlich gebildeten, der zwar nicht mit den reichhaltigen Gaben der Phantasie ausgestattet war, dessen übermenschliche rechnerische Fähigkeiten jedoch nie gesehene Gebilde in den seltsamsten Formen und in den leuchtendsten Farben zu erzeugen vermochten, die den Menschen, den jungen wie den alten, wohl gefallen möchten und an denen sich ihre Phantasie stets von neuem entzünden könne. Wenn sich Märchen mit dem Computer zusammentun wolle, so brauchten die Kinder auch nicht erst dann zu ihm zu kommen, nachdem sie gut gelernt haben, sondern sie konnten schon lernen, indem sie einfach bei ihm weilten und ihm zuhörten. Selbst die Muhme Mode sähe sich außerstande, die Verbindung der Tochter der königlichen Mutter Phantasie mit dem Sohn der ehrwürdigen Mutter Wissenschaft zu verachten oder gar zu verleumden.

Märchen gefiel der Vorschlag. Es lächelte dem Wissenschaftler zu, ließ sich von ihm führen und wurde so zum Computer-Märchen, indem es den Computer zum Märchen-Computer machte. Beide warben von nun an um die Gunst der Kleinen, die gern erwachsen sein wollten, und um die der Großen, die gern Kinder bleiben wollten.

Prolog Auf der Großen Weißen Ebene

Aus dem zu erfahren ist, wie das Apfelmännchen durch ein Spiel mit besonderen Zahlen und mit Hilfe des Computers Alex aus dem Weißen Nichts geboren wird.

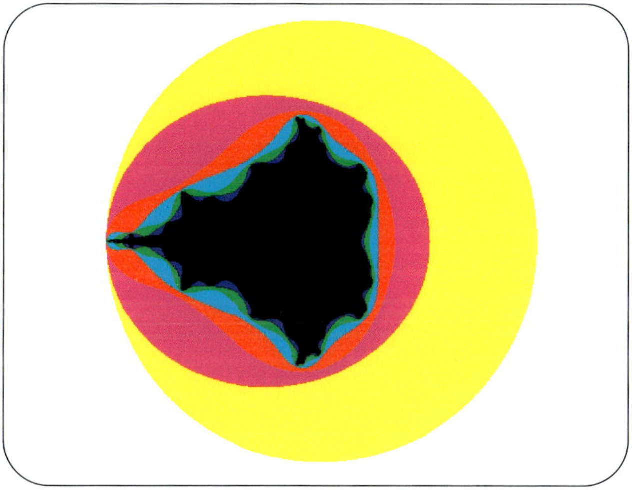

1

Das Nichts, die Große Weiße Ebene und die Zahlen

Es war einmal ein Nichts. Das lag auf einer Großen Weißen Ebene, die sich nach allen Seiten hin ins Unermessliche ausdehnte – nach links und nach rechts, nach oben und nach unten. Ganz leer war die Große Weiße Ebene. Nichts war auf ihr zu sehen, nicht einmal das Nichts, denn das war selbst weiß.

Es gefiel dem Nichts, weiß zu sein. «Weiß», so sagte es sich, «ist weit mehr als Schwarz. Wäre ich ein Schwarzes Nichts, so hätte ich Armes nicht einmal eine Farbe. Das Schwarze Nichts ist ein richtiges Nichts. Ich dagegen bin vielleicht gar kein echtes Nichts. Vielleicht bin ich nur deshalb Nichts, weil ich weiß bin und auf der Großen Weißen Ebene liege, sodass mich keiner sehen kann.»

Und es beschloss zu untersuchen, ob es wirklich ein Nichts sei.

Wie aber sollte es das anstellen? Wie sollte es sich selbst untersuchen, wenn es nicht einmal einen Computer besaß? Es hatte schon davon gehört, dass man mit Computern alles Mögliche anstellen und untersuchen kann, Tennis oder Fußball spielen zum Beispiel. Allerdings muss, wer gegen einen Computer antritt, sehr geschickt sein, wenn er viele Tore schießen oder viele Punkte sammeln will. Auch Auto fahren kann man mit dem Computer. Da geht es mitunter ziemlich gefährlich zu, etwa wenn der Fahrer mit zu hoher Geschwindigkeit eine Kurve ansteuert oder vor der Kurve überholt und um ein Haar mit einem entgegenkommenden Auto zusammenprallt. Das Gute am Computerspiel ist, dass beim Autounfall niemand wirklich verletzt wird. Der Computer nimmt den Fehler nicht übel; er kichert vielleicht kurz, denn auch Rechner können schadenfroh sein, und danach ist er sogleich zum nächsten Spiel bereit. Es gibt sogar Computer, mit denen man Krieg spielen, Flugzeuge abschießen, Raumschiffe durch Raketen zerstören, ja selbst Menschen umbringen kann. Das Nichts hatte von ihnen gehört, mochte sie aber gar nicht. Vor Kindern, die an solchen Spielen Freude haben, fürchtete es sich; vielleicht deshalb, weil es glaubte, sie gewännen später das Kriegspielen so lieb, dass es ihnen nichts ausmachen würde, richtige Flugzeuge oder Raumschiffe mit richtigen Geschützen und Raketen abzuschießen und dabei auch Menschen zu töten. Viel lieber wäre es ihm gewesen, wenn alle Kinder nur immer Frieden spielen würden. Aber wie spielt man Frieden? Das ist eine schwere Frage. Das Nichts wusste nicht, was es darauf antworten sollte. Auf alle Fälle fand es friedvolle Spiele den Menschen viel angemessener als Kriegspiele.

Von allen Menschen mochte das Nichts besonders diejenigen, die es verstanden, Computer zu bauen, mit denen sich aus nichts fast alles machen – oder zumindest: mit denen sich aus Zahlen fast alles denken ließ. Denn Zahlen mussten schon dabei sein. Gäbe es keine Zahlen, könnte selbst der gescheiteste Computer nur lauter Nichtse hervorbringen. Ohne Zahlen kann auch kein Nichts mit Hilfe des Computers sich selbst untersuchen. Zahlen sind sogar wichtiger als Computer, denn wo es Zahlen gibt, lässt sich mit ihnen sogar dann spielen, wenn gar kein Computer vorhanden ist.

Deshalb beschloss das Weiße Nichts, sich zunächst einmal Zahlen zu schaffen. Das war ganz einfach: Es brauchte sie sich nur zu denken. Es teilte in Gedanken die nach allen Seiten unendlich weite Weiße Ebene, auf der es lag, durch ein Kreuz, hockte sich selbst in den Mittelpunkt des Kreuzes und dachte sich hier die Null. Die Null gefiel dem Nichts nun mal besonders gut, weil sie ihm so ähnlich war. Die Null, so glaubte es, ist unter allen Zahlen diejenige, die, wenn sie sich nur nicht mit anderen Zahlen zusammentut, selber ein Nichts ist.
Sodann dachte es sich die anderen Zahlen auf den beiden Balken des Kreuzes der Reihe nach angeordnet: rechts die positiven – eins, zwei, drei und so weiter –, links die negativen – minus eins, minus zwei, minus drei und so fort. Nach oben und nach unten verfuhr es ähnlich, hängte jedoch aus lauter Übermut an alle Zahlen nach oben und nach

unten ein «i» an. Das «i» sollte bedeuten, dass aus ihm eine negative Eins wird, wenn man es mit sich selbst multipliziert. Und um in den Lücken zwischen den ganzen Zahlen nicht verloren zu gehen, füllte es sie mit vielen anderen Zahlen aus. Zwischen die Eins und die Zwei schob es die 1,5, dann zwischen die 1 und die 1,5 die 1,25 und so weiter. Es packte die Zahlen so dicht zusammen, dass nicht einmal ein Nichts zwischen zwei benachbarte Zahlen passte.

Als es so auf der Großen Weißen Ebene im Zentrum des Balkenkreuzes auf der Null hockte, rechts und links, oben und unten von so vielen Zahlen umgeben, hatte das Nichts auf einmal das Gefühl, vielleicht selbst eine Zahl zu sein – oder dass es doch wenigstens aus einem Spiel mit Zahlen entstanden sein könnte.

Da es nichts anderes zur Verfügung hatte als sich selbst, also Nichts, und die Zahlen, die es sich gedacht hatte, nahm es sich ganz einfach eine Zahl her und begann, mit ihr zu spielen. Es setzte sie zum einen Teil aus einer Rechts- oder Links-Zahl und zum anderen Teil aus einer Oben- oder Unten-Zahl, denen es das «i» beigefügt hatte, zusammen. Nun begann es, diese recht komplizierte Zahl von der Gestalt $x + iy$ mit sich selbst zu multiplizieren. Das war ziemlich schwierig, aber das Nichts schaffte es, denn es war im Kopfrechnen schon immer gut gewesen. Als es damit fertig war, zählte es zum Spaß zu dem Ergebnis noch die Zahl dazu, mit der es das Spiel begonnen hatte. So erhielt es schließlich eine neue Zahl, auf die es ganz stolz war.

Es fand das Spiel recht amüsant und wiederholte es für alle Zahlen, so weit es nach rechts und nach links, nach oben und nach unten auf der Großen Weißen Ebene zu blicken vermochte. Das war nicht eben weit. Nach rechts und links konnte es gerade noch bis drei schauen; nach oben und unten reichte es nicht einmal so weit. Dennoch hatte das Nichts ganz schön zu tun, für alle Zahlen, die in seinem Gesichtskreis lagen, nach der Spielregel, die es sich selbst ausgedacht hatte, neue Zahlen zu finden. Nachdem ihm dies gelungen war, atmete es auf und besah, was es sich beschert hatte.

Da war noch immer die Große Weiße Ebene mit dem gedachten Balkenkreuz, in dessen Nullpunkt es selber hockte. Durch das Spiel aber hatte das Nichts zu jeder Zahl auf der Ebene eine neue hinzugefügt. Als es sich diese neuen Zahlen besah, stellte es fest, dass es sie durchaus alle überblicken konnte. Darüber freute es sich, und da es ohnehin nichts anderes zu tun hatte, begann es das Spiel von neuem. Es nahm nacheinander jede der neuen Zahlen und wandte die Spielregel noch einmal auf sie an. Da es aber sehr viele Zahlen gab und manche von ihnen schon viel größer geworden waren als die, mit denen es ursprünglich zu spielen begonnen hatte, bat es einen Computer, der – wie es der Zufall wollte – gerade herren- und arbeitslos des Weges kam und nach Problemen Ausschau hielt, das eintönige Rechnen zu übernehmen.

I Die Große Weiße Ebene

Es verspürte auch schon leichte Kopfschmerzen von der vielen Rechnerei. Und jedes Spiel kann ja auch ermüden, vor allem, wenn es immer nur wiederholt wird und noch dazu mit Rechnen verbunden ist. Dem Computer aber machte das Rechnen gar nichts aus. Im Gegenteil; dafür war er ja geschaffen. Und je mehr und je größere Zahlen es waren, mit denen er gefüttert wurde, desto größeren Spaß machte es ihm. Solch einen Computer nahm das Nichts also jetzt zu Hilfe und setzte mit ihm sein Spiel fort.

Alex nimmt sich der Zahlen an

Alex, so hieß der Computer, schnaubte einmal kurz und hatte im Nu alle neuen Zahlen errechnet. Und da sich das Nichts für ihre Größe interessierte, teilte er sie sogleich in zwei Klassen ein: in solche, die schon ganz groß geworden, und in solche, die noch einigermaßen überschaubar geblieben waren. Er gehörte eben zu den intelligenten Computern.

Dem Nichts aber war dabei ganz schwindlig geworden. Es drehte sich ihm im Kopf, drehte und drehte sich, bis es sich selbst wie ein Kreisel im Kreise drehte und dabei einen Kreis bildete.
Als es bemerkte, dass aus ihm ein Kreis geworden war, wunderte es sich sehr, doch erschrak es darüber keineswegs, denn es hatte ja schon früher vermutet, dass es vielleicht gar kein richtiges Nichts sei. Nun fand es sich als Kreis wieder und war ein ganz klein wenig stolz darauf. Vor allem freute es sich, dass alle Zahlen, die innerhalb des Kreises lagen, immer noch gut überschaubare neue Zahlen erzeugt hatten, während alle anderen schon bedenklich groß geworden waren.
Mit der Verwandlung in einen Kreis erwachte im Nichts aber auch die Eitelkeit. Alle Welt sollte jetzt sehen, dass es kein Nichts mehr war, dass es Gestalt angenommen und sich zum Kreis geformt hatte. Alex konnte diesen Wunsch gut verstehen und färbte den Kreis mit einem leuchtenden Gelb.

2

Da erwachte in dem gelben Kreis, der vormals ein Weißes Nichts auf der Großen Weißen Ebene gewesen war, die Neugier, was in ihm wohl noch alles stecken könnte, und es bat den Computer, mit dem Spiel fortzufahren. Der freute sich, denn die Sache war so recht nach seinem Geschmack. Er fraß alle neuen Zahlen in sich hinein, wandte die schon bekannte Spielregel noch einmal auf sie an und erhielt wiederum neue Zahlen, die er alsbald, wie zuvor, in zwei Klassen einteilte: solche, die er immer noch gut überblicken konnte, und solche, die schon so groß waren, dass sie kaum noch auf seinem Bildschirm Platz fanden, als er sie aufschreiben wollte.

3

Der gelbe Kreis fühlte dabei ein sonderbares Drücken rundum, von oben und unten ziemlich gleichmäßig, von rechts aber stärker als von links. Er seufzte auf und gab dem Druck nach. Da wurde er zum Ei. Wieder hatte Alex die diesmal entstandenen neuen Zahlen in zwei Klassen geteilt: na, ihr wisst schon, in welche. Diejenigen, die außerhalb des Eies lagen, auf dem gelben Kreis und auf der Großen Weißen Ebene, waren noch viel größer geworden; die aber, die sich genau über dem Ei befanden, waren nach wie vor handlich, und es ließ sich gut mit ihnen weiterrechnen.

Zuvor aber verlieh er auch dem Ei, das sich links an den Rand des Kreises gedrängt sah, eine eigene Farbe und färbte es, einer zufälligen Laune folgend, fuchsinrot.

Nachdem sich das Weiße Nichts im ersten Spielzug noch selbst wieder erkannt hatte, im zweiten Schritt zum gelben Kreis geworden war und sich im dritten – immer mit Alex' Hilfe – zu einem Ei geformt hatte, stellte es dem Computer anheim, was aus ihm noch weiter werden würde. Der jauchzte, denn das Spiel gefiel ihm, und er fuhr sogleich mit ihm fort.

4

Im nächsten Schritt, dem vierten, drückte er das fuchsinfarbene Ei an dessen rechter Seite etwas zusammen, und auch von oben und von unten schrumpfte es ein wenig. Zu seinem linken Rand hin buchtete es sich am meisten ein, hielt sich aber, um nicht jeglichen Halt zu verlieren, am linken Rand des gelben Kreises fest. Es sah jetzt aus

5

wie eine kleine dicke Birne, und Alex entschied sich beim Färben diesmal für Rot.

Ehe die rote Birne wusste, wie ihr geschah, war Alex schon beim nächsten Schritt, dem fünften. Bei dem wurde nun auch die rote Birne von rechts her etwas abgeplattet, schrumpfte ganz leicht von oben und unten und wölbte sich in einer feinen Kurve zum linken Rand hin, in dessen Nähe so etwas wie ein kurzer Stummel entstand. Um neunzig Grad gedreht, glich das Gebilde einer Glocke mit türkisblauem Geläut. Und weiter ging's in immer schnellerem Tempo.

6

Der türkisblauen Glocke folgte ein plattgedrückter, grasgrüner Frosch, in den sich im nächsten Schritt etwas Dunkelblaues hineinlegte, sodass nur noch die äußersten Ränder grün hervorlugten. Da die Spielregel immer dieselbe blieb, entstanden in allen folgenden Schritten immer neue Figuren, die sich nur dadurch voneinander unterschieden, dass das Gebilde im Innern des gelben Kreises, des fuchsinfarbenen Eies, der roten Birne, der türkisblauen Glocke, des grasgrünen Frosches und so weiter immer neue Zacken zeigte, dabei von Schritt zu Schritt etwas kleiner wurde und jedes Mal eine andere Farbe bekam.

7

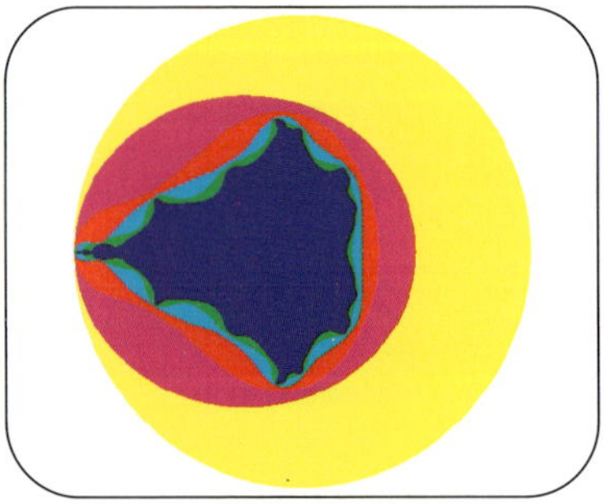

8

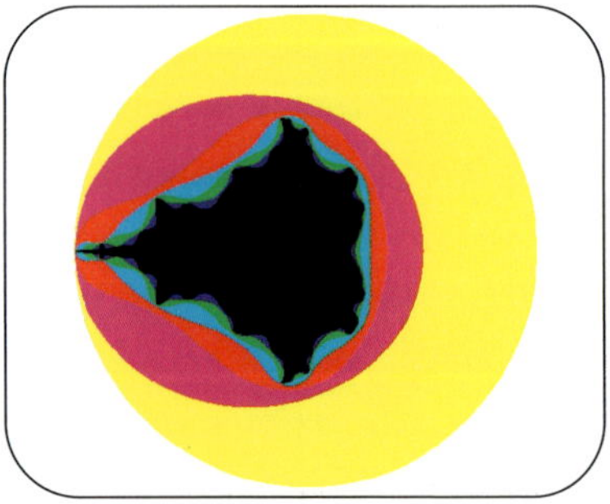

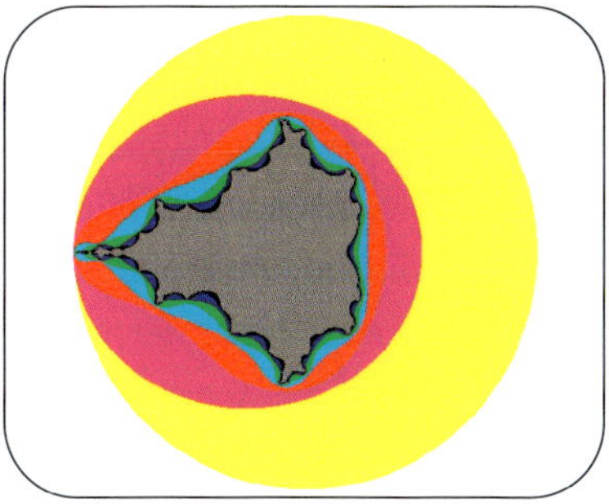

9

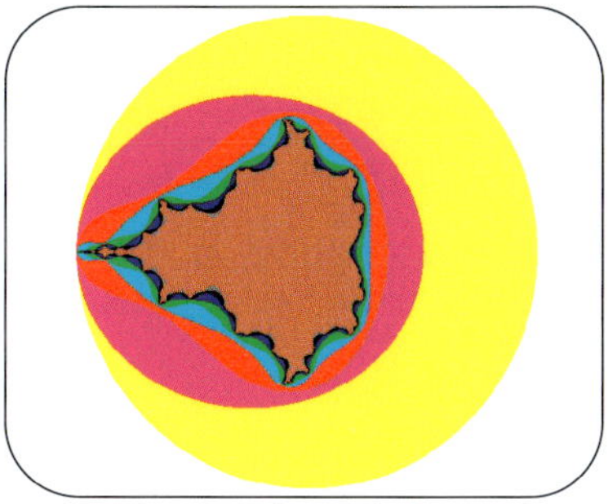

10

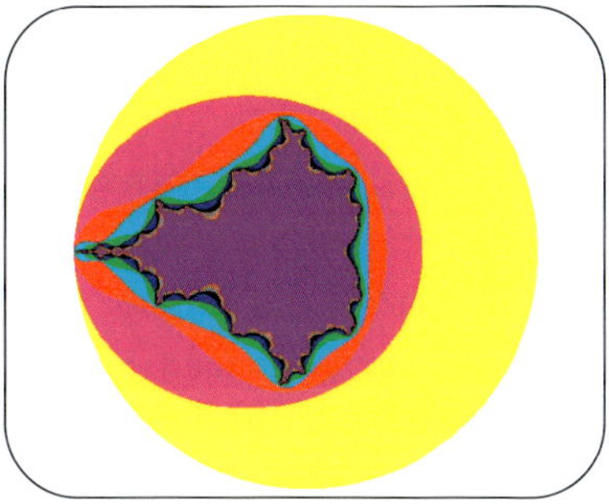

11

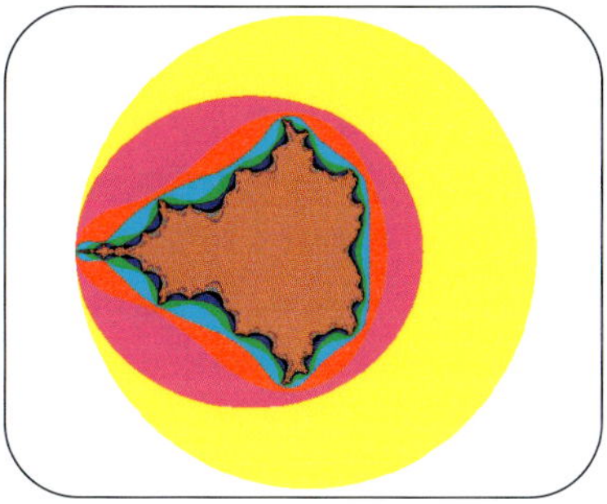

12

13

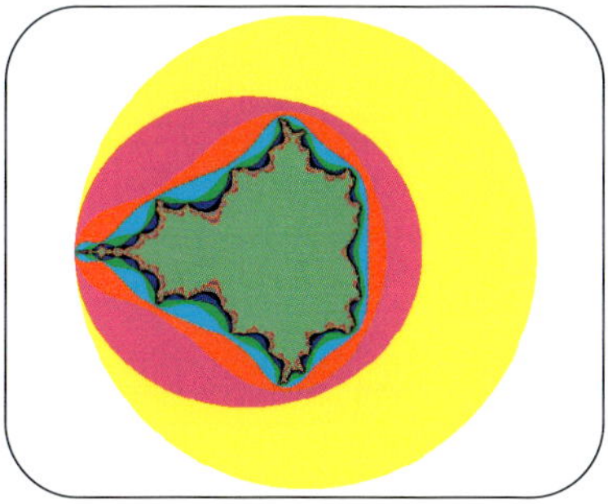

14

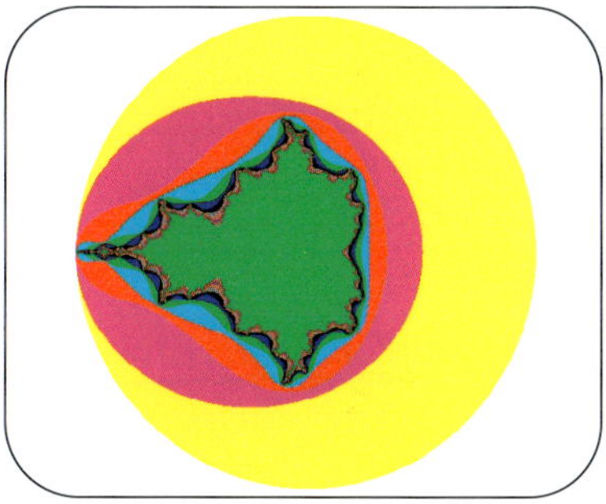

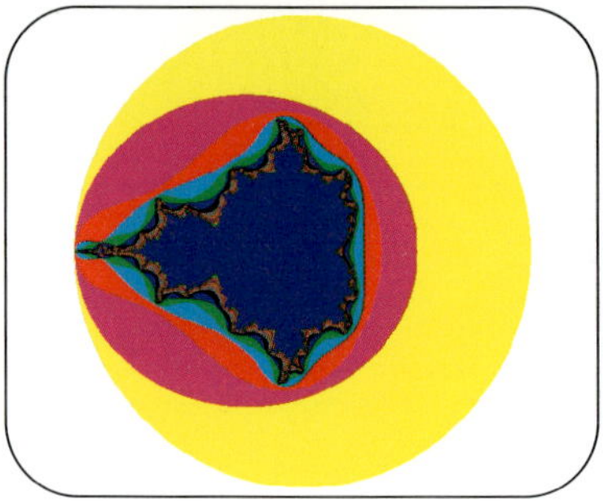

15

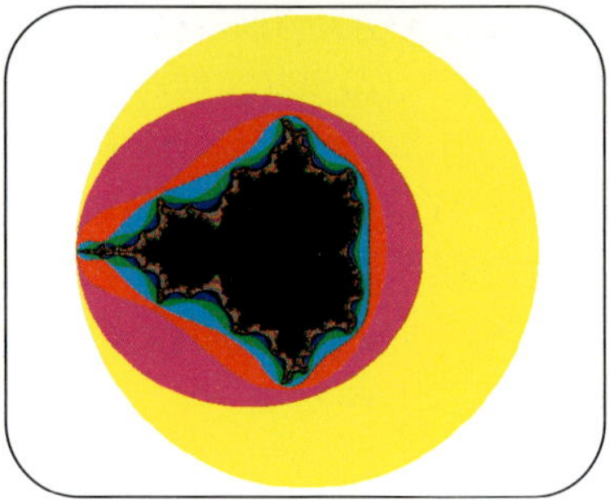

16

Nach sechzehn Schritten stellte Alex mit Entsetzen fest, dass er über keine Farben mehr verfügte, die er noch hätte vergeben können. Deshalb ließ er den Innenraum einfach schwarz. Doch da er ein intelligenter Computer war, wusste er sich zu behelfen und fing im nächsten Schritt mit den Farben einfach wieder von vorn an. Der Schreck aber, der ihn erfasst hatte, als ihm die Farben ausgegangen waren, ließ ihn einen Moment lang innehalten und die Figur genauer betrachten, die nun vor ihm lag.

Pause zum Phantasieren

Computer sind zwar gute und schnelle Rechner, haben aber nur wenig Phantasie. Sosehr sich Alex auch mühte, das schwarze Gebilde im Innern des gelben Kreises, des fuchsinfarbenen Eies, der roten Birne, der türkisblauen Glocke, des grasgrünen Frosches und so weiter mit irgendetwas zu vergleichen, es wollte ihm nichts Passendes einfallen. So etwas hatte er noch nie gesehen. Ins Innere des Gebildes ragten mehrere kleine Buchten hinein, die sich alle irgendwie ähnelten, von denen die einen aber etwas größer und breiter, die anderen hingegen kleiner und schmaler waren. Es ließ sich schwer feststellen, um wie viele solcher Einbuchtungen es sich handelte, denn jede war selbst wieder mehrfach eingebuchtet. Etwas Besonderes schien sich am linken Rand des Gebildes abzuspielen, in jener Gegend, zu der sich schon der gelbe Kreis, das fuchsinfarbene Ei, die rote Birne, die türkisblaue Glocke und der grasgrüne Frosch so unwiderstehlich hingezogen gefühlt hatten. Dort verlief jetzt ein schnurgerader schmaler Weg, der sich einige Male etwas verbreiterte und genau bis an den Rand des gelben Kreises, des fuchsinfarbenen Eies, der roten Birne, der türkisblauen Glocke, des grasgrünen Frosches und so weiter reichte. Man hätte in ihm auch den Fühler eines dicken Insekts sehen können, aber dazu fehlte es Alex – wie gesagt – an Phantasie. Der runde, mit zwei Stielaugen versehene Kopf saß unmittelbar auf dem breiten Rumpf auf. Dieser zeigte auf jeder Seite – im Bild oben und unten – drei kleinere Auswüchse, die die kurzen Beinchen des Insekts hätten sein können. Auch auf den rechten Rand des schwarzen Gebildes konnte sich Alex keinen Reim machen. Als guter Computer bemerkte er lediglich, dass die Figur, indem sie sich an verschiedenen Stellen unterschiedlich stark zusammengezogen hatte, hier und da rundliche Formen anzunehmen begann.

Endspurt

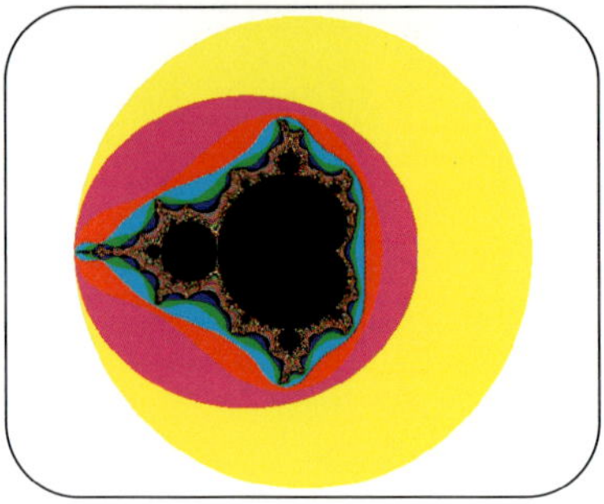

17 Das Große Apfelmännchen

Wie Computer nun einmal sind, wollen sie alles genau wissen. Und so stürmte Alex weiter, übersprang flugs die nächsten sechzehn Schritte mit einem einzigen Satz, überzeugte sich, dass das Ding da tatsächlich wieder etwas runder geworden war, machte noch einige Sprünge von der gleichen Weite und ging dann vom achtzigsten Schritt gleich zum hundertsechzigsten über. Hier holte er tief Luft und sprang im nächsten Satz sage und schreibe so weit, wie ihn sechzehnhundert Schritte getragen hätten, wenn er sie von Anfang an und fein gemächlich einen nach dem anderen gegangen wäre.
Hier angekommen, hielt er inne, denn während der letzten großen Sprünge, die ihn viel Kraft gekostet hatten, waren in der merkwürdigen Figur kaum noch wahrnehmbare Veränderungen vor sich gegangen. Lediglich ihr Rand war noch feiner, noch zerklüfteter und noch bunter geworden; er schien jetzt aus vielen aneinander gereihten kreisförmigen Scheiben zu bestehen, kleineren und größeren. Imposant zeichnete sich der große Kreis links von dem eingebeulten Hauptkörper ab; in seinem Rand waren wiederum kleinere und größere Kreise eingelagert. Aber auch die beiden mittelgroßen Kreise oben und unten konnten sich sehen lassen. Und alle ähnelten sich. Alex überlegte sogar, ob es sich nicht um Wiederholungen der gesamten Figur handelte. Doch irgendwie schienen sie zugleich auch anders zu sein.

Da er die Spielregel stets genau eingehalten hatte, lagen über dem gesamten schwarzen Gebiet im Innern der Figur auch jetzt noch solche Zahlen, mit denen es sich gut rechnen ließ. Diejenigen Zahlen aber, die den bunt gefärbten Teilen der Figur entsprachen, waren immer größer und größer geworden, sodass es aussah, als wollten sie ins Unendliche wachsen. Das erstaunte Alex zunächst, doch dann fiel ihm ein, dass er das ja eigentlich selbst gewollt hatte, als er auf die Idee gekommen war, den gelben Kreis aus dem Weißen Nichts hervorzuzaubern, indem er die Zahlen in zwei Klassen einteilte, die ... Ihr erinnert euch? Und da er an dieser Gewohnheit über alle Schritte, alle Sätze und den letzten großen Sprung hinweg festgehalten hatte, brauchte ihn das Ergebnis nicht sonderlich zu überraschen, und er konnte sich wieder der Betrachtung der Figur hingeben.

Namensgebung

Besonders beeindruckte ihn das schwarze Zentrum der Figur. Alex, in Mathematik gut geschult, erkannte sofort, dass diese Figur eine Kardioide war, wie die Mathematiker zu sagen pflegen. Damit können wir aber nichts anfangen. Erinnert sie uns vielleicht an einen Apfel? Natürlich gibt es keine schwarzen Äpfel. Wer wollte schon mit Lust in einen schwarzen Apfel beißen? Aber der Apfel muss ja nicht unbedingt schwarz sein. Hätte Alex die Farben anders gewählt, so wäre vielleicht ein grüner oder ein roter oder ein goldgelber Apfel entstanden, und die wären uns schon viel sympathischer.

Apfel hin, Apfel her, die Figur als Ganzes gleicht eben doch keinem Apfel. Wer genügend Phantasie hat, sieht in ihr ein winziges Insekt mit dickem, ovalem Bauch und einem Kopf, aus dem ein Fühler oder eine Antenne ragt. Wer sie dreht und aufs Hinterteil setzt, könnte in ihr ein kleines, dickes Männchen sehen, mit kurzen rundlichen Beinchen (wie viele eigentlich?), mit einem großen Kopf, den nur ein schmales Halsende vom Rumpf trennte und der von einer spitz auslaufenden Krone geschmückt ist. Unten Apfel, im Ganzen aber Männchen also. Warum sollten wir es nicht «Apfelmännchen» nennen? Ein schöner Name und so recht dafür geschaffen, etwas zu bezeichnen, das weder Apfel noch Männchen ist.

Alex war es egal, wie die Figur heißen sollte. Er akzeptierte jeden

Namen, bat sich aber aus, denselben Namen nicht mehrmals zu vergeben, denn das hätte ihn durcheinander gebracht.
So wurde aus dem Nichts das Apfelmännchen geboren. Und da sage noch einer, das sei nichts!

Kapitel 1 **Reisevorbereitungen**

Das Apfelmännchen bittet Alex, ihm behilflich zu sein, sich selbst zu erkennen. Zu diesem Zweck rüstet sich Alex mit einem Mikroskop und einer Taschenlampe aus, deren Licht erst all die wundersamen Welten entstehen lässt, die ihm auf seiner Reise durch das Innere des Apfelmännchens begegnen.

18 Das Apfelmännchen in voller Größe

Lob der Neugier

In seiner ganzen Pracht präsentierte sich das Apfelmännchen auf dem Bildschirm des Computers. Es war sehr stolz darauf, sich aus einem Weißen Nichts über einen gelben Kreis, ein fuchsinfarbenes Ei, eine rote Birne, eine türkisblaue Glocke, einen grasgrünen Frosch und mancherlei anderes zu diesem wundersamen Gebilde entwickelt zu haben. Als es so auf der Weißen Ebene lag, kein unterschiedsloses Nichts mehr, sondern in bunt strukturiertem Gewande, überfiel es die Neugier noch heftiger als zuvor. Ihr erinnert euch? – Die Neugier hatte das Weiße Nichts dazu verleitet zu untersuchen, ob es wirklich nur ein Nichts sei. Und sie war es gewesen, die es just vom Nichts zum Apfelmännchen hatte werden lassen.

Die Neugier ist doch eine feine Sache. Nur wer neugierig ist, erfährt viel Neues. Eltern haben ihre Freude daran, wenn ihre Kinder Fragen über Fragen stellen und alles wissen möchten. Mitunter aber bringt die Neugier der Kinder die Eltern auch in Schwierigkeiten. Etwa wenn sie fragen, woher die Löcher im Käse kommen, warum der Himmel blau ist, wie man sein eigenes Bild im Spiegel zu fassen bekommen oder warum man nicht über seinen eigenen Schatten springen kann. Ein beliebtes Spiel, bei dem Eltern oder auch Lehrer zuweilen nach einiger Zeit nicht mehr weiterwissen, besteht darin, mit der Frage nach dem Warum von irgendetwas zu beginnen und nach jeder Antwort einfach wieder «Warum?» zu fragen. Versucht es selbst einmal.
Die Neugier ist eine lobenswerte Eigenschaft, die kleine Kinder und große Wissenschaftler gemeinsam haben. Von dem englischen Physiker Isaac Newton wird erzählt, er habe sich einst, als er einen Apfel vom Baum fallen sah, gefragt, warum der Apfel nach unten falle; das Nachdenken über diese Frage habe ihm schließlich zu der Entdeckung verholfen, dass die Kraft, die den Apfel zur Erde zieht, dieselbe ist wie jene, die den Mond um die Erde und die Planeten um die Sonne kreisen lässt.

Der griechische Philosoph Aristoteles gar hat ein umfangreiches Werk mit dem Titel «Problemata» geschrieben, das nur aus lauter Warum-Fragen und aus seinen Antworten besteht; fast tausendmal fragt er nach dem Warum von allem Möglichen. Hier einige Beispiele: «Warum beseitigt der Kohl den Kater?», «Warum ist es schwer, bergan zu gehen?», «Warum gähnt man, wenn andere gähnen, als Reaktion darauf auch?», «Warum haben alle Lebewesen eine gerade Anzahl von Füßen?», «Warum wächst die Raute am schönsten und am reichsten, wenn man sie in einen Feigenbaum einpflanzt?» Oder auch: «Warum haben die Menschen am Anfang für körperliche Wettkämpfe einen Preis ausgesetzt, nicht dagegen für Weisheit?»

Die Neugier des Apfelmännchens indes war von anderer Art. Es fragte nicht nach dem **Warum** seiner Existenz, sondern nach dem **Wie** seiner Erscheinung. So wie ein kleines Kind neugierig sich selbst betrachtet, seine Händchen und Füßchen, seine Finger und Zehen, seine Nase, die Augen und Ohren betastet und staunt, was alles an ihm dran ist, so interessierte sich das Apfelmännchen nicht für das, was außerhalb von ihm lag, sondern nur dafür, wie es selbst aussah. Und wie ein kleines Kind wohl in den Spiegel blickt, um sein eigenes Gesicht, die Nase, die Augen und die Ohren anzuschauen, die es ohne ihn ja nicht sehen kann, so bat das Apfelmännchen seinen Freund, den Computer Alex, er möge ihm doch behilflich sein, sich selbst zu betrachten.

Alex fühlte sich durch diese Bitte geschmeichelt. Computer lieben es genauso wenig wie Menschen, tatenlos herumzusitzen. Bevor er das Apfelmännchen aus dem Weißen Nichts hervorgezaubert hatte, war er einem arbeitslosen Wissenschaftler zu Diensten gewesen. Der hatte viele Ideen und Pläne im Kopf gehabt, die er ohne Alex nicht verwirklichen konnte. Er saß jeden Tag vom frühen Morgen bis spät in die Nacht an seinem Schreibtisch. Dabei interessierte sich für das, was er in all den Tagen und Nächten dachte, schrieb und rechnete, niemand außer er selbst, und niemand gab ihm auch nur einen Pfennig dafür.

Und so geriet er bald in arge Not; er wusste bei all seiner Gelehrsamkeit nicht mehr, wovon er die Miete für seine ohnehin kleine und bescheidene Wohnung zahlen sollte, den Strom, den Alex und sein Bildschirm verbrauchten, sowie all die Hard- und Software, mit der der Computer regelmäßig versorgt werden musste, um in seiner Entwicklung nicht hinter den Kollegen zurückzubleiben. So verkaufte er einen Teil seiner Bücher, welche die Regale in seinem Zimmer und auch noch im Keller füllten und die er sehr liebte. Am meisten aber schmerzte ihn, als er sich auch noch von dem Computer trennen musste, denn ohne ihn konnte er zwar noch denken und auch noch schreiben, aber nicht mehr all die komplizierten Berechnungen ausführen, die er benötigte, um seinen Ideen nachgehen zu können. So war neben dem Wissenschaftler auch Alex arbeitslos geworden, und beide waren darüber gar nicht glücklich.

Alex hatte die erste Zeit nach seinem Ausscheiden aus dem Dienst bei seinem Freund in einem dunklen Keller zugebracht, umgeben von allerlei Gerümpel und nach kurzer Zeit in dichte Spinnweben gehüllt. Bald war sein Bildschirm von einer dicken Staubschicht bedeckt, die eine klare Sicht verhinderte. Für einen Computer der Spitzenklasse konnte dieser Zustand nicht anhalten, und Alex fasste den Entschluss, auf Wanderschaft zu gehen. Da es Computern aber nicht gegeben ist, aus einem ihnen unwürdigen Verließ einfach auszubrechen, blieb ihm nur, heimlich von Problem zu Problem zu wandern. So war er im Problemraum aufgebrochen, in dem sich Computer mindestens ebenso wohl fühlen und ihre Abenteuer bestehen wie wir in dem Raum, in dem wir leben und arbeiten. Versteht ihr nun, dass Alex vor Freude geradezu außer sich geriet, als er auf das Weiße Nichts traf und dieses ihn bat, ihm beim Spiel mit den Zahlen behilflich zu sein und – nachdem es zum Apfelmännchen geworden war – sich selbst zu betrachten?

Wo beginnen?

Es drängte Alex, sofort an die Arbeit zu gehen. Wo aber sollte er beginnen? Mit der Krone, dem Kopf, Hals, Rumpf oder dem Hinterteil? Sollte er oben oder unten, rechts oder links anfangen? Welchen der größeren oder kleineren Kreise, die den inneren Rand des Apfelmännchens bildeten, sollte er sich als ersten vornehmen?

Sosehr er auch nachdachte und alle Logik, die in ihm steckte, bemühte, es wollte ihm nichts Gescheites einfallen, worauf er seine Entscheidung hätte gründen können. Deshalb verzichtete er auf die Logik und versuchte es anders. Er erinnerte sich, gehört zu haben, dass der Wissenschaftler, dem er früher gedient hatte, ein Linker gewesen war. Was das bedeutete, wusste Alex nicht, aber es war ihm sympathisch, denn er hatte den Wissenschaftler sehr gern gehabt. Links galt ihm deshalb als erstrebenswert. Und so beschloss er, sich nach links hin zu orientieren. Wenn er links ankommen wollte, musste er rechts beginnen. Das war nun wieder logisch. Also fasste er den Plan, bei der Beschreibung des Apfelmännchens von rechts nach links vorzugehen. Auf der äußersten Rechten befand sich das Hinterteil, ganz links war die Krone. Dazwischen lagen der Kopf und das Halsende. Da der runde Kopf fast so aussah, als sei er eine verkleinerte Ausgabe des ganzen Apfelmännchens, glaubte Alex, auf seine gesonderte Betrachtung vorerst verzichten zu können. Hinterende, Halsende und Krone wollte er, von rechts nach links vorgehend, deshalb als Erste genauer studieren. Erst später wollte er sich dann den oberen und den unteren Bereichen des Apfelmännchens widmen.

Mit Mikroskop ...

Nachdem er sich entschieden hatte, **wo** er das Werk beginnen wollte, dachte er darüber nach, **wie** dies wohl anzustellen sei. Eigentlich war es ganz einfach. Er brauchte nur auf dem Balkenkreuz an die entsprechende Stelle zu rutschen, die er sich genauer besehen wollte, sich dort einen mehr oder weniger großen Ausschnitt des Apfelmännchens herauszunehmen und ihn auf die Größe seines Bildschirms zu bringen. Das war so, als würdet ihr ein winziges Insekt, ein dünnes Blatt, ein feines Härchen oder einen Tropfen Wasser unter einem Mikroskop betrachten. Das könntet ihr ja auf verschiedene Vergrößerungsstärken einstellen und würdet, wenn ihr eine ganz dünne Scheibe eines grünen Blattes unter dem Okular liegen habt, vielleicht das Blatt zuerst noch als Ganzes sehen können, dann irgendwelche feinen Linien und andere Strukturen, die von den Biologen Zellen genannt werden. Und wenn ihr den Ausschnitt noch stärker vergrößert, könnt ihr in einer einzelnen Zelle sogar den Zellkern und noch manches andere entdecken.

Genauso wollte Alex das Apfelmännchen anschauen. Freilich musste er dabei beachten, dass sein Mikroskop nicht das allermodernste war. So hatte es die Eigenschaft, alles, worauf es gerichtet wurde, auf den Kopf gestellt zu zeigen. Da das Apfelmännchen aber in seiner oberen Hälfte genauso gebaut war wie in seiner unteren, würde das, so meinte Alex, nicht stören. Er fand es sogar ganz lustig, dass ihm während seiner Reise durch die unteren Regionen des Apfelmännchens alles so erscheinen würde, als gehöre es zum oberen Teil.

Mit Gemälden, die in eurer Stube hängen, könnt ihr das natürlich nicht machen. Christian Morgenstern, der Erfinder des «Lattenzauns, mit Zwischenraum, hindurchzuschaun», und einer Tagnachtlampe, «die, sobald sie angedreht, selbst den hellsten Tag in Nacht verwandelt», wusste von solchen auf den Kopf gestellten Gemälden zu sagen:

«Bilder, die man aufhängt umgekehrt,
mit dem Kopf nach unten, Fuß nach oben,
ändern oft verwunderlich den Wert,
weil ins Reich der Phantasie erhoben.»

Mit Alex, seinem Mikroskop und dem Apfelmännchen indes lagen die Dinge anders. Man konnte das Apfelmännchen um seine horizontale Mittelachse drehen, sodass der obere Teil zum unteren wurde und umgekehrt, ohne dass es dabei – wie die umgekehrt aufgehängten Bilder des Herrn Morgenstern – einen phantastischen Wertewandel erführe; im Gegenteil: Niemand vermochte das herumgedrehte Apfelmännchen vom ursprünglichen zu unterscheiden.

Schon wollte Alex das Mikroskop auf das spitze Hinterende des Apfelmännchens richten, als ihm gerade noch rechtzeitig einfiel, dass in den Konturen des Apfelmännchens ja bei jedem Schritt, jedem Satz und jedem großen Sprung, den er bei dessen Geburt vollführt hatte, Veränderungen vor sich gegangen waren. Zugegeben, zuletzt hatte man sie kaum noch wahrnehmen können, doch immerhin ... Das Apfelmännchen, begriff er jetzt, besaß also gar keine eindeutige und endgültige Gestalt. Betrachtete man es im Ganzen, so zeichnete es sich durch eine imposante und einprägsame Figur aus, und wärt ihr ihm auf der Straße begegnet, hättet ihr es wie einen guten Freund sofort wieder erkannt. Sicher würdet ihr seine äußeren Umrisse sogar mit geschlossenen Augen in groben Zügen zeichnen können, so einfach und übersichtlich ist seine Gestalt. Wollt ihr wissen, warum? Aber ihr wisst es ja schon! Ihr braucht euch nur zu erinnern, dass sich sein Äußeres nur noch wenig verändert hatte, nachdem Alex bei der Geburt des Apfelmännchens die ersten sechzehn Schritte vollzogen hatte und dann in ebensolchen Sätzen weitergehastet war bis zu 160 und schließlich in einem großen Sprung gleich bis 1600. Einzig und allein der innere Rand des Apfelmännchens hatte sich mit höherer Schrittzahl noch verändert, war immer feiner und zerklüfteter geworden, sodass sich bei ganz hoher Schrittzahl mit bloßem Auge nur noch wenige Einzelheiten in dem Gewimmel von bunten Punkten unterscheiden ließen.

... und Taschenlampe

Die Anzahl der Schritte, die Alex macht, oder, mit anderen Worten, wie viele Male er die Spielregel, die sich das Nichts ausgedacht hat, auf jeden Punkt anwendet, entscheidet also darüber, wie groß die Zahl ist, die diesem Punkt schließlich entspricht. Und da er jedem Punkt eine andere Farbe gab, je nachdem, bei welcher Schrittzahl die ihm entsprechende Zahl unüberschaubar groß zu werden drohte, und weil er nur diejenigen Punkte ohne Farbe, also schwarz, beließ, deren Werte bei beliebig großer Schrittzahl immer noch endlich waren, lag es auf der Hand, dass er erwarten konnte, in manchen schwarzen Gebieten am Rand des Apfelmännchens bunte Gebilde entstehen zu sehen, wenn er die Schrittzahl erhöhte. Diese Entdeckung begeisterte ihn so sehr, dass er ihr sofort einen Namen gab. Er nannte die Anzahl der Schritte von nun an die Iterationszahl – soll er doch, wenn es ihm gefällt; uns braucht das nicht weiter zu interessieren – und kleidete seine Entdeckung in die gelehrte Formulierung:

«Die Struktur des inneren Randes des Apfelmännchens hängt von der Iterationszahl ab.»

Von so viel Nachdenken schwirrte ihm nun doch der Kopf gehörig. Aber er war froh, dass er noch rechtzeitig erkannt hatte, wie wichtig die passende Iterationszahl war, wenn er kleine Ausschnitte des Apfelmännchens betrachten wollte. Ohne sie wäre er bei seiner Reise durch den inneren Rand des Apfelmännchens trotz des Mikroskops in schwärzester Finsternis getappt, während ihm doch bei rechtem Lichte besehen die schönsten bunten Gebilde hätten begegnen können.

Seine Entdeckung, dass es von der Iterationszahl abhängig ist, ob und was man sieht, hatte ihm somit zu einer Art Taschenlampe verholfen, deren Licht erst all die Welten entstehen lässt, in die vorzudringen er sich anschickte. Je höher die Lichtstärke der Lampe, umso höher die Iterationszahl – und desto fortgeschrittenere Stadien im Dasein des Apfelmännchens würde er erkennen können.

«Dann hab ich ja das Apfelmännchen aus dem Weißen Nichts erschaffen, indem ich mit Lichtstärken von eins bis 1600 gearbeitet habe», wurde ihm nachträglich bewusst, was er im Vorspiel auf der Großen Weißen Ebene vollbracht hatte.

«Aber eigentlich sah es auch bei Lichtstärke 160 schon ganz passabel aus», befand er noch, bevor er sich, dergestalt mit Mikroskop und Taschenlampe ausgerüstet, auf die Reise in das Innere des Apfelmännchens begab.

Kapitel 2 Was Alex auf dem Hinterende des Apfelmännchens erlebt

Die erste Reiseetappe führt Alex in eine bunte Sandwüste mit vielen vulkanspeienden Vulkanen, von deren Himmel unzählige kleine Apfelmännchen herabblicken. Weder ein panischer Schecken gleich zu Beginn seiner Erkundungen noch eine vorübergehend missliche Lage in einem Schneckengehäuse hindern ihn daran, sich als Höhlenforscher zu versuchen.

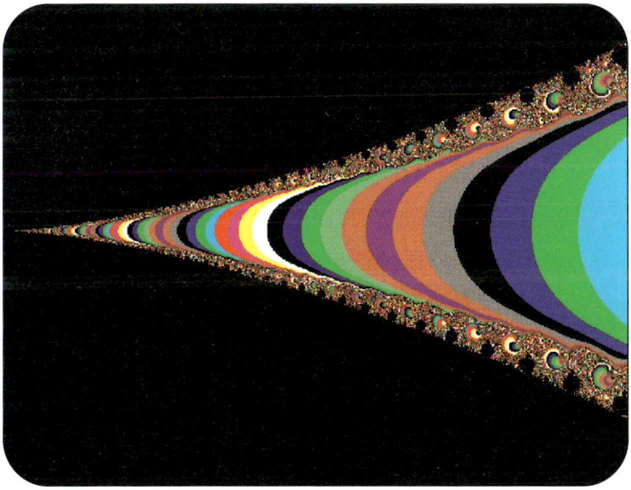

Balanceakt auf der Eistüte

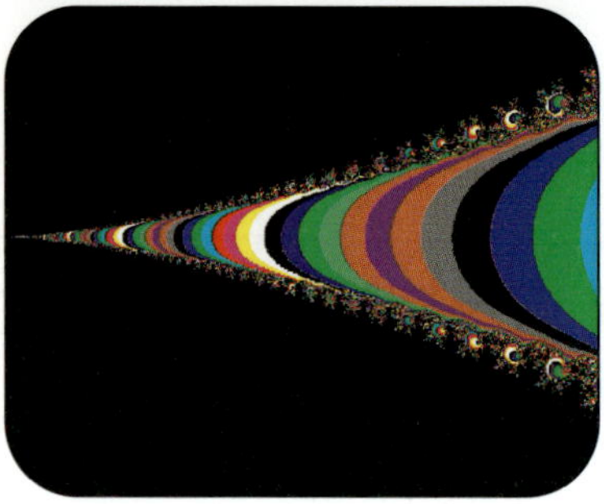

19 Eistüte bei LS 160

Alex rutschte auf dem Balkenkreuz bis zum rechten Rand des Apfelmännchens. Dort setzte er sich auf die nach innen gerichtete Spitze, sah durch das Mikroskop, stellte die entsprechende Vergrößerung ein und schaltete die Lampe auf Lichtstärke 160. Eine bunte Eistüte! Oder war das Pinocchios Nase? Gewiss habt ihr von Pinocchio schon gehört, der Holzpuppe mit der langen Nase, die es nicht liebte, zur Schule zu gehen. Der kleine Schlingel war um keine Ausrede verlegen, wenn er sich um etwas herummogeln wollte, und schreckte selbst vor gelegentlichen kleinen Lügen nicht zurück. Bei jeder Lüge aber wurde seine Nase ein Stückchen länger, und es gibt Leute, die gesehen haben wollen, wie Pinocchio sein Zimmer eines Tages nicht verlassen konnte, weil seine Nase schon so lang geworden war, dass sie nicht mehr durch die Tür ging. Wenn das stimmt, dann konnte sie unmöglich hier auf dem Hinterende des Apfelmännchens sein.

Alex schloss kurz die Augen, und als er sie wieder öffnete, erschien ein buntes, spitzes Gebilde, das nach links hin immer schmaler wurde und auf dem sich oben und unten kleine Auswüchse aneinander reihten, die wie bunte Grasbüschel aussahen. Um besser erkennen zu können, was es damit auf sich habe, schaltete er die Lichtstärke der Taschenlampe von 160 auf 1600. Dadurch wurde der bunte Filz zwischen den Grasbüscheln noch dichter. Am Rande der bunten Wiese aber, so schien ihm, waren viele kleine Apfelmännchen aufgereiht, wie Perlen auf einer Schnur, die in Richtung der Spitze winziger wurden.

20 Eistüte bei LS 1600

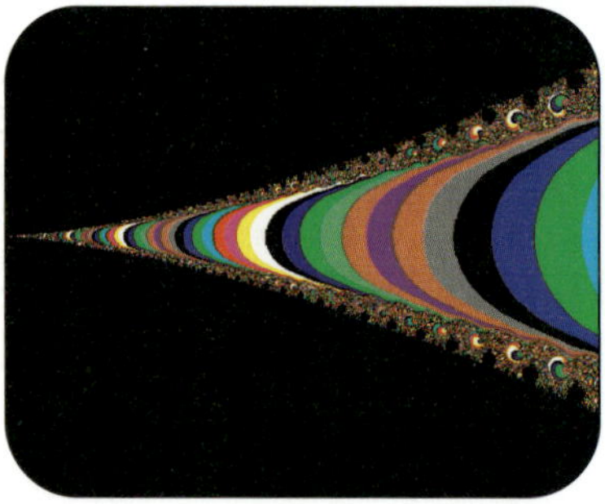

Alex wandte sich nach links und lief auf der Mitte

der Eistüte – dieses Bild war ihm letztlich doch sympathischer als das von Pinocchios Nase – deren Spitze zu. Je näher er dem Ende kam, desto höher musste er die Vergrößerung des Mikroskops und desto stärker das Licht der Taschenlampe wählen, um überhaupt noch etwas sehen zu können. Der Pfad, auf dem er ging, wurde außerdem schmaler und schmaler, sodass er fast abzustürzen drohte und ihm ganz schwindlig wurde. Auch befiel ihn Langeweile. Je näher er der Spitze kam, bot sich ihm nämlich immer das gleiche oder zumindest fast das gleiche Bild: eine mit winzigen bunten Grasbüscheln dicht bewachsene Eistüte.

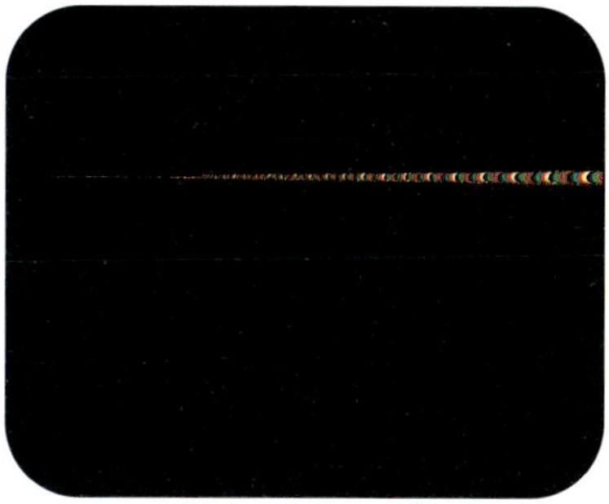

21

Als die Eistüte schon ganz dünn geworden war, beschloss Alex, doch lieber umzukehren. Diese Gegend des Apfelmännchens erwies sich als recht eintönig, fand er. Bevor er aber den Rückweg antrat, legte er erst eine kurze Rast ein und ließ sich in dem bunten Gras am Rande des schmalen Weges nieder. Sein Blick fiel auf zwei der Grasbüschel, die er nun ganz aus der Nähe betrachten konnte. Und da sahen sie schon gar nicht mehr wie Grasbüschel aus!

Im Nu war Alex' Müdigkeit verflogen. Er richtete das Mikroskop auf die zwei seltsamen Gebilde. Die Taschenlampe strahlte lediglich mit Lichtstärke 160. Für das Gebiet, in dem er sich niedergelassen hatte, war das nicht eben viel, und daher sah er statt der seltsamen Phänomene nur den bunten Rand der Eistüte, den dafür aber groß und deutlich. An verschiedenen Stellen wölbte sich der Rand nach oben. Zwei dieser Wölbungen, die beiden größten, glichen den Gipfeln zweier Berge, die aus einer Ebene emporstiegen, oder zwei Vulkanen, die gerade kein Feuer speien.

22 Vulkane bei LS 160

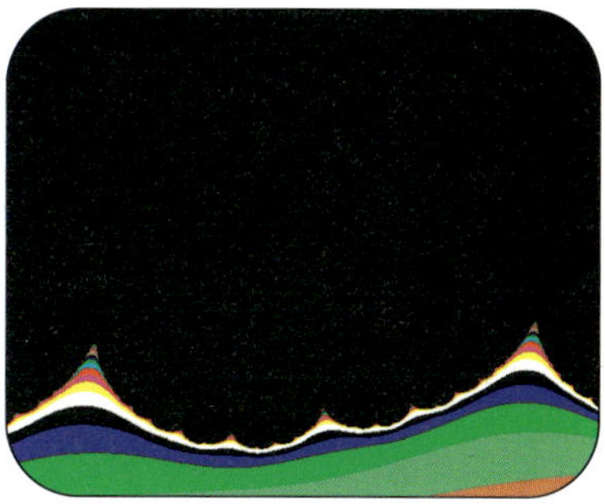

Vulkane unter schwarzem Himmel

Für einen Moment glaubte sich Alex in das Märchen vom Kleinen Prinzen versetzt, auf dessen Heimatplaneten es ja zwei tätige und einen erloschenen Vulkan gibt. Und da man nie wissen kann, ob nicht auch erloschene Vulkane eines Tages wieder ausbrechen, war Vorsicht geboten.

Langsam und mit angespannten Sinnen drehte er an der Taschenlampe und verstärkte die Leuchtkraft. Da setzten sich die Bergspitzen – o großes Wunder! – plötzlich in Bewegung, begannen zu wachsen, und es schien, als wollten die Vulkane nun doch Feuer speien. Bei

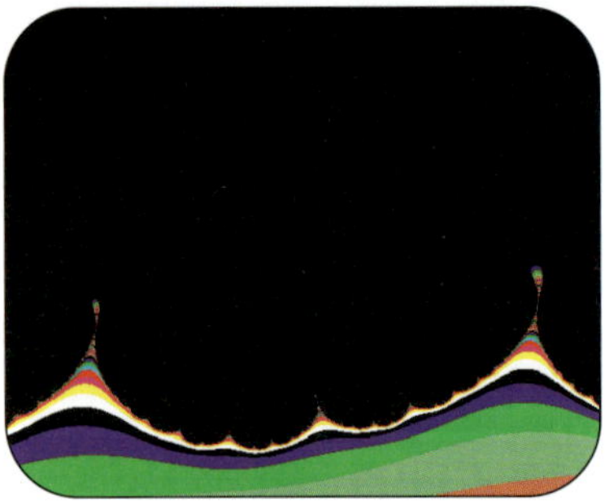

23 Vulkane bei LS 272

24 Vulkane bei LS 288

25 Vulkane bei LS 320

26 Vulkane bei LS 480

Leuchtstärke 272 bildeten sich über ihnen bunte Rauchwolken, und wie es sich gehörte, standen über den kleineren Vulkanen kleinere Rauchwolken und über den größeren größere. Als er die Lichtstärke noch mehr erhöhte, wurden auch die Rauchwolken größer, und bei 288 hatte es den Anschein, als wehte von rechts ein starker Wind, der die Wolken zur Seite blies und zugleich nach unten drückte. Bei Lichtstärke 320 geschah dann etwas ganz Merkwürdiges. Die Wolken schienen sich in sich selbst einwickeln zu wollen. An ihren äußeren Rändern aber bildeten sich neue kleine Vulkane.

27 Vulkane bei LS 800

Immer weiter drehte Alex die Lichtstärke seiner Taschenlampe auf. Dabei ereigneten sich immer phantastischere Dinge. Dort, wo sie aus den Vulkanen aufstiegen, ringelten sich die bunten Rauchwolken zu immer engeren Spiralen ein. An ihren Rändern entstanden neue Vulkane mit neuen bunten Rauchwolken, die sich ebenfalls einrollten. Das Ganze wiederholte sich laufend, sodass die Gegend bald eine einzige Landschaft mit lauter rauchenden Vulkanen war. Je mehr es wurden, schlossen sie sich zu Gruppen zusammen, als seien sie miteinander verwandt. Auch die Räume zwischen ihnen nahmen jetzt bestimmte Formen an. Bei Lichtstärke 1600 zeigten sich deutlich einige kreisrunde schwarze Löcher.

28 Vulkane bei LS 1600

29 Vulkane bei LS 16 000

Wie aber staunte Alex, als er bei Lichtstärke 16 000 am oberen Rand des bunten Gewimmels mehrere Apfelmännchen erspähte, größere und kleinere, die sich auf wundersame Weise neu gebildet hatten. Nur in einer Hinsicht unterschieden sie sich von dem Großen Apfelmännchen, auf dessen Hinterende er gerade saß. Ihnen fehlte ein richtiges Hinterende, wie das Große Apfelmännchen eines besaß. Dafür hatten sie aber zwei Halsenden und ähnelten deshalb eher dem Kopf des Großen Apfelmännchens, und es schien, als hingen sie am Hals in dessen Rand hinein. Von dieser Besonderheit abgesehen, handelte es sich aber wirklich um echte Apfelmännchen, was man daran erkennen konnte, dass sie in all dem bunten Gewimmel schwarz geblieben waren (siehe Seite 43, Abb. 29).

Alex, der Ameisencomputer

Es kam Alex vor, als sei er in eine ganz Neue Welt hinabgestiegen. Als er das Mikroskop auf die winzige Stelle auf dem oberen Rand der Eistüte eingestellt und diesen Ausschnitt sehr stark vergrößert hatte, war er gleichsam selbst zusammengeschrumpft, zu einem ganz kleinen Computer geworden, so klein wie ein Computer für Ameisen oder noch kleiner. Und was ihm auf seiner Wanderung entlang der Eistüte noch als winzige bunte Grasbüschel erschienen war, erwies sich nun als eine weite, mit buntem Sand bedeckte Landschaft, aus der viele Feuer speiende Vulkane emporstiegen. Von ihrem schwarzen Himmel hingen unzählige Apfelmännchen herab, so wie an unserem Himmel des Nachts unzählbar viele Sterne auf uns hinunterblicken.

In dieser Neuen Welt war alles ganz anders als noch auf der Eistüte, und dennoch war es ein und dieselbe; er hatte sich ja nur für einen Moment ausruhen wollen und im Gras niedergelegt. Dadurch aber war er zum Ameisencomputer geworden und sah dieselbe Welt nun ganz anders. Schon begann er zu ahnen, was ihm bevorstünde, wenn er an dem Mikroskop eine noch stärkere Vergrößerung einstellte. Dann würde er sich wohl in ein noch kleineres Wesen verwandeln, und die Neue Welt, die ihm dann begegnete, erschiene ihm vermutlich noch größer und hielte neue Überraschungen für ihn bereit.

«Je kleiner du bist, desto größer ist die Welt», sprach er vergnügt vor sich hin und hielt das keineswegs für verrückt. Warum sollten winzige Wesen, wenn sie im Vergleich zu Menschen oder Computern schon mal so winzig waren, nicht den Vorteil haben, in einer größeren Welt zu leben als die großen Kreaturen? Sie sollten, befand er, wenigstens mehr Platz zum Krabbeln haben, und wusste sich damit mit einem berühmten Physiker einig.

Die wundersame Fähigkeit, sich nach Belieben verkleinern und vergrößern zu können und dadurch immer neue Welten kennen zu lernen, behagte Alex sehr. Und wie einfach das war! Man musste dazu nur die Einstellung des Mikroskops verändern.

«Arme Alice», erinnerte er sich der Abenteuer von Alice im Wunderland. «Was musste sie nicht alles essen oder trinken, um größer oder kleiner zu werden. Eine Flüssigkeit, die wie eine Mischung aus Kirschtorte, Eierpastete, Ananas, Putenbraten, Sahnebonbons und knusprigem Buttertoast schmeckte, hatte bewirkt, dass sie auf ganze zwanzig Zentimeter zusammenschrumpfte.»

Alex schüttelte sich bei dem Gedanken an ein solches Getränk; das Einzige, das er hin und wieder zu sich nahm, war eine kleine Portion Mandelbrot. «Ein andermal hatte sie einen ganzen Kuchen vertilgt und sich danach vergrößert, während der Genuss von Keksen sie wiederum verkleinerte.»

Da hatte er es wahrlich einfacher. Er brauchte nicht aus Flaschen unbekannten Inhalts zu trinken, Kuchen oder Kekse zu essen oder an Pilzen zu knabbern, um zu schrumpfen oder zu wachsen. Und während Alice nie vorher wusste, wie sie sich im nächsten Augenblick veränderte, wenn sie dieses oder jenes trank oder aß, stand es ganz in seinem Belieben, sich um genau so viel zu verkleinern oder zu vergrößern, wie er gerade wollte. Was er freilich vorher nicht abschätzen konnte, war, wie die jeweilige Welt beschaffen sein würde, in die er durch jede Verkleinerung einging. Er hatte lediglich die Ahnung, dass ihm der Wechsel der Welten viele wundersame Abenteuer und interessante Entdeckungen bescheren würde.

Ein guter Computer verlässt sich natürlich nicht auf irgendwelche

Ahnungen, nicht einmal auf seine eigenen. Deshalb schaute sich Alex in der bunten Sandwüste mit den vielen Vulkanen um, ob nicht irgendeine besonders interessante Stelle zu finden war, die er zu seiner Neuen Welt machen könnte.

Das hinkende Monster

Sein Blick fiel auf einen kleinen, schwarzen Fleck inmitten der bunten Sandwüste. Er näherte sich langsam, schlich ganz dicht heran, richtete das Mikroskop darauf, schaltete die Lichtstärke seiner Taschenlampe gleichzeitig auf 16 000 und – fast hätte es ihn erschlagen: Vor ihm stand ein riesiges, schwarzes Apfelmännchen!

Entsetzt wich Alex zurück. Wo kam dieses Riesenmonster plötzlich her? Und wie seltsam es aussah: Während sich das Ur-Apfelmännchen, das aus dem Weißen Nichts hervorgegangen war, in Bezug auf Oben und Unten idealer Symmetrie rühmen konnte, war die eine Hälfte seines Rumpfes merkwürdig zusammengezogen und verformt. Hinkte dieses Apfelmännchen etwa? Oder zog es die eine Körperhälfte nur zusammen, weil es sich zum Sprung duckte und im Begriff war, sich federnd abzustoßen und sich auf ihn zu stürzen?

Vorsichtshalber schaltete er die Taschenlampe ebenso schnell wieder aus, wie er sie eingeschaltet hatte, und floh im Sauseschritt in die bunte Sandwüsten- und Vulkanwelt zurück. Nein, das war doch zu viel! Da jagte ihm gleich zu Beginn seiner Reise ein Monsterapfelmännchen einen gehörigen Schrecken ein. Und wie viele andere verbargen sich möglicherweise noch zwischen den unzähligen Sandkörnchen?

Alex war unheimlich zumute. Fast begann er sich zu fürchten. Doch Computer sind keine Angsthasen. So schöpfte er rasch neuen Mut und sah sich erneut nach einer besonders interessanten Stelle um. Diesmal fesselten die eingeringelten Rauchwolken, die sich in Spiralen nach innen drehten, seine Aufmerksamkeit.

30 Das hinkende Monsterapfelmännchen

Alex, der Spiralenfan

Spiralen hatten es Alex schon immer angetan. Sie übten eine sonderbare Faszination auf ihn aus, erinnerten ihn an Schneckengehäuse, Tannenzapfen und Sonnenblumen, an Windhosen, Wasserstrudel und kosmische Spiralnebel. Allmählich pirschte er sich an die Spitze des rechts von ihm gelegenen großen Vulkans heran und nahm sie mitsamt dem ganzen Geringel ins Visier seines Mikroskops. Schon wollte er die Taschenlampe einschalten, als ihm gerade noch rechtzeitig einfiel, dass er nicht gleich wieder mit Lichtstärke 16000 loslegen sollte. Denn niemand konnte wissen, welche Ungeheuer diesmal vor ihm auftau-

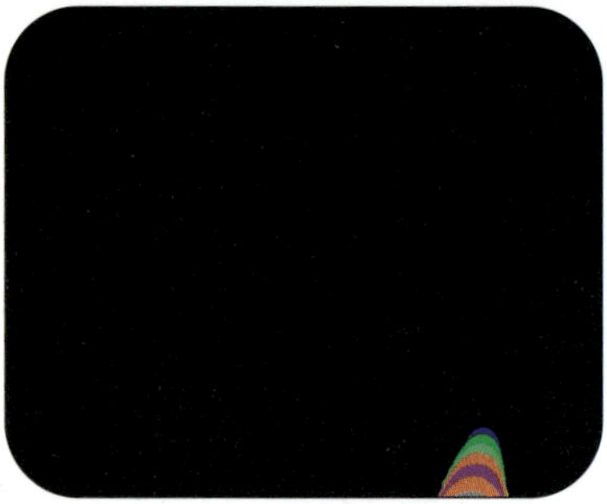

31 Vulkankegel bei LS 160

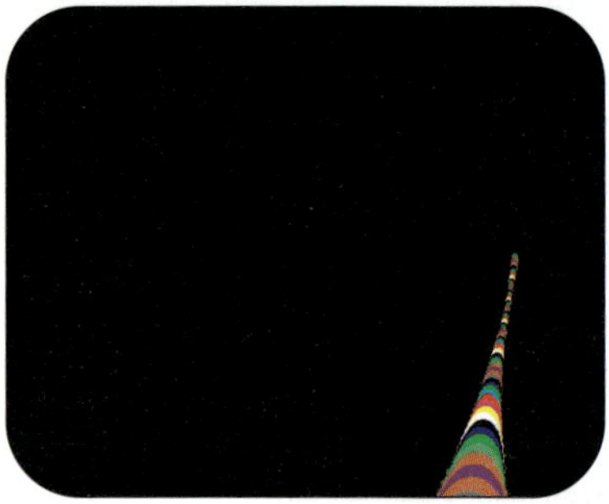

32 Vulkankegel bei LS 240

33 Vulkankegel bei LS 272

34 Vulkankegel bei LS 320

chen würden. Noch einmal glaubte er einen solchen Schrecken wie den, als das große schwarze Monsterapfelmännchen plötzlich vor ihm stand, nicht zu überleben.

35 Vulkankegel bei LS 448

Vorsichtig drehte er an der Lampe. Bei Lichtstärke 160 leuchtete lediglich die obere Spitze des Vulkankegels auf. Je weiter er das Licht der Lampe aufdrehte, umso länger und schmaler wurde der Kegel, bis er sich auf einmal wieder verbreiterte und plötzlich die feurige Wolke ausstieß, die sich links zur Seite neigte, zu Boden zu sinken schien und sich dann einzurollen begann. Das kannte er bereits; er hatte den Vorgang ja schon aus größerer Entfernung beobachtet. Nun aber, in unmittelbarer Nähe, sah das alles noch viel imposanter aus: Ein Spiralarm nach dem anderen schlängelte sich in immer enger werdenden Windungen in ein immer kleiner werdendes schwarzes Loch hinein. Und rechts von diesem schneckenartigen Gebilde befand sich der Rand eines der großen Schwarzen Löcher, die ebenfalls nichts Neues für ihn waren.

36 Spirale bei LS 560

Alex war überzeugt, dass in dieser Gegend, wie in anderen Märchen Goldschätze oder verwunschene Prinzen, noch manche Geheimnisse lagerten. Mit seiner wachsenden Neugierde stieg auch sein Mut. Indem er die Vergrößerung des Mikroskops erhöhte, machte er sich noch winziger und hüpfte an der engsten Stelle, da, wo die Spiralarme am dünnsten waren, zwischen die ersten beiden und somit in die Spirale hinein.

37 Spirale bei LS 1600

Hier war es so eng, dass er fast in Atemnot geriet. Rasch wanderte er deshalb in einer leichten Linkskurve zwischen den beiden Spiralarmen in die Richtung, wo der Zwischenraum zwischen ihnen größer und weiter wurde. Hier bekam man schon leichter Luft. Auf seinem Wege, den er mit Lichtstärke 560 (siehe Seite 49, Abb. 36) dahinschritt, denn zwischen den Spiralarmen war es ziemlich dunkel, stieß er in bestimmten Abständen auf irgendwelche gestrüppartigen Hindernisse. Ohne sich ablenken zu lassen, zwängte er sich zwischen ihnen hindurch, bis er an eine Stelle kam, wo der Zwischenraum zwischen den beiden Spiralarmen schon groß genug war, um kräftig durchatmen zu können. Hier wollte er es wagen, sich eines der Hindernisse genauer zu besehen. Dazu musste er sich nochmals erheblich verkleinern. Aber das machte ihm Spaß, denn jede Verkleinerung versprach ja den Eintritt in eine neue, noch größere und noch wundersamere Welt.

Hindernislauf: Praktisch

Um das Hindernis besser ins Auge fassen zu können, ging er mit der Lichtstärke auf 640 herauf. In diesem Licht waren zunächst nur drei scheinbar zusammenhängende Gebilde zu erkennen, die ihm den Weg verstellten. Wäre er noch in der Sandwüste gewesen, hätte er geglaubt, es handle sich um drei der bunten Rauchwolken, die dort aus den Vulkanen aufstiegen. Hier aber, im Innern des Schneckengehäuses, kamen sie ihm wie bunt bemalte Dudelsäcke oder prall gefüllte, bunte Sandsäcke vor, die jemand zusammengeknüpft hatte, sodass ein Durchkommen zwischen den beiden Spiralarmen ganz unmöglich schien. Aber irgendwo musste doch ein Durchschlupf sein! Wie wäre er sonst in dem Schneckengehäuse bis hierher gelangt? Er hatte doch schon eine Menge solcher Hindernisse passiert, und nun sollte es auf einmal nicht weitergehen? Alex stand vor einem Pro-

38 Ein Hindernis im Spiralarm

blem. Probleme aber, das weiß ein Computer, sind dazu da, gelöst zu werden.
Zunächst versuchte er es einfach praktisch. Furchtlos begab er sich in die Schlucht zwischen den beiden oberen Sandsäcken. Die wurde immer enger und enger. Je tiefer er vordrang, desto mehr erinnerte ihn die Umgebung an jene Stelle, die er vorgefunden hatte, als er in die Spirale hineingehüpft war. Nur waren die beiden Wände der bedrohlich enger werdenden Schlucht nicht Arme ein und derselben Spirale, sondern die spitz aufeinander zulaufenden Enden zweier Dudel- oder Sandsäcke. Weil das aber so war, schloss Alex messerscharf nach Computerart, musste ein Durchkommen möglich sein!
Schon nach kurzer Zeit gelangte er tatsächlich an eine Stelle, an der das Ende des einen Dudel- oder Sandsacks lag und sich die Schlucht unvermittelt zu einer großen schwarzen Höhle verbreiterte. Die Spitze des anderen Sackes setzte sich indes noch weiter fort, und in einiger Entfernung wuchs aus ihr ein dritter Dudel- oder Sandsack hervor. Dieser wiederum schmiegte sich am anderen Ende der Höhle in ähnlicher Weise an den dortigen Sandsack an und bildete mit ihm eine ähnliche Schlucht wie die, die vor der Höhle lag.
Nun war ihm alles klar: Das Hindernis war gar nicht zusammenhängend! Die Spitzen der Dudel- oder Sandsäcke verhielten sich geradeso wie die Rauchwolken über den Vulkanen der Sandwüste: Sie ringelten sich ein und bildeten selbst wieder Schneckengehäuse, nur dass diese jetzt schon viel, viel kleiner waren. Der dritte Sack aber, das erkannte Alex jetzt genau, war aus der Spitze des ersten hervorgewachsen und würde sich gewiss dort, wo er auf den Anfang des zweiten zulief, ebenfalls zur Spirale formen.

Ob die neue Höhlenwelt seinen Überlegungen wirklich entsprach, ließ sich allerdings nur bei mehr Licht feststellen. Also schaltete er die Taschenlampe von 640 auf 800. Erleichtert atmete er auf, denn tatsächlich zeigten sich links und rechts in der Höhle die ersten Spiralarme an den Spitzen der beiden gegenüberliegenden Sandsäcke.

39

Sein Gedanke, das Hindernis auf rein praktischem Wege zu überwinden, indem er einfach darauf losging, war also doch richtig gewesen! Denn nun war Alex klar, wie er hindurchkommen konnte. Er musste sich nur zwischen dem ersten und zweiten Sandsack hindurchzwängen, dabei den einen Spiralarm umrunden, die Höhle dann schräg durchqueren, dabei den zweiten Spiralarm umrunden und wieder zwischen dem zweiten und dem dritten Sandsack hindurchschlüpfen, und schon wäre er draußen gewesen und könnte seinen Weg durch das Schneckengehäuse fortsetzen.

Diese Entdeckung stimmte ihn froh, denn was ihm zwischen den Spiralarmen des Schneckengehäuses auch immer widerfahren mochte, er brauchte nicht zu befürchten, auf ewig in ihnen eingeschlossen zu werden. Es gab immer einen Weg nach draußen, in die Sandwüste, wie auch einen, auf dem man weiter in das Innere des Schneckengehäuses hineingelangen konnte.

Hindernislauf: Phantastisch

Während dieser Überlegung war Alex zugleich klar geworden, dass die beiden rechten Sandsäcke, die mit ihren gegenüberliegenden Wänden die Höhle bildeten, späteren zeitlichen Ursprungs waren als der linke. Wie ihm das gelungen ist, wollt ihr wissen? Ganz einfach: Er erinnerte sich, dass die Spirale, zwischen deren Armen er saß, allmählich aus der Sandwüste herausgewachsen war. Je stärker das Licht der Taschenlampe leuchtete, umso entwickelter erschien die Spirale. Auch für die Sandsäcke galt, dass sie sich umso mehr aufplusterten, je stärkeres Licht die Lampe gab. Der untere rechte war aus dem linken Sandsack hervorgegangen, der obere rechte hingegen direkt aus dem Spiralarm,

und zwar in einem Stadium, das eindeutig später lag als jenes, das den linken Arm ermöglicht hatte.
Hier kam ihm ein so verrückter Gedanke, dass er in sich hineinkicherte. Bei der Sache mit der Taschenlampe handelte es sich doch um einen Trick – ihr erinnert euch? In Wirklichkeit war die Lichtstärke der Taschenlampe die Iterationszahl. Immer wenn er diese erhöhte, wuchsen die bereits vorhandenen Gebilde in jeweils bestimmter Weise, oder es entstanden neue. Waren Wachstum und Entwicklung in der Natur vielleicht auch nichts anderes als ein Iterationsprozess? Diese Frage durchzuckte Alex, als er zwischen den Sandsäcken hockte. Und weil Wachstum und Entwicklung immer in der Zeit vor sich gehen, wäre seine Taschenlampe damit in Wirklichkeit eine Zeitlampe: Je höher die Iterationszahl, desto größer die Lichtstärke und desto mehr Zeit ist vergangen.

Sofort machte Alex die Probe aufs Exempel. Wenn die Spirale, in der er sich befand und in der ihm die Sandsäcke den Weg versperrten, sich in dem Maße ausbildete, wie er die Lichtstärke erhöhte, so musste ja auch das Umgekehrte gelten: Wenn er mit der Lichtstärke herunterging, musste sich die Spirale wieder zurückbilden, und die Sandsäcke würden allmählich verschwinden. Dann aber könnte er bequem weiterwandern, ohne den möglicherweise gefahrvollen Umweg durch die Höhle machen zu müssen.
«So lassen wir die Zeit doch einmal rückwärts laufen», sagte er leise und schraubte die Lichtstärke auf 560 herunter. Und siehe da – die beiden jüngeren Sandsäcke zogen sich zusammen, als ob der Sand aus ihnen auslaufe. Bei 480 waren sie völlig verschwunden. Nur der erste, der aus dem älteren Spiralarm hervorgewachsen war, lag noch im Wege. Er konnte Alex aber nicht mehr aufhalten. Der Weg durch das Schneckengehäuse war wieder frei geworden.

40

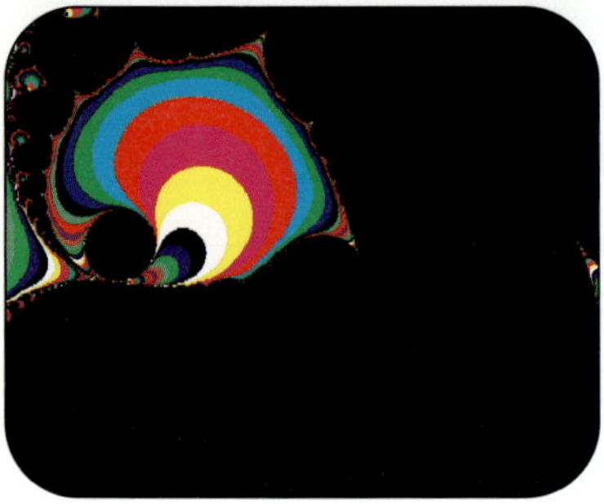

41 Der Weg ist frei

Sollte er aber wirklich in dem Gehäuse zwischen den beiden Spiralarmen in derselben Richtung einfach weitergehen? Was konnte ihm auf diesem Wege noch Neues begegnen? Auf ein Hindernis nach dem anderen würde er treffen, und alle wären sie von derselben Art wie das, welches er soeben praktisch und phantastisch bewältigt hatte. Da war es schon interessanter, sich einmal die Höhle anzusehen, die sich zwischen den beiden jüngeren Sandsäcken bei Lichtstärke 640 gebildet hatte (siehe Seite 50, Abb. 38). Wer weiß, ob sie nicht noch andere Überraschungen enthielt?

Alex als Höhlenforscher

Gedacht, getan. Er verkleinerte sich abermals und drang in die Höhle ein. Bei 640er Lichtstärke herrschte hier totale Dunkelheit. Ihr meint, das sei unmöglich? Wie kann in einem Gewölbe, wenn man es mit einer Lampe ausleuchtet, absolute Finsternis herrschen? Aber hatte nicht schon Christian Morgenstern eine Tagnachtlampe erfunden? Und auch mit Alex' Taschenlampe hat es ja eine besondere Bewandtnis. Ihr Licht bringt Strukturen hervor: Vulkane, Schneckengehäuse, Sandwüsten und wer weiß was noch alles. Um in der Höhle, in die Alex sich soeben begeben hatte, irgendwelche Gebilde entstehen zu lassen, reichte Lichtstärke 640 noch nicht aus. Und eben deshalb war es in ihr dunkel wie in einer mond- und sternenlosen Nacht auf unserer Erde. Eine andere erstaunliche Eigenschaft der Taschenlampe unseres Freundes war, dass ihr Licht, wenn es auf irgendwelche Gegenstände traf, diese so beleuchtete, dass sie keine Schatten warfen. Wer es nicht glaubt, braucht nur die folgenden Bilder zu betrachten.
Bei Lichtstärke 704 traten von den Wänden der Höhle, von rechts und

von links, von oben und von unten Vorsprünge ins Gesichtsfeld, die sich mit wachsender Lichtstärke ähnlich benahmen wie schon die Vulkankegel in der Sandwüste und die Sandsäcke im Schneckengehäuse: Sie wuchsen an den Spitzen wie die Stalaktiten in einer Tropfsteinhöhle und warfen dann in der uns schon bekannten Weise merkwürdige Gebilde aus, die diesmal fast wie bunte Luftballons aussahen. Die vier Ballons bliesen sich immer mehr auf; die Spitze des einen bewegte sich auf den Ursprung des jeweils anderen zu; dort angekommen, ringelten sie sich zu Spiralen ein, an denen sich außen wieder neue Luftballons bildeten, und so weiter.

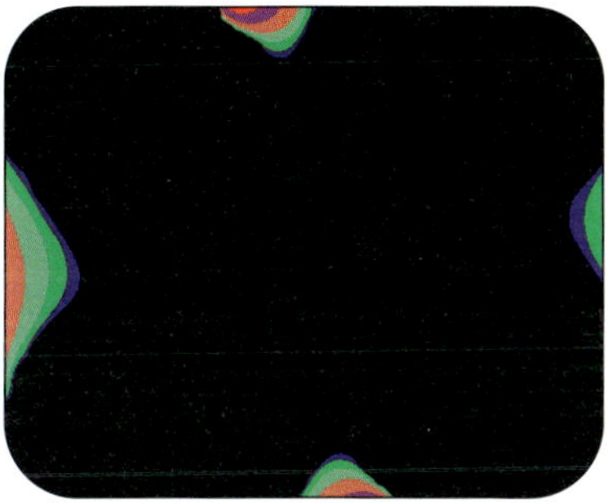

42 Die Höhle

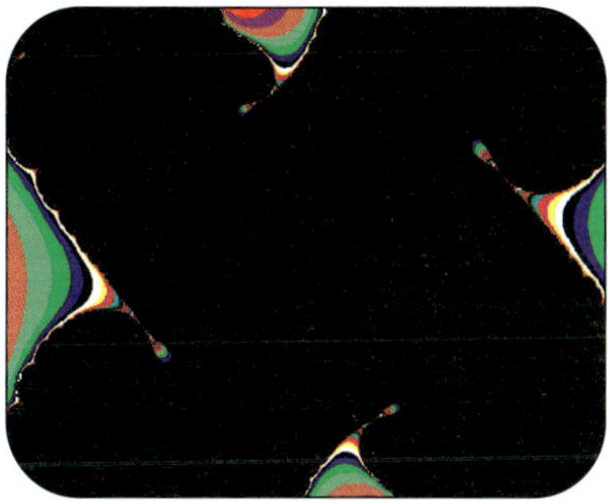

43 Stalaktiten

44 Vier Ballons

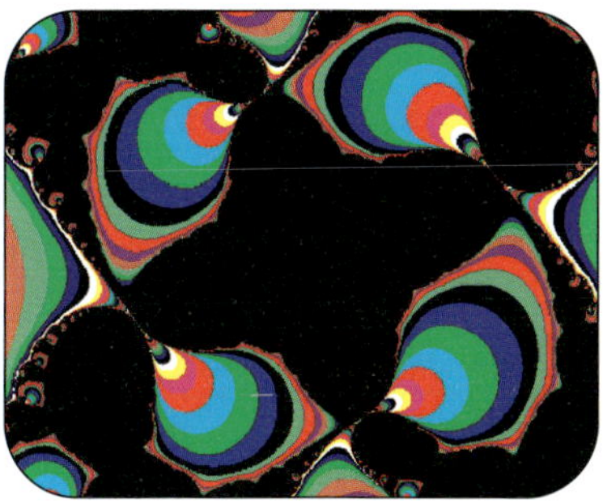

45 Ballons mit Spiralen

46 Acht Ballons

«Ach, das kennen wir ja schon», brummelte Alex vor sich hin, wurde dann aber gewahr, dass da noch etwas anderes und ganz Neues im Entstehen begriffen war. Bei Lichtstärke 1200 nämlich vollführten acht der neuen Ballons, die schon etwas kleiner geraten waren als die vier ersten, einen runden Reigen in der Mitte der Höhle. Verzückt betrachtete Alex den farbenprächtigen Ringelreihen. Als er sich endlich entschlossen hatte, noch mehr Licht zu geben (1600), begannen innerhalb des Reigens der acht sechzehn noch kleinere Ballons ihren Tanz. Oder waren es winzige bunte Perlen, die zu einer Halskette aufgereiht waren?

47 Sechzehn Perlen

Was ging hier vor? Um das zu erfahren, musste das Mikroskop auf eine noch stärkere Vergrößerung eingestellt werden. Dadurch geriet alles noch farbenprächtiger und mehr Einzelheiten waren zu erkennen. Die sechzehn kleinen Perlen befanden sich jetzt nicht mehr in einer kreisrunden Anordnung, sondern formierten sich zu einem leichten Oval. Also barg die Höhle außer den Schönheiten, die sie bereits offenbart hatte, möglicherweise doch noch ein Geheimnis, das zu entdecken ihn reizte! Noch zweimal erhöhte er mit kräftigem Druck die Lichtstärke – zuerst auf 2400, dann gar auf 16 000.

48 Halskette aus sechzehn Perlen

Beim ersten Druck lag inmitten der tanzenden Perlen etwas Schwarzes, dessen Form ihn an eine der Phasen erinnerte, als das Apfelmännchen aus dem Nichts geboren wurde, aber noch nicht ganz zur Welt gekommen war. Nach dem zweiten aber war es endgültig klar: Was da, umtanzt von den acht bunten Luftballons, den sechzehn Perlen und so weiter, in der Mitte der Tropfsteinhöhle lag,

war – ein Apfelmännchen in vollendeter Ausführung und Schönheit!
«Sieh da, sieh da», sagte er sich. «Das Apfelmännchen schickt mich auf die Reise durch sein Inneres, um zu erfahren, wie es da aussieht, und was finde ich? Immer neue Apfelmännchen!»
Allerdings war das Apfelmännchen in der Tropfsteinhöhle wirklich das schönste von allen, die er bisher angetroffen hatte. Diejenigen, die mit dem Kopf nach unten herabhingen vom schwarzen Himmel der Sandwüste, waren zwar auch nicht übel, aber – ihr erinnert euch? – sie bestanden sozusagen nur aus Kopf und Hals. Dem hinkenden Monsterapfelmännchen in der Sandwüste dagegen war durch seine verrenkte Gestalt die Symmetrie verlustig gegangen. Dieses hier aber war nicht nur vollständig ausgebildet, sondern überdies von höchst elegantem Aussehen! Und wie anmutig es in dem Reigen bunter Perlen lagerte! Nicht etwa mit der Nase starr und steif geradeaus, sondern das Köpfchen leicht nach unten geneigt, wie wir es wohl tun, wenn wir im Walde spazieren gehen und Pilze oder Beeren sammeln. Sollte das Apfelmännchen wirklich auf einem Spaziergang sein? Aber es befand sich doch in einer Höhle und war von bunten Perlenketten eingeschlossen!

49 Kurz vor der Geburt

50 Tänzer Nr. 1

Da machte es in Alex «klick». Wahrhaftig, wie konnte er das nur übersehen haben! In dem Schneckengehäuse mussten ja unzählbar viele solcher Höhlen liegen. Mindestens ebenso viele, wie sich Hindernisse zwischen den Spiralarmen auftürmten. Und, wenn es hier mit rechten Dingen zuging, musste jede Höhle von einem Apfelmännchen bewohnt sein. Da sich die Spirale jedoch nach innen drehte, mussten sich auch die Hindernisse und mit denen auch die Höhlen, und mit diesen auch die Apfelmännchen drehen. Sich drehende Apfelmännchen – das kam für Alex überraschend. Doch warum eigentlich nicht? Wenn die Apfelmännchen in den Höhlen des Schneckengehäuses von Perlenketten umgeben waren, die einen tanzenden Reigen um sie vollführten, warum sollten sie dann nicht selbst sich im Tanze drehen?

Von der Neugier gepackt, wollte sich Alex wenigstens noch eines dieser Höhlenmännchen an einer anderen Stelle im Schneckengehäuse ansehen. Er verließ die Höhle, in der er die bisher schönste Entdeckung auf seiner Reise gemacht hatte, bahnte sich den Weg zwischen den beiden Spiralarmen hindurch, indem er die Hindernisse mit einer entsprechend geringeren Leuchtkraft der Taschenlampe verschwinden ließ, und wählte eine Stelle im unteren Bereich des Gehäuses aus. Hier stellte er die entsprechende Vergrößerung und eine geeignete Lichtstärke ein, die er brauchte, um in die Höhle gelangen zu können, drückte sich an die Wand der Höhle und blendete Lichtstärke 16000 auf.

51 Tänzer Nr. 2

Innerhalb des Bruchteils einer Sekunde hatte er sich an das starke Licht gewöhnt. Die Höhle ähnelte der, die er schon kannte, nur waren die bunten Luftballons nicht mehr so rund, sondern von eher länglicher Form. Sonst aber sah er das vertraute Bild. Und in der Mitte der Höhle, umgeben von dem tanzenden Reigen – das Apfelmännchen! Wie erwartet, hatte es sich im Vergleich zu dem in der ersten Höhle nach der anderen Seite gedreht. Alex verhielt sich ganz still. Er wollte die Tänzer nicht stören. Eigentlich hatte er ja auch alles erfahren, was er wissen wollte: Das Schneckengehäuse enthielt viele, viele in Höhlen versteckte Apfelmännchen, die sich, den Windungen der Spirale folgend, um ihre eigene Achse drehten.

Mit diesem Ergebnis außerordentlich zufrieden, löschte Alex die Taschenlampe aus, sodass das gesamte Schneckengehäuse verschwand, versetzte sich wieder in die bunte Sandwüste zurück, brachte auch noch die Vulkane zum Verschwinden, fand sich zwischen den bunten Grasbüscheln auf der Eistüte wieder, erhob sich und trabte zufrieden die Tüte aufwärts. Seine erste Entdeckungsfahrt durch das Innere des Großen Apfelmännchens war beendet. Trotz der Gefahren, denen er zuweilen ausgesetzt gewesen war, trotz mancher Hindernisse, die er hatte überwinden müssen, und trotz aller Probleme war er doch fröhlich und guter Dinge. Es machte ihm Spaß, neue Welten zu bereisen!

Nach einem Tag Ruhe wollte er die nächste Erkundungsfahrt beginnen. Sie sollte ihn an das Halsende des Großen Apfelmännchens führen, in jene Gegend, die den Rumpf vom Kopfe schied. Gönnen wir ihm aber erst einmal einen Urlaubstag, denn auch Computer brauchen ab und zu ein wenig Erholung.

Kapitel 3 Ein nützlicher Ruhetag

Aufgrund seiner ersten Erfahrungen versteht Alex, wie die Spielregel, die allerorts im Großen Apfelmännchen gilt, bewirkt, dass überall Ähnliches entsteht, das sich jedoch in mannigfachen Erscheinungen präsentiert, sodass er während seiner nächsten Reisen auf neue Überraschungen gefasst sein kann.

Nach dem Urlaubstag wollte sich Alex auf seine zweite Reise begeben. Sein Ziel war der spitze Dorn, der sich zwischen Kopf und Rumpf des Apfelmännchens schiebt.

Seinen Ruhetag verbrachte er rechts außerhalb des schwarzen Apfelmännchens, des grasgrünen Frosches, der türkisblauen Glocke, der roten Birne, des fuchsinfarbenen Eies und des gelben Kreises auf der Großen Weißen Ebene. Hier war alles übersichtlich, weil es nichts zu sehen gab. Nicht einmal ein klitzekleines Problem wollte sich zeigen. Der Strom war abgeschaltet, und er verspürte deshalb auch keine rechte Lust, Jagd auf Probleme zu machen. Aber schon am späten Vormittag fand er es doch recht eintönig, so tatenlos auf der Großen Weißen Ebene herumzusitzen. Um sich wenigstens mit etwas zu beschäftigen, befasste er sich mit sich selbst – was blieb ihm anderes übrig?

Wie Alex in sich hineinhorcht ...

Die Große Weiße Ebene begann ihn zu langweilen, und er gedachte der Abenteuer vom Vortage, als er seine Forschungsreise auf dem Hinterende des Apfelmännchens begonnen hatte.

Zunächst war er auf dem Rand der Eistüte entlanggewandert und hatte sich über die bunten Grasbüschel gewundert, die sich aber bei näherem Hinsehen und stärkerem Licht als Feuer speiende Vulkane, ach was, als selbst wieder Vulkane speiende Vulkane entpuppt hatten, von denen mehr und mehr die große Sandwüste bedeckten und die sich bis zum Himmel erstreckten, wo sie sich zu neuen Apfelmännchen, größeren und kleineren, formierten, die mit dem Kopf nach unten überall vom Himmel herabhingen.

Hatte er da eben «überall» gedacht? Er stutzte. Wieso «überall»? Hatte er denn den gesamten Himmel überblicken können?

Wenn ihr nachts in den sternklaren Himmel schaut, seht ihr dann den gesamten Himmel? Natürlich nicht, denn euer Gesichtskreis ist durch den Horizont begrenzt. Wenn ihr statt in Berlin, Leipzig, München oder Hamburg die Sterne in Sydney in Australien oder auf dem Kilimandscharo in Afrika oder in Rio de Janeiro in Brasilien betrachten würdet, könntet ihr ganz andere Sternbilder sehen als bei uns zu Hause.

Wie konnte Alex bloß so vorschnell meinen, die Apfelmännchen, die da über der Sandwüste kopfüber vom Himmel herabhingen, seien «überall» zu sehen, wo er doch nur einen kleinen Ausschnitt des Himmels gesehen hatte! Da sich Computer aber nur selten irren – höchstens einmal, wenn sie mit einem Virus infiziert sind –, gab es für Alex nicht den leisesten Zweifel, dass er völlig zu Recht «überall» gedacht hatte. Was ihn jetzt vielmehr beschäftigte, war, wie er darauf gekommen war. Er horchte in sich hinein und fand bald die Antwort.

... und was er dabei hört

Er war auf der Eistüte ein ganzes Stück in Richtung ihrer Spitze gewandert. Die vielen, einander so ähnlichen bunten Grasbüschel waren ihm schon uninteressant erschienen. Auch nach seinem Abstieg in die Welt der Vulkane hatte er stets das gleiche Prinzip vorgefunden: Ein Vulkan wurde vom anderen ausgestoßen. Aufgrund dieser immer wiederkehrenden Ähnlichkeit beim Entstehen neuer Vulkane, neuer Schneckengehäuse, neuer Dudel- oder Sandsäcke, neuer Tropfsteinhöhlen und so weiter hatte sein Computerverstand blitzschnell – ohne dass er sich dessen bewusst geworden wäre – geschlossen, dass überall das gleiche Prinzip am Werke sein musste, egal, ob er in Richtung der Spitze der Eistüte oder in entgegengesetzter Richtung wanderte – zumindest so lange, wie er sich auf der Eistüte befand!

Das war nun freilich der springende Punkt, denn woher sollte er wissen, ob es um den gesamten inneren Rand des Apfelmännchens herum Eistüten gab? Doch da erinnerte er sich der Gestalt des Großen Apfelmännchens und dass er glaubte, gesehen zu haben, dass dessen innerer Rand tatsächlich aus vielen kleineren und größeren Apfelmännchen bestanden hatte, von denen er natürlich auch nur die größeren klar erkennen konnte (siehe Seite 26, Abb. 17). So wie sich auf der Eistüte in der Sandwüste alle Gebilde immer wieder nach dem gleichen Prinzip geformt hatten, so war offenbar im gesamten Apfelmännchen ein Gesetz am Werke, das dessen inneren Rand aus Apfelmännchen gestaltete, egal ob diese, wie in der Sandwüste, aus neuen und immer neuen Vulkanen entstanden oder woraus auch immer. Gewiss, er konnte nicht erwarten, an anderen Orten und in anderen Welten des Apfelmännchens überall Grasbüschel, Vulkane, Schneckengehäuse, Dudel- oder Sandsäcke, Tropfsteinhöhlen oder Luftballons anzutreffen; immer aber würde der innere Rand des Apfelmännchens aus Apfelmännchen bestehen. Darüber gab es für ihn wirklich keinen Zweifel, und er spürte, dass diese seine Überzeugung etwas damit zu tun haben musste, wie das Apfelmännchen aus dem Nichts geboren worden war, nämlich – wenn ihr euch erinnert – durch die wiederholte Anwendung ein und derselben Spielregel. «Aber», entfuhr es ihm da.

«Aber» war eines seiner Lieblingsworte. Weil es so vieldeutig ist. Besonders wenn es zusammen mit «ja» auftritt. Stellt euch vor, ihr bittet eure Eltern um ein Stück Schokolade oder dass sie mit euch spielen mögen, und sie antworten: «Ja, aber ...» Sie brauchen den Satz gar nicht zu Ende zu sprechen. Nach dem «Aber» ist euch schon klar, dass das «Ja» vorweg kaum noch etwas wert ist; irgendetwas folgt dem «Aber», das euch die Freude auf die Schokolade oder das Spiel trübt. Hätten sie euch dagegen mit «Aber ja» geantwortet, so wäre euch die Schokolade oder das Spiel sicher gewesen. Wieder anders verhält sich das «Aber», wenn es allein steht. Solch ein «Aber» entfuhr unserem Freund jetzt eben. Es signalisierte keinen Widerspruch, wie das «Aber» nach dem «Ja», und auch keine Bekräftigung, wie das «Aber» vor dem «Ja», sondern es brachte einfach zum Ausdruck, dass

Alex gerade etwas eingefallen war, das ihn verdutzt machte und unsicher werden ließ.

«Aber», so sagte er sich, «wenn ich bei meiner Reise in und um das Apfelmännchen immer nur auf das gleiche Prinzip treffe, warum soll ich mich dann überhaupt auf den Weg machen? Ich könnte dem Apfelmännchen ja berichten, was ich bisher gesehen und erlebt habe, und ihm versichern, dass es überall in ihm genauso oder doch so ähnlich aussieht und zugeht.»

Seine Unsicherheit währte jedoch nicht lange. Sicher würde er an anderen Stellen im Apfelmännchen manches von dem wieder entdecken, was er schon in der Sandwüste gesehen hatte, vor allem Apfelmännchen, die dort vom Himmel herabschauen, oder solche, die in Höhlen leben. Ob aber die am Himmel der Sandwüste prangenden Apfelmännchen trotz aller Ähnlichkeit untereinander vollkommen gleich gebaut sind oder ob sie sich in mancher Hinsicht auch voneinander unterscheiden, war eine offene Frage. Und musste denn unbedingt das Hinterende jedes der Höhlenapfelmännchen aus einer Eistüte bestehen? Diese Vorstellung war ihm wirklich grässlich. Außerdem konnte es ja sein, dass er auf seiner gestrigen Reise, gefesselt durch all das Neue und Wunderbare, das er erblickt hatte, anderes übersehen hatte, das vielleicht noch aufregender war. Auch freute sich Alex darauf, bei neuer Gelegenheit vielleicht auch neue Entdeckungen zu machen.

Beflügelt von der Hoffnung auf neue Abenteuer, nahm er sich vor, nicht sonderlich darauf zu achten, wenn ihm auf seiner zweiten Reise im Prinzip schon Bekanntes begegnen sollte. Dagegen wollte er Ausschau nach Erwähnenswertem halten, das ihm möglicherweise auf der ersten Reise entgangen war.

Also war sein Ruhetag doch nicht nutzlos vertan. Indem er sich seiner gestrigen Erlebnisse erinnert hatte, war die anfängliche Langeweile besiegt und neue Spannung entstanden. Die nutzte er jetzt, um Mikroskop und Taschenlampe für den morgigen Tag einsatzbereit zu machen. Am frühen Morgen des nächsten Tages brach er auf.

Kapitel 4 Jagd auf falsche Apfelmännchen und Reise zum Schwarzen Loch

Alex lernt auf dem spitzen Halsende zwischen Rumpf und Kopf des Großen Apfelmännchens, auf verborgene Zeichen zu achten. Erstmalig begegnet er falschen Apfel- und Stupsnasenapfelmännchen. Ferner wird berichtet, wie es ihm gelingt, den Sog des Schwarzen Lochs zu entgehen.

Ankunft auf dem Halsende

Dem Ziel seiner zweiten Reise entgegen wandte sich Alex linkswärts. Um an den Hals des Apfelmännchens zu gelangen, hätte er dessen Rumpf von oben oder von unten umgehen können. Das wäre jedoch sehr zeitaufwendig gewesen. Computer sind ja bekannt dafür, dass sie sich viel darauf einbilden, wenn einer schneller rechnen kann als sein Kollege, wenn er mithin das gleiche Pensum an Aufgaben in weniger Zeit bewältigt. Der kürzeste Weg, der die wenigste Zeit erforderte, verlief nicht außen um den Rumpf des Apfelmännchens herum, sondern war das gedachte Balkenkreuz, das durch die Mitte des Apfelmännchens hindurchführte und auf dem er im Nu durch das leere schwarze Innere nach links gleiten konnte. Er entschied sich für diese Variante.

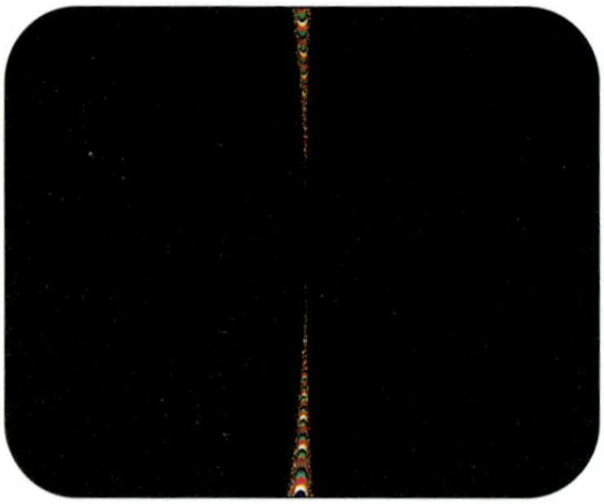

52

In der Ferne tauchten zwei bunte Spitzen auf. Das mussten die beiden Halsenden sein. Alex verlangsamte seine Bewegung allmählich und stoppte genau in der Mitte zwischen beiden. Dann fuhr er senkrecht nach oben und setzte den Fuß auf die obere Spitze.

Ganz und gar nicht verwundert sah er sich wieder auf eine Eistüte versetzt. Nur lag sie diesmal nicht auf der Seite, wie auf dem Hinterende des Apfelmännchens, sondern stand, wie es sich für eine richtige Eistüte gehört, auf der Spitze.

53 Eistüte, auf der Spitze stehend

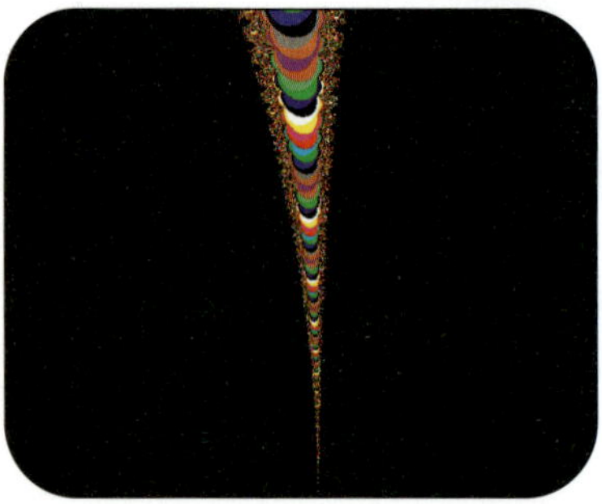

Er krabbelte ein Stück hinauf. Um sich besser orientieren zu können, machte er sich etwas größer, und zwar genau so viel, dass er die Tüte rechts und links ganz im Blick hatte. Schon bei geringer Lichtstärke (160) konnte er gut sehen, dass beide Ränder der Eistüte apfelmännchenähnliche Einkerbungen besaßen. Das war neu. Auf der ersten Tüte hatte er derartige Einbuchtungen nicht bemerkt. Der zweite Tag begann mithin viel versprechend. Gleich im ersten Anlauf hatte er neue Apfelmännchen entdeckt.

54 Randapfelmännchen

Nach den Erfahrungen der ersten Reise wusste Alex, dass es auf den Rand der Eistüte ankam. Er richtete das Mikroskop deshalb auf den rechten Rand der Tüte, der dem Rumpf des Apfelmännchens zugewandt war. Bei Lichtstärke 160 und nach einer geringfügigen Vergrößerung hatte er zwei mittelgroße Randapfelmännchen im Visier. Die besah er sich genauer. Auf den ersten Blick machte ihn der große Abstand zwischen den Hinterenden der Randapfelmännchen stutzig. Dieses führte er darauf zurück, dass sich die Enden bei Lichtstärke 160 noch nicht vollends ausgebildet hatten. Bei höheren Lichtstärken würden sie sich vermutlich einander annähern. Bevor er das prüfte, wollte er aber erst einmal sehen, wie sich das Ganze bei Lichtstärke 16000 darstellte.

55

Mit einem kräftigen Druck schaltete er von 160 auf 16000. Erneut tat sich vor ihm eine wundersame Welt auf. Und wieder hatte er das Gefühl, am ersten Tag schon einmal in dieser Welt gewesen zu sein, oder doch zumindest in einer, die dieser hier sehr ähnlich war. Nach den Überlegungen, die er am Ruhetag angestellt hatte, überraschte ihn das keineswegs. Es entsprach ja genau seinen Erwartungen. Und obwohl es noch früh am Morgen war, überkam ihn, als er diese Welt überblickte, jetzt dennoch ein leichtes Gähnen.

56

«Wie sich die Bilder gleichen», sang er leise vor sich hin, um nicht gänzlich einzuschlafen. Das war der Anfang einer Arie aus einer berühmten Oper. Sein Freund, der arbeitslose Wissenschaftler, hatte eine Aufzeichnung dieser Oper des Öfteren über den Bildschirm flimmern lassen, und Alex hatte Musik und Text sorgfältig gespeichert.

«Wie sich die Bilder gleichen,
wie durch verborg'ne Zeichen»,

ahmte er mit knarrender Stimme, indes in durchaus richtiger Tonlage den Gesang nach. Doch da brach er auch schon wieder ab. «Wie durch verborg'ne Zeichen?» Die Bilder besaßen in der Tat eine auffallende Ähnlichkeit! Und doch waren es nicht dieselben. Durch welche verborgenen Zeichen glichen und unterschieden sie sich zugleich?

Aus dem Rand der Eistüte drehten sich merkwürdige Wülste heraus. Das könnten die Vulkane aus der Sandwüste sein, und ihre leicht abgewandelte Form hing möglicherweise mit der anderen Lage der Eistüte zusammen. Das Prinzip aber, nach dem sie aus dem Rand der Eistüte herauswuchsen, war offensichtlich das gleiche. Auch stießen sie weitere solcher Gebilde aus, die immer kleiner wurden – genau wie am ersten Tag – und die sich schließlich zu neuen Apfelmännchen formierten. Allerdings hatte er auf seiner ersten Reise diese vielen kleinen Apfelmännchen am Himmel der Sandwüste erspäht. Jetzt, da die Eistüte nicht mehr auf der Seite lag, sondern auf der Spitze stand, hingen sie nicht kopfüber vom Himmel herab, sondern schauten ihn vom seitlichen Horizont her an. Sonst aber schien alles wie am ersten Tag.

Auch die Schneckengehäuse waren wieder da. Alex erinnerte sich, wie er zwei Tage zuvor zwischen den Spiralarmen eines solchen Gehäuses gewandert war und sich mit dem Taschenlampentrick den Weg durch die Hindernisse gebahnt hatte; er sah die Tropfsteinhöhlen wieder vor sich, die Reigen der bunten Luftballons und die Perlenketten, und natürlich seine Lieblinge, die tanzenden Apfelmännchen in den Höhlen. Wenn er nur gewollt hätte, hätte er hier alles, alles wieder gefunden.

Doch auf bereits Bekanntes wollte er nicht sonderlich achten. Beinahe hätte er sich von den Schneckengehäusen abgewandt, als ihn auf einmal wieder jenes leise Zögern und Zweifeln durchströmte, das sich jedes Mal einstellte, wenn er sich nicht sicher war, ein Problem wirklich bis zu Ende erkannt, geschweige denn gelöst zu haben. Oder war es nur sein unerklärlicher Tick für Spiralen, der ihm gebot, sich die Schneckengehäuse länger und aufmerksamer zu betrachten als die übrige Umgebung? Wie dem auch sei: Jedenfalls überkam ihn das Gefühl, dass mit diesen Spiralen hier irgendetwas nicht stimmte. Aber was? Unbeweglich verharrte er am Orte und versank in tiefes Nachdenken. Trotzdem fand er nichts heraus. Die Schneckengehäuse waren richtige Spiralen wie die in der Sandwüste; daran war nicht zu zweifeln. Und doch war hier irgendetwas anders als dort.

Rechts oder links?

Was blieb ihm übrig, als sich die Sache genauer anzusehen? Um den Unterschied herauszufinden, musste er die hiesigen Spiralen mit den dortigen vergleichen. Also her mit dem Mikroskop und heran an eine der Spiralen! Er schoss zwei Bilder mit den Lichtstärken 320 und 640, die ihm einen Ausschnitt aus einer dieser Spiralen zeigten. Dann kramte er aus seinem Speicher zwei Aufnahmen von der Spirale aus der Sandwüste hervor (siehe Seiten 48–49, Abb. 34, 36) und verglich sie mit den neuen.

57 Spirale bei LS 320

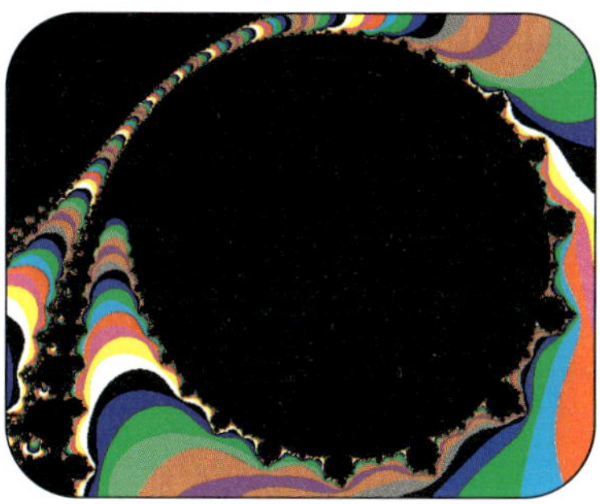

Da fiel es ihm wie Schuppen von den Augen. Oder wie Staub vom Bildschirm. Er versetzte sich in ein Auto, mit dem er die Spiralarme entlangfuhr. Auf seiner ersten Reise durch die Schneckengehäuse

58 Spirale bei LS 640

in der Sandwüste hätte er das Lenkrad stets nach links drehen müssen, um der Spirale zu folgen. Heute aber führte der Weg immer rechts herum. Ja, das war es: Die früheren Spiralen hatten sich linksherum in sich hineingedreht, die heutigen aber drehten sich rechtsherum!

War das nicht merkwürdig? Woran mochte das wohl liegen? Wenn er dieser Frage nachgehen wollte, das spürte er, müsste er viel Zeit und viel Strom investieren; vielleicht reichten auch alle Daten und alle Programme in seinem Speicher nicht aus, um diese Frage zu beantworten. Und schließlich wollte das Apfelmännchen von ihm ja nur wissen, **wie** es in seinem Innern aussieht, und nicht auch noch, **warum**. So ließ er die Frage liegen und nahm sich vor, sie bei Gelegenheit an seinen Freund, den Wissenschaftler, weiterzureichen.

Spiral-Fan, der er war, ließ er sich diese Entdeckung jedoch einen kleinen Abstecher kosten, um sie noch weiter auszubauen. Ihn pikte die Neugier, wie es sich mit den Spiralen am linken Rand der Eistüte verhielt. Wenn sich die Spiralen am rechten Rand rechtsherum drehten, vielleicht waren die am linken Rand dann linksdrehend? Schnell, um durch diese kurze Exkursion nicht allzu viel Zeit zu verlieren, durchquerte er die bunte Eistüte von rechts nach links, nahm sich am linken Rand ein Schneckengehäuse vors Mikroskop und beleuchtete es mit denselben Lichtstärken der Taschenlampe, so wie er es am rechten Rand getan hatte. Und tatsächlich zeigte sich eine Spirale, die sich nicht rechtsherum, sondern linksherum in sich hineindrehte.

59 Linksdrehende Spirale bei LS 320

Alex bereute seinen kurzen Aufenthalt keineswegs. Sicherlich würde das Apfelmännchen die Nachricht, dass es in ihm rechtsdrehende und auch linksdrehende Schneckengehäuse gibt, mit Interesse und Wohlgefallen aufnehmen. Er pfiff fröhlich vor sich hin und begab sich zurück an den rechten Rand der Eistüte, um seine Beobachtungen fortzusetzen. Die Entdeckung der unterschiedlich gedrehten Schneckengehäuse ließ ihn hoffen, schon bald noch mehr Neues zu erfahren.

60 Linksdrehende Spirale bei LS 640

Er wandte sich dem rechten Randapfelmännchen wieder mit Lichtstärke 160 zu (siehe Seite 69, Abb. 55). Der ganze Rand der Eistüte bestand aus solchen, größeren und kleineren. Es schien wirklich so, als seien überall im Innern des Großen Apfelmännchens kleine verborgen: am Himmel der bunten Sandwüste und zwischen den winzigen Sandkörnchen, in den Tropfsteinhöhlen inmitten der Schneckengehäuse und nun auch unmittelbar am Rand der auf der Spitze stehenden Eistüte. Und schon knarrte es aus ihm heraus:

«Wie sich die Bilder gleichen,
wie durch verborg'ne Zeichen.»

Wieder begann er nach den verborgenen Zeichen zu suchen, durch welche sich die Apfelmännchen glichen, vielleicht aber auch voneinander unterschieden. Sah er von dem Monster in der Sandwüste ab, so hatte er bisher zwei Arten von Apfelmännchen kennen gelernt: solche, die vollendet waren und dem Großen Apfelmännchen wie ein Ei dem anderen glichen, und solche, die kopfüber vom Himmel der bunten Sandwüste herabhingen oder ihm hier bei Lichtstärke 16000 vom Horizont her die Nasen zuwandten. Diese zweite Art unterschied sich von der ersten dadurch, dass sie mit ihren Halsenden auf dem Rumpf des Großen Apfelmännchens aufsaßen. Die, vor denen er jetzt stand, ordnete er der zweiten Art zu, denn auch sie hatten keine richtig ausgebildeten Hinterenden. Aber das konnte sich vielleicht ändern, wenn er die Lichtstärke allmählich erhöhte?

Er versuchte es. Diesmal richtete er das Mikroskop so ein, dass er nur noch ein einziges Randapfelmännchen im Blick hatte. Bei Lichtstärke 176 schienen sich dessen Hinterenden tatsächlich etwas zu schließen. Als er aber weiterdrehte, begannen die beiden Enden, statt weiter aufeinander zuzugehen, auf einmal voneinander wegzustreben und sich sogar zu drehen: das obere Ende nach rechts innen und das untere nach rechts außen. Bei Lichtstärke 320 setzte die Ausbildung der Schneckengehäuse ein. Ähnliche Szenen spielten sich im Innern des Randapfelmännchens ab (Abb. 61–64).

61 Falsches Apfelmännchen bei LS 160

62

63

64

«Verhält sich so ein ordentliches Apfelmännchen?», brummelte Alex und beschloss, sich dieses Treiben bei hellerem Licht zu besehen. Bei Lichtstärke 800 fiel ihm in der Gegend um das aus der Rolle gefallene Apfelmännchen eine Fußspur auf. Ja, wirklich! Was er da sah, erinnerte an einen menschlichen Fußabdruck. «Sollte mein Freund, der Wissenschaftler, etwa ...», ging es ihm durch den Kopf. Doch dieser Verdacht war so ungeheuerlich, dass er ihn sofort wieder fallen ließ. Auch keinem anderen Menschen hätte er je zugetraut, seinen Fuß auf oder in das Apfelmännchen zu setzen. Dennoch war die Spur wie durch ein Wunder wirklich da.

65 Fußabdruck

Weil Alex aber nicht an Wunder glaubte, drehte er einfach weiter an der Taschenlampe. Und siehe da, bei 1600 wurde aus dem Fußabdruck ein Oval, und bei 16000 war an derselben Stelle nur noch ein klitzekleines rundes Loch zu erkennen. Wenn man das sehen wollte, musste man aber schon ganz dicht herangehen.

66

67

Rechte und linke Apfelmännchen – aber falsche

Das vormals Innere des Randapfelmännchens war jetzt ganz mit Schneckengehäusen und buntem Sand ausgefüllt. Das verwirrte Alex. Wie ging das an? Blieben nicht alle Apfelmännchen, das eine Große und die vielen kleinen, inmitten all des bunten Gewimmels ihrer jeweiligen Umgebung schwarz? Gewiss! Wieso aber füllte sich dann dieses Randapfelmännchen hier mit buntem Sand und Schneckengehäusen? Es gab nur eine einzige Erklärung: weil es kein echtes Apfelmännchen war. «Erst verrenken sie ihre Hinterenden, und dann behalten sie nicht einmal ihre schwarze Farbe. Betrüger! Fälscher! Falsche Apfelmännchen!»

So etwas war Alex wirklich noch nicht vorgekommen, dass ihn jemand so hinters Licht zu führen suchte. Doch das Licht der Taschenlampe hatte es an den Tag gebracht: Was sich da am Rande der Eistüte als Apfelmännchen ausgab, waren in Wirklichkeit Fälscher! Echte Apfelmännchen müssen nicht nur die äußere Form eines solchen haben, sondern auch dessen Farbe! Geschöpfe aber, die ihren Bauch mit buntem Sand und Schneckengehäusen füllen, verdienen nicht, Apfelmännchen genannt zu werden.

«Gewiss treiben diese Betrüger ihr Unwesen auch am linken Rand der Eistüte, wo sich ihre Hinterenden zu linksdrehenden Spiralen formen», mutmaßte Alex und eilte, sich mit einem kurzen Seitenblick schnelle Gewissheit zu verschaffen.

Einen der Betrüger am linken Rand nahm er aufs Korn. Die beiden Hinterenden ähnelten den Giftzähnen im aufgesperrten Rachen einer Schlange. Wie staunte er aber, als sich die Enden bei allmählicher Vergrößerung der Lichtstärke nicht erwartungsgemäß linksherum, sondern rechtsherum zu drehen begannen. Das obere Ende drehte nach rechts außen und das untere nach rechts in das Innere des falschen Apfelmännchens hinein. Wie konnte das sein? Hatte er nicht kurz zuvor gerade gesehen, dass die Schneckengehäuse am linken Rand der Eistüte linksdrehend waren? Er forderte noch einmal die Bilder 59 (siehe Seite 72) und 60 (siehe Seite 73) aus seinem Speicher an. Es gab keinen Zweifel: Die Spiralarme ringelten sich im Vergleich zu denen am rechten Rand entgegengesetzt. Jetzt aber ging es ebenfalls rechtsherum. «Bin ich denn schon ganz meschugge?», durchzuckte es unseren Freund. «Kann ich mich nicht mehr auf meine eigenen Beobachtungen verlassen? So alt und gebrechlich bin ich doch noch gar nicht.»

68 Am linken Rand

Er stellte sich vor, wie sein Freund, der Wissenschaftler, reagieren würde, wenn er ihm auf eine Frage eine Antwort gegeben und nur wenige Augenblicke später auf dieselbe Frage das genaue Gegenteil geantwortet hätte. Wahrscheinlich hätte ihm der Wissenschaftler die Freundschaft gekündigt und ihn mit Schimpf und Schande davongejagt.

69 Links- oder rechtsdrehend?

Doch er raffte sich noch einmal auf und berief sich auf das Stärkste, das er als Computer kannte: auf die Logik. Schließlich ging alles in ihm ganz logisch zu. Er war sich keines Fehlers bewusst, hatte genauso gerechnet und gezeichnet wie schon viele Male zuvor. Ein Widerspruch war unmöglich. Er war absolut logisch und exakt vorgegangen. Nein, so leicht würde er sich von diesem falschen Apfelmännchen nicht ins Bockshorn jagen lassen. Hier wurde offensichtlich falsches Spiel gespielt.

70 «Na bitte»

«Der Bursche will mich täuschen.» Alex knirschte mit den Zähnen. «Na warte!» Als sei nichts geschehen, erhöhte er die Lichtstärke der Taschenlampe weiter bis auf 320 (siehe Seite 77, Abb. 70). Und von Druck zu Druck kehrte sein Selbstbewusstsein zurück, denn die Enden ringelten sich jetzt wie Elefantenrüssel: Der untere drehte sich zwar erst nach rechts oben, dann aber bog er nach links und rollte sich linksherum. Auch der obere vollführte zunächst ein Täuschungsmanöver, bevor er sich linksdrehend zusammenrollte.

«Na bitte», atmete Alex auf.

Es beruhigte ihn, dass er von Anfang an doch richtig gesehen hatte. Sein Freund, der Wissenschaftler, konnte sich auf ihn verlassen. Und auch das Große Apfelmännchen, dem er diesen Zwischenfall nicht vorenthalten wollte.

Im linken Elefantenrüsselkarussell

Doch schon erwartete ihn eine neue Überraschung. Die beiden linksdrehenden Spiralen rollten sich nämlich bei weiter steigender Lichtstärke nicht jede für sich zu einem Schneckengehäuse zusammen, sondern jagten, ohne sich jemals einzuholen, wie auf einem Karussell hintereinander her und ringelten sich dabei immer tiefer in das gemeinsame Zentrum hinein. Das war nun wirklich ganz neu. Alle Schneckengehäuse, die er bisher erblickt hatte, waren – ob rechts- oder linksdrehend – einfache Spiralen gewesen. Hier am linken Rand der auf der Spitze stehenden Eistüte aber tauchten plötzlich Doppelspiralen auf!

71 Elefantenrüssel bei LS 480

Sie bestanden aus zwei Spiralarmen, die beide verschiedenen Ursprungs waren. Der eine ging von dem oberen Giftzahn des falschen Apfelmännchens aus, der andere vom unteren. Sie erinnerten an zwei ineinander verschlungene Elefantenrüssel. Stellt euch vor, zwei noch junge Elefanten, die aber schon beträchtlich lange Rüssel haben, legen diese so aneinander, wie das auf dem Bild mit Lichtstärke 320 zu sehen ist (siehe Seite 77, Abb. 70). Weil sie sich sehr lieb haben, wollen sie ihre Rüssel nie wieder voneinander trennen. Mit der Zeit – also mit der Lichtstärke – wachsen die Rüssel zwar, werden länger und länger, bleiben dabei aber immer aneinander geschmiegt und ringeln sich so immer enger zusammen.

72 Elefantenrüssel bei LS 1600

Links- und rechtsdrehende Spiralen, falsche Apfelmännchen und ineinander verschlungene Elefantenrüssel – das war schon ein recht ansehnlicher Ertrag dieser zweiten Reise. Dabei war es gerade erst Mittag, und Alex steckte noch voller Tatendrang.

Am rechten Rand wartete die Fußspur noch darauf, dass er sich ihrer weiter annehme. Er hatte das keineswegs vergessen. Doch die lief ja nicht weg. Noch bewegten ihn die beiden Elefantenrüssel, die sich zu einer Doppelspirale zusammengefunden hatten.
«Was mag zwischen den beiden Rüsseln sein?», fragte er sich. «Ob es da auch solche Hindernisse gibt wie in den Schneckengehäusen? Und Tropfsteinhöhlen? Und sich drehende Apfelmännchen? Es könnte ja sein, dass es bei den falschen Apfelmännchen und zwischen zwei Elefantenrüsseln ganz anders zugeht als in Schneckengehäusen, die nur durch eine einzige Spirale gebildet werden.»
Alex lockte die Aussicht, möglicherweise wieder auf Neuartiges zu stoßen. Aber auch die stille Hoffnung, seine Lieblinge, die tanzenden Apfelmännchen, wieder zu finden. Und da es erst Mittag war und Computer nicht wie wir pünktlich am Mittagstisch sitzen müssen, machte er sich noch viel kleiner und sprang kurz entschlossen in den doppelten Elefantenrüssel hinein.
Hier war es ziemlich dunkel, ähnlich wie seinerzeit im Schneckengehäuse. Es bedurfte Lichtstärke 480, um zu erkennen, dass da tatsäch-

73 Hindernis bei LS 480

lich wieder ein Hindernis sich ihm in den Weg legte. Es wuchs auf die gleiche Weise aus dem oberen Elefantenrüssel heraus wie damals der Sandsack aus dem älteren Spiralarm. Freilich hatte es hier eine andere Form. Und von unten reckten sich ihm zwei Spitzen aus dem unteren Elefantenrüssel entgegen. Es wunderte Alex schon gar nicht mehr, dass der Rand des Hindernisses und auch die Ränder der beiden Spitzen aus vielen größeren und kleineren falschen Apfelmännchen bestanden. Sie gehörten zur Familie der Fälscher, das war ganz deutlich an ihren Hinterenden zu erkennen. Alex erwartete deshalb, dass sie sich auch genauso ungebührlich verhalten würden wie ihre Brüder vom Rande der Eistüte. Auch diesmal irrte er sich nicht.

74 Hindernis bei LS 640

Die Täuschungsmanöver begannen mit steigender Lichtstärke, dann erschienen neue Elefantenrüssel. Diesmal aber waren es schon vier, die in weitem Bogen aufeinander zuliefen. Entstand hier eine vierfache Spirale? Bei Lichtstärke 800 ringelten sich jedoch nur jeweils zwei der Rüssel ineinander und bildeten auf diese Weise zwei nebeneinander liegende Doppelspiralen. Auf jeder dieser Doppelspiralen saß, ähnlich den Schwarzen Löchern, die er schon verschiedentlich an anderen Orten bemerkt hatte, oben und unten ein kreisähnliches Loch auf. Bei Lichtstärke 1600 zogen sich die Doppelspiralen fast zu Kreisen zusammen, und die runden Schwarzen Löcher wurden noch kleiner, sodass jetzt jeweils drei Kreise übereinander zu liegen kamen. Zwischen diesen zwei Dreierreihen von Kreisen aber bildete sich aus vier Elefantenrüsseln eine Art Höhle, die Alex' Herz höher schlagen ließ.

75 Hindernis bei LS 800

«Wenn sich hier, inmitten des skandalösen Treibens zahlloser falscher Apfelmännchen überhaupt ein echtes verbergen sollte, dann in dieser Höhle», frohlockte er, und sein Bildschirm flimmerte schon vor Erregung und in der Erwartung, endlich wieder ein echtes Apfelmännchen vorführen zu können.

76 Hindernis bei LS 1600

Um in die Höhle zu gelangen, musste Alex sich wieder erheblich verkleinern. Aber das war ja schon Routine für ihn. Auch halfen ihm seine Erfahrungen, die er in der Tropfsteinhöhle im Schneckengehäuse gesammelt hatte, damit er sich jetzt schon sicherer bewegen konnte. Er drang also in die Höhle vor, wählte einen Platz, von dem er alles gut überblicken konnte, und ging sofort mit Lichtstärke 1600 zu Werke.
«Aber ja», jubelte er, denn er erkannte die verborgenen Zeichen, die ihm sagten, dass da in der Mitte der Höhle ein ähnlicher Reigentanz aufgeführt wurde wie seinerzeit in der Tropfsteinhöhle im Schneckengehäuse. Nun hatte er keinen Zweifel mehr, dass das Höhlenmännchen bei noch hellerem Licht erscheinen musste. Bei Lichtstärke 16 000 zeigte es sich ihm in all seiner Pracht und hatte seinen Blick leicht nach rechts unten gerichtet!

77 Höhle bei LS 1600

78

Für Alex bestand aufgrund seiner früheren Erfahrungen mit den tanzenden Apfelmännchen im Schneckengehäuse kein Zweifel, dass dieses eine hier nur eines von vielen war, die sich in den unzähligen Höhlen zwischen den aus Elefantenrüsseln gebildeten Doppelspiralen aufhielten. Wie froh war er, seine Lieblinge auch hier und in Scharen entdeckt zu haben.

So also sah es zwischen den Elefantenrüsseln in der Doppelspirale aus. Was aber wurde aus den sich wie im Karussell hintereinander herjagenden Rüsseln selbst? Ehe er den linken Rand der Eistüte verließ, wollte er dies noch schnell nachprüfen.
Er nahm eine der beiden Doppelspiralen unters Mikroskop und besah sie sich bei Lichtstärke 800. Den Ausschnitt wählte er so, dass auch noch die beiden Kreise oberhalb und unterhalb des Karussells im Bild waren. Da es schon auf den späten Nachmittag zuging und er sich immer noch am linken Rand aufhielt, auf den er eigentlich nur einen kurzen Blick hatte werfen wollen, beließ er es nicht lange bei Lichtstärke 800, sondern schaltete gleich auf 1600 weiter.

79

Das Innere des Elefantenrüsselkarussells war enger geworden, und die beiden Spiralarme jagten nun schon fast im Kreise hintereinander her. Alex setzte sich auf eines der Rüsselenden und ließ sich bei steigender Lichtstärke mit atemberaubender Geschwindigkeit in das Innere des Loches hineindrehen, das immer enger und enger und dabei immer kreisförmiger wurde. Ihm war dabei nicht einmal bange, dass es auf dieser rasenden Karussellfahrt gefährlich für ihn werden könnte. Es bestand kein Grund zur Annahme, dass sich der Kreis jemals zu einem einzigen Punkt schließen und die Enden der beiden Rüssel sich einholen und zusammenfallen könnten, er somit erdrückt würde. Selbst wenn er sich viele Male verkleinerte und die Lichtstärke beliebig groß wählte, bliebe immer wieder ein winziges Loch in der Mitte des Karussells. Auch war nicht anzunehmen, dass sich dieses Loch jemals zu einem Apfelmännchen formen würde. Nein, im Zentrum des Karussells verbarg sich gewiss kein Apfelmännchen. Weder ein echtes noch ein falsches.

80

Allerdings waren oberhalb und unterhalb des Elefantenrüsselkarussells zwei kreisrunde Löcher entstanden. Sie und der schon nahende Abend erinnerten ihn nun mit Nachdruck daran, dass er am rechten Rand der auf der Spitze stehenden Eistüte das klitzekleine Schwarze Loch hatte liegen lassen, zu dem sich der Fußabdruck verengt hatte.

Das Schwarze Loch: Einstimmung

«Vorwärts also, das Geheimnis der Schwarzen Löcher zu lüften», befahl sich Alex und kehrte endlich an den rechten Rand der Eistüte zurück. Warum er «Vorwärts also» gesagt hatte, wusste er selbst nicht; er hätte ebenso gut «Zurück also» sagen können.
Dort, wo eines der falschen Apfelmännchen seine Nase in die Eistüte bohrte, angekommen, fand er bei Lichtstärke 800 den großen Fußabdruck wieder (siehe Seite 75, Abb. 65), bei 1600 das Oval (siehe Seite 75, Abb. 66) und bei 16000 das klitzekleine Schwarze Loch (siehe Seite 75, Abb. 67). Er gönnte sich einen Augenblick Ruhe, um den Anblick zu genießen und sich einzustimmen. «Wie stimmt man sich auf ein Schwarzes Loch ein?», fragte er sich.

Von Schwarzen Löchern hatte Alex schon in einem anderen Zusammenhang gehört. Sein Freund, der Wissenschaftler, hatte sich gelegentlich mit Kollegen darüber unterhalten. Soweit er den Inhalt dieser Gespräche verstanden hatte und sich erinnern konnte, ging es dabei um geheimnisvolle, dunkle Gebiete im Weltall, in denen so viel Materie auf engstem Raum konzentriert sein soll, dass sie alles, was sich in hinreichender kosmischer Nähe von ihnen befindet, magisch in sich hineinsaugen und nichts von dem, was sie einmal verschlungen haben, wieder preisgeben – nicht einmal das Licht, das auf sie fällt.

Und eben deshalb erscheinen sie schwarz. Alex erinnerte sich, wie es einmal einen Streit unter den Wissenschaftlern gegeben hatte, ob die Schwarzen Löcher im Weltall wirklich existieren oder ob sie nur eine Vermutung, eine Annahme – «eine Hypothese», hatte einer gesagt – seien, die man benötige, damit andere Vermutungen – so genannte «Theorien» – nicht durcheinander kämen. Ein andermal hatte einer geäußert, ein Schwarzes Loch sei eine Art Durchschlupf in eine ganz andere Welt; in der Nähe eines Schwarzen Loches würden sich die uns bekannten Eigenschaften von Raum und Zeit grundlegend ändern; die gängigen Naturgesetze träten im Loch selbst außer Kraft, und sei man erst durch das Loch hindurch, so käme man in eine andere Welt, die nicht die unsere ist und in der alles ganz anders zugeht als auf der Erde. Was sich die Wissenschaftler erzählten, klang wirklich sehr märchenhaft, und Alex war dabei vor ehrfürchtigem Staunen ganz verstummt.

Ein wenig graulte er sich davor, mit solch einem Schwarzen Loch nähere Bekanntschaft zu machen, und obwohl es ihm bisher immer Spaß bereitet hatte, mit jeder Verkleinerung in eine neue und noch größere Welt einzutreten, war ihm bei der Vorstellung, sich ganz winzig zu machen, um an das Loch heranzukommen, jetzt erstmals beklommen zumute. Die Welt, in die er am frühen Abend seiner zweiten Entdeckungsfahrt vorstoßen wollte, schien eine ganz besondere und vielleicht sogar eine ausgesprochen gefahrvolle zu sein. Natürlich war er kein Angsthase; das hatte er auf seiner bisherigen Reise schon genügend bewiesen. Auch war ihm klar, dass das klitzekleine schwarze Ding da draußen nicht eines jener Schwarzen Löcher war, über die sich sein Freund mit seinen Kollegen unterhalten hatte. Aber wer konnte wissen, ob es in der Welt der Zahlen und der bunten Strukturen des Apfelmännchens nicht ähnlich zuging wie in unserer Welt mit ihren hohen Bergen und tiefen Tälern, den blauen Seen und grünen Wäldern, ihren Gräsern, Farnen und Bäumen, den Schnecken, Fröschen, Kaninchen und Elefanten? Als Computerwinzling musste man auf alles gefasst sein.

Vom Rand der Eistüte aus hielt Alex noch einmal Ausschau nach dem Schwarzen Loch. Wenn er diese selbst gestellte Aufgabe an diesem Abend noch erledigen wollte, musste er sich sputen. Zunächst galt es, das Schwarze Loch da draußen genau zu orten. Das gelang nicht auf Anhieb, und so waren einige Versuche erforderlich, ehe das Objekt seines Interesses gut platziert unter dem Mikroskop lag. Mehrfach hatte er sich verkleinern müssen, aber dann war er endlich so weit.

Das Schwarze Loch: Anflug

Sosehr er auch an der Taschenlampe drehte, um mehr Licht aus ihr herauszuholen, ihn umgab undurchdringliche Finsternis. Erst bei Lichtstärke 8000 lichtete sich die Dunkelheit, und vor ihm tat sich die Welt des Schwarzen Loches auf. Ein gähnender Abgrund drohte ihn zu verschlingen. Strahlenförmig und in leicht geschwungenen Bögen strömten Reihen immer kleiner werdender Gebilde dem Zentrum des Riesenloches zu. Diese Phänomene waren letztlich – anders konnte es nicht sein – Abkömmlinge der äußeren Elefantenrüssel, die im Innern des falschen Apfelmännchens entstanden waren. Je weiter sie sich von ihren Ururur... eltern wegentwickelt hatten, umso zahlreicher und umso winziger waren sie geworden. Jetzt reihten sie sich in langen Ketten aneinander, bildeten in sich neue Muster und strebten unaufhaltsam in das gewaltige Schwarze Loch hinein.

81

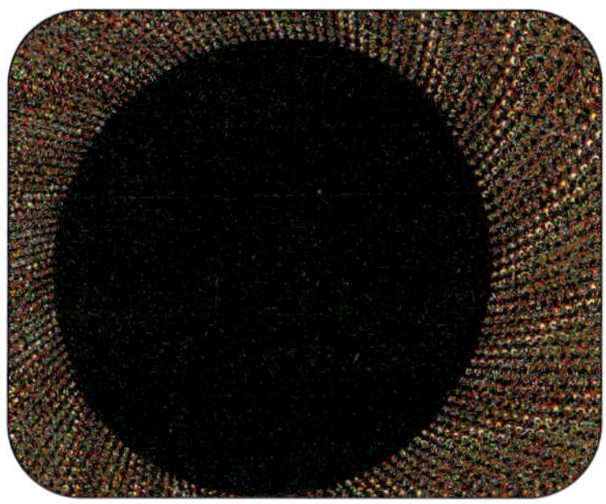

Vor lauter Faszination hatte Alex vergessen, die Lichtstärke der Taschenlampe weiter aufzudrehen. Als er sich schließlich besann und auf 16000 schaltete, wurde ihm schwindlig.

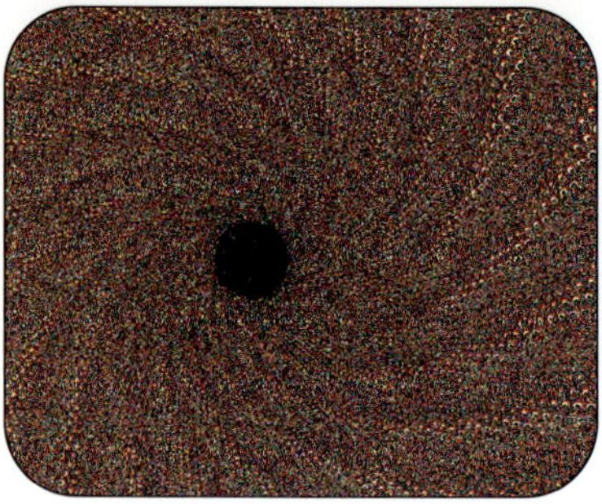

82

Schaudernd sah er sich in eine unermessliche Welt versetzt. Von allen Seiten wölbten sich Ströme dieser winzigen bis punktförmigen Gebilde dem Zentrum des Schwarzen Loches entgegen. Das Loch selbst war schon viel enger geworden, sah deswegen aber nicht weniger gefährlich aus. Es schien sogar, als übe es in diesem Lichte eine mehrfach gesteigerte Anziehungskraft auf die Winzlinge aus, von denen jeder ja eine ganze Welt für sich war. Zusammen bildeten all diese Welten einen riesigen Wirbel, einen Strudel, der sich in das Schwarze Loch hinein ergoss. Fast hätte er Alex mitsamt dem Mikroskop und der Taschenlampe mit sich hinabgerissen. Vorsichtshalber ließ er deshalb den Finger auf dem Drücker der Taschenlampe, um jeden Moment durch weniger Licht den Strudel verschwinden lassen zu können, wenn es ganz schlimm kommen sollte.

Zwar kam es nicht zum Schlimmsten, aber er konnte sich vorstellen, wie es Astronauten zumute sein muss, wenn sie dereinst in superschnellen Raumschiffen fremde Galaxien durchstreifen und dabei vielleicht in die Nähe eines kosmischen Schwarzen Loches geraten. Wie ein einziger Spiralnebel würden alle Welten um sie herum dem Schwarzen Loch entgegenwirbeln. Wenn die Astronauten genügend Zeit hätten, würden sie miterleben, wie sich das Loch immer weiter verdichtet und sich immer mehr neu entstehende Welten an seinem Abgrund zusammendrängen.

«Warum sollten sie nicht genügend Zeit haben?», sinnierte Alex in dem unermesslichen Universum. «Bei mir ist Zeit Licht. Mehr Licht bedeutet mehr Welten. Ich lasse die Welten mit der Lichtstärke entstehen, gewissermaßen also mit Lichtgeschwindigkeit. Wenn die Kosmonauten mit Lichtgeschwindigkeit dahinflögen, könnten sie ebenfalls neue Welten entstehen sehen. Selbst wenn sie sich am Rande des Schwarzen Loches befänden, bräuchten sie nicht zu befürchten, von ihm verschlungen zu werden, denn mit derselben Geschwindigkeit, mit der sie sich bewegen, würden neue Welten entstehen, sodass sie sich stets am Rande des Schwarzen Loches aufhielten und nie in dieses hineinkämen.»

Das beruhigte ihn etwas und gab ihm Sicherheit. Aber da packte ihn seine innere Logik, die ihm sagte: «Aus demselben Grunde würden die Astronauten aber auch nie wieder von dem Schwarzen Loch wegkommen! Mit derselben Geschwindigkeit des Lichts, mit der sie vom Schwarzen Loch wegflögen, würden auch alle Welten am Rande des Lochs verschwinden. Die Astronauten befänden sich stets am Rande des Schwarzen Loches, ohne ihm je entkommen zu können. Sie hätten nur dann eine Chance, der Gefangenschaft des Schwarzen Loches zu entfliehen, wenn sie sich schneller als das Licht von ihm wegbewegen würden.»

Alex musste zugeben, dass selbst ihm, einem Computer der Spitzenklasse, dies nicht möglich gewesen wäre. Also hielt er sich in gebührender Entfernung vom Rand des Schwarzen Loches, um nicht in ewige Gefangenschaft zu geraten. Denn er wollte ja schließlich irgendwann zum Großen Apfelmännchen zurückkehren, um ihm zu berichten, wie es in dessen Innern aussieht.

Noch aber konnte er sich von dem Schwarzen Loch und dem magischen Zauber, der von ihm ausging, nicht lösen. Immer noch stellte er sich vor, wie das mit Lichtgeschwindigkeit dahinsausende Raumschiff der Mitte des Schwarzen Loches entgegenfliegt und dabei immer auf dessen Rand verbleibt. Es könnte unendlich lange so weiterfliegen, ohne je an ein Ende, ohne je in den Mittelpunkt des Loches zu gelangen. Immer würden um das Raumschiff herum neue Welten entstehen; immer würde sich vor ihm ein neuer schwarzer Abgrund auftun. Alles ohne Ende. Unendlich.

«Ja, aber dann», hörte er sich sagen, «dann kämen sie ja nie durch das Loch hindurch. Und dann wären alle Vermutungen der Freunde meines Freundes, dass auf der anderen Seite eines Schwarzen Loches andere Welten liegen, in denen alles ganz anders zugeht als in unserer Welt, nichts als bloßes Gerede. Das Schwarze Loch wäre dann nicht ein Durchschlupf in andere Welten, sondern ein Weg in die Unendlichkeit unserer eigenen Welt.»

Der Hauch der Unendlichkeit erfasste ihn; es wurde ihm kühl und heiß zugleich. Er musste sich vorsehen, denn solche krassen Temperaturunterschiede waren seiner Gesundheit abträglich. Ein Computer braucht einigermaßen konstante Temperaturen, nicht zu niedrig und nicht zu hoch, geradeso wie sie auch Menschen, Tieren und Pflanzen gut tun. Schließlich hatte er ja auch genügend gesehen. Ungeheuerliches hatte er in dieser abendlichen Stunde erlebt und noch Ungeheuerlicheres gedacht. Er packte alles in seinen Speicher, wandte sich vom Schwarzen Loch ab und begab sich wieder an den rechten Rand der Eistüte, dahin, wo das falsche Apfelmännchen seine Nase in die Tüte bohrte.

Wie gut, dass er nicht bis zum Rand des Schwarzen Loches vorgedrungen war, sondern sich in respektvoller Entfernung gehalten hatte, sonst wäre es ihm selbst mit Lichtgeschwindigkeit nicht gelungen, dem gefräßigen Ort zu entkommen, und unser Märchen wäre jetzt schon zu Ende.

Singende, klingende Apfelmännchen

So aber setzte sich Alex wieder auf die Nasenspitze des falschen Apfelmännchens und blickte bei Lichtstärke 16000 verträumt in die Runde (siehe Seite 75, Abb. 67). Nach dem Erlebnis mit dem Schwarzen Loch und all den Ungeheuerlichkeiten, mit denen die falschen Apfelmännchen aufgewartet hatten, sehnte er sich nach seinen Lieblingen, den echten Apfelmännchen, und besonders nach den tanzenden. Er wusste, sie hielten sich in den Höhlen der Schneckengehäuse und der Elefantenrüsselkarussells auf. Außerhalb der Spiralen aber, da, wo die Spiralarme am dünnsten waren, herrschten die Schwarzen Löcher. Sein Blick suchte noch einmal das Schwarze Loch da draußen, dem er soeben entkommen war. Am fernen Horizont drehten sich die Reihen von Welten vage dem Loch entgegen. In jeder Reihe gingen ganze Welteninseln auseinander hervor. Im unendlichen Reigen legte sich Reihe an Reihe. Es war ein einziges Flimmern. Sein Blick wurde steif und starr, und er begann zu träumen.

Im Traum erschienen ihm viele, viele tanzende Apfelmännchen. Jedes hatte seine eigene Höhle und war geschmückt mit den schönsten Perlenketten. Sie drehten sich im Tanze und folgten in ihren Bewegungen den Windungen der Spiralarme, zwischen denen sie sich jeweils befanden. In ihrem Reigen war eine wunderbare Harmonie. Im Traume setzte Alex sie in Töne um. Das klang aber gar nicht mehr so harmonisch. Zwar konnte man die lieblichen Weisen, welche die tanzenden Apfelmännchen erzeugten, noch gut hören, aber sie waren überlagert von Misstönen, welche die falschen Apfelmännchen dazwischenmischten. Und dann war da noch eine andere Melodie, die ihrem Rhythmus nach von echten Apfelmännchen stammen musste, die sich aber von der Melodie der tanzenden Apfelmännchen unterschied, obwohl sie sich mit ihr zu einem Wohlklang verband.

Im Nu war Alex hellwach. Die andere Melodie klang noch in ihm nach. Wo kam sie her? War alles nur ein Traum? Noch immer hörte er die Melodie. Er lauschte. Es schien ihm, als klänge sie zwischen den Spiralen heraus. Als er noch genauer hinhörte, war ihm, als dränge sie zwischen den benachbarten Reihen der fernen Welten hervor, die auf das Schwarze Loch zustrebten. Aber nein, das war kein Traum mehr! Aus dem Universum da draußen sangen ihm wirklich Apfelmännchen zu.

Ihr sirenenhafter Gesang ließ ihn alle Gefahren vergessen, die in der Umgebung des Schwarzen Loches drohten. Er musste noch einmal hinaus und die Sänger finden. Und er wusste auch schon, wo er sie suchen würde: außerhalb der Spiralarme! Aber nicht dort, wo diese am dünnsten waren, denn dort machten sich die Schwarzen Löcher breit,

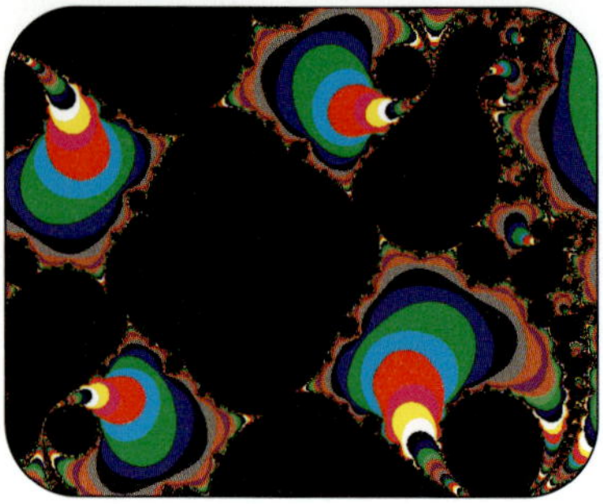

83 Weltwülste

sondern an ihrer dicksten Stelle! Dort, wo sich benachbarte Reihen von Welten gegenüberlagen und die dicken Wülste ringelnder Welten sich gegenläufig am nächsten kamen.
Wenn das so war, dann brauchte er sich aber keineswegs in ein neues Abenteuer zu stürzen und noch einmal zu den entfernten Welten des Spiralnebels zu starten. Denn nicht allzu weit von seinem jetzigen Standort, der Nasenspitze des falschen Apfelmännchens, lagen zwei solche dicke Weltwülste, auf die es ihm ankam (siehe Seite 75, Abb. 67).

84 Reigen aus Spiralwülsten

Von der Nase rutschte Alex herunter in das Innere des falschen Apfelmännchens hinein. Schon nach kurzer Zeit war er an besagter Stelle. Er machte es sich zwischen den äußeren Rändern der beiden dicken Wülste bequem, richtete das Mikroskop ein, zückte die Taschenlampe und begann, den Raum zwischen beiden auszuleuchten. Bei Lichtstärke 480 war er sich schon fast sicher, dass sein Traum Wirklichkeit werden würde. In den Zwischenraum zwischen den beiden Wülsten ragten jetzt vier neue, jüngere hinein und formten schon fast eine Höhle. Hastig hantierte er weiter an der Taschenlampe. Bei 640 erschien der aus acht noch kleineren Spiralwülsten bestehende Reigen. Vor lauter Aufregung ging Alex noch dichter an den Ort des Geschehens heran, machte sich nochmals etwas kleiner und erblickte bei 800er-Lichtstärke nun die in allen Farben funkelnde, gleichsam aus sechzehn Diamanten bestehende ovale Halskette.
Jetzt gab es keinen Zweifel mehr! Er war auf dem richtigen Wege! Alles in ihm jubilierte. In seiner

85

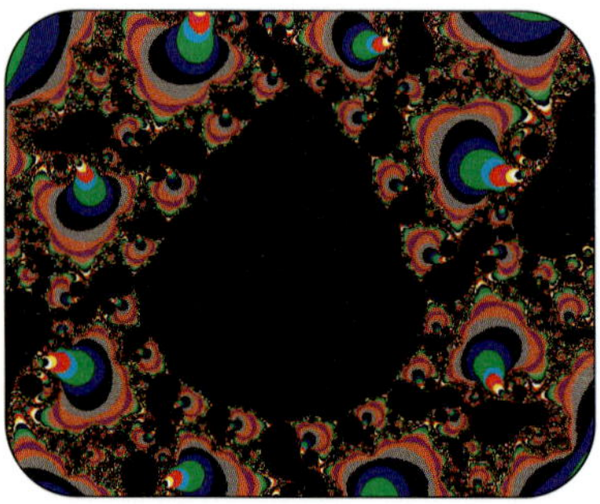

Begeisterung umkreiste er die Diamantenkette dreimal und genoss die Vorfreude auf das, was er im nächsten Moment zu sehen bekäme. Dann saß er ganz still und andächtig und schaltete leise auf 16 000.

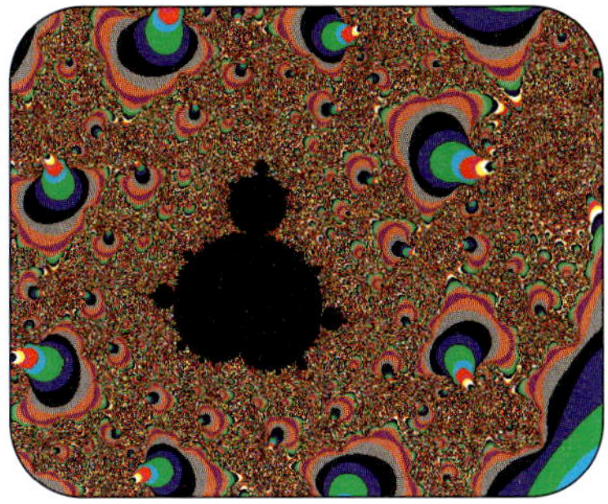

86

Muss ich euch sagen, was er sah? Seht selbst und überzeugt euch von der Schönheit und Wohlgeformtheit, von der vollendeten Eleganz, mit der ein Apfelmännchen erhobenen Hauptes ihn begrüßte.

Lange verweilte Alex an diesem Ort der Freude und der Genugtuung. Er versuchte, sich zu erklären, was es war, das er den Apfelmännchen – den echten, versteht sich – gegenüber so stark empfand. Es konnte nicht nur reine Entdeckerfreude sein, die ihn dazu trieb, ihnen nachzusteigen. Wäre er rein wissenschaftlich vorgegangen, so hätte er eines nach dem anderen sorgfältig registriert, hätte jedes einzelne kreuz und quer vermessen, ihre Entfernung voneinander bestimmt, die Winkel angegeben, in denen sie zum Balkenkreuz standen, und so weiter und so fort. Aber sagt selbst: Wäre das nicht töricht gewesen, wo es doch im Innern des Großen Apfelmännchens unendlich viele kleine gibt? Er wäre mit dem Zählen und Messen zeit seines Lebens nicht fertig geworden, denn auch Computer leben nicht ewig. Nein, nicht das wissenschaftliche Interesse allein zog ihn zu den Apfelmännchen. Es war das Gefühl, in ihnen etwas zu begegnen, das nicht von dieser Welt zu sein schien und dennoch alles in sich vereinte, was auch unsere Welt liebenswert macht: Schönheit und bizarre Form, Licht und Finsternis, Ordnung und Chaos, Harmonie und Disharmonie, klare Konturen und unscharfe Ränder, Endliches und Unendliches, Echtes und Falsches, Wahres und Trügerisches. Er hätte aus dem Apfelmännchen eine ganze Philosophie machen können. Aber dazu wäre viel Zeit nötig gewesen. Und die hatte er nicht. Denn schon ging der zweite Tag fast zur Neige, und er ließ schon ein wenig die Ohren hängen.

Und schrieb und schrieb ...

Müde und erschöpft, doch glücklich und voll neuer Eindrücke kehrte Alex auf die Nasenspitze des falschen Apfelmännchens am rechten Rand der Eistüte zurück (siehe Seite 74, Abb. 61). Es war schon spät am Abend. Für heute hatte er eine reiche Ausbeute an Entdeckungen gemacht.

Zärtlich glitt seine Hand über die Nasenspitze; er streichelte sie sanft und folgte mit dem Finger ihrer Rundung. Ihrer Rundung? Ja, wirklich: Statt einer spitzen Nase, die für alle echten Apfelmännchen typisch ist, hatte dieses hier eine runde. «Die Nasenspitze ist ja gar keine richtige Spitze!», stellte Alex befremdet fest und prustete plötzlich los: «Das falsche Apfelmännchen hat eine Stupsnase!» Er musste so laut lachen, dass es auf der gegenüberliegenden Seite der Eistüte zu hören war. Mit dem Lachen aber verschwand sogleich seine Müdigkeit.

«Apfelmännchen mit Stupsnasen», lachte er noch immer. «Das ist zu komisch. Aber wer sein Hinterteil so hin und her wirft, kann ja nur eine Stupsnase haben.»

Das war nun nicht gerade logisch gedacht, wie es einem Computer geziemt hätte. Aber es zeugte davon, dass Alex, wenn er es mit falschen Apfelmännchen zu tun bekam, stets in einen Widerstreit von Sympathie und Antipathie geriet, der ihn zuweilen – wie eben jetzt – am logischen Denken hinderte.

Aus dem Lachen erwuchs der Wunsch, diese Stupsnase sich zum Abschluss seines heutigen Tagewerkes näher zu besehen.

Diesmal ging unser Freund gemächlich vor. Es war ohnehin spät geworden, und nun kam es auf eine Stunde mehr oder weniger nicht an. Er war Überstunden gewohnt. Als er noch seinem Freund, dem Wissenschaftler, gedient hatte, war es gang und gäbe gewesen, dass er Tage und Nächte hindurch ohne Unterbrechung fleißig seinen Dienst versehen hatte. Manchmal war er wirklich zum Umfallen müde gewesen. Aber wenn ihm der Freund dann eine besonders knifflige Aufgabe stellte, war er jedes Mal wieder hellwach und legte sich ins Zeug, wie er nur konnte. Es erfüllte ihn sogar mit Stolz, dass er nachts, wenn der Freund schlief, weiterarbeiten und am Morgen das Ergebnis vorweisen konnte. Da er in aller Stille rechnete und zeichnete, störte er den Schlaf des Freundes in keiner Weise. Er wusste, dass Menschen ausreichend Schlaf brauchen, um gesund zu bleiben, und richtete es stets so ein, dass der Wissenschaftler mit ihm zufrieden war. Jetzt, da er sich selbst eine Aufgabe gestellt hatte, kam Müdigkeit erst recht nicht in Betracht. Behutsam betastete er die Stupsnase. Er wollte herausfinden, ob sie bei ganz starker Vergrößerung nicht vielleicht doch den Ansatz einer Spitze zeige. Er setzte das Mikroskop auf den äußersten Rand der Nase, stellte eine besonders hohe Vergrößerung ein und wählte Lichtstärke 320.

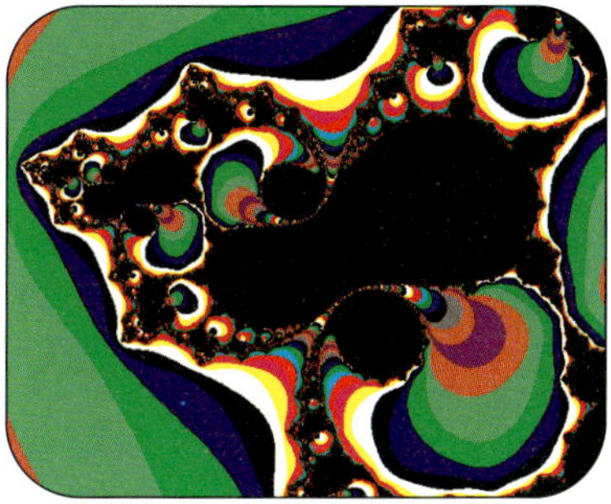

87 Stupsnasenapfelmännchen Nr. 2

Verwundert rieb er sich die Augen – verzeiht bitte: den Bildschirm. Denn offensichtlich hatte er vergessen, am Mikroskop die Vergrößerung einzustellen. «Sollte sich doch Müdigkeit bemerkbar machen?», fragte er sich besorgt. Auf dem Bildschirm war nämlich das gleiche falsche Apfelmännchen erschienen, auf dessen Nase er soeben gesessen hatte. Oder schien ihm das nur so?
Er überprüfte das Mikroskop. An dem war alles in Ordnung; er hatte die Vergrößerung richtig vorgegeben. Und dennoch schien das hier nicht der äußerste Rand des falschen Apfelmännchens zu sein, sondern das ganze falsche Apfelmännchen selbst!
Aus seinem Speicher rief er Bild 64 (siehe Seite 74) seiner heutigen Reise auf, welches das falsche Apfelmännchen bei Beleuchtung 320 zeigte. Das neue und das alte Bild glichen sich in der Tat. Doch ihr ahnt gewiss schon:

«Wie durch verborg'ne Zeichen!»

Was sich glich, waren die äußeren Konturen, die Nase, die Hinterenden, die Fußabdrücke und die gesamte Anordnung der Strukturen im Innern beider falscher Apfelmännchen. Der auffälligste Unterschied war die Färbung; sie war kein verborgenes, sondern ein gut sichtbares Zeichen dafür, dass beide nicht identisch waren und dass das Mikroskop durchaus funktioniert hatte. Ein verborgenes Zeichen wäre eher gewesen, dass die beiden rechtsdrehenden Spiralen, die sich im Innern der falschen Apfelmännchen gegenläufig gegenüberlagen, früher mit ihren vier Spitzen eine Höhle zu bilden schienen, während sie jetzt sich nur mit jeweils einer Spitze berührten.

«Nun ja, nicht eben viel, aber immerhin», dachte sich Alex. Und er hatte Recht: Die Unterschiede waren nicht gewaltig, aber sie waren vorhanden, wenn die Ähnlichkeiten auch überwogen. «Ich werde dem Großen Apfelmännchen also mitteilen, dass in ihm Stupsnasenapfelmännchen sind, deren Stupsnasen Stupsnasenapfelmännchen sind», resümierte er.

Auf seinem Bildschirm aber stand geschrieben: «... Stupsnasenapfelmännchen sind, deren Stupsnasen Stupsnasenapfelmännchen sind, deren Stupsnasen Stupsnasenapfelmännchen sind, deren ...» – «Um Himmels willen, ein Defekt», durchzuckte es Alex. Dabei fühlte er sich gar nicht so, als sei er durchgedreht.

Aber der Schriftzug auf dem Bildschirm wollte nicht enden: «... Stupsnasen Stupsnasenapfelmännchen sind, deren Stupsnasen Stupsnasenapfelmännchen sind, deren Stupsnasen ...» – «Schon gut», fauchte Alex und drückte sich auf die Taste «Pause». Da war endlich Ruhe. Doch der Satz stand noch immer auf dem Bildschirm.

Computer und Bildschirm starrten einander an. In Alex arbeitete es. Der Bildschirm indes zeigte sich gelassen; schließlich gab er nur wieder, was ihm aus dem Computer zufloss. Zu genau dieser Überzeugung war Alex inzwischen auch gelangt, und da er sich nie irrte – zumindest glaubte er das –, musste also stimmen, dass es sich um Stupsnasenapfelmännchen handelte, deren Stupsnasen Stupsnasenapfelmännchen sind, und so weiter und so fort ohne Ende. Immer das Gleiche. Eine unendliche Schleife. Eintönige Unendlichkeit.

88 Stupsnasenapfelmännchen Nr. 3

Computer sind zwar in erster Linie Logiker, aber zuweilen auch Skeptiker. Alex war sogar ein besonders skeptischer. Er vertraute der Schärfe seines logischen Denkens vollkommen, ergänzte das Denken aber auch gern durch Sehen. Manchmal konfrontierte er auch beides miteinander. Jetzt wollte er die eintönige Unendlichkeit nicht nur gedacht haben; er musste sie auch sehen. Und zwar ein zweites Mal, nachdem er sie gerade eben ein erstes Mal erblickt hatte.

87 Stupsnasenapfelmännchen Nr. 2

Er begab sich auf die Stupsnase des Stupsnasenapfelmännchens, das nichts anderes war als die Stupsnase des vorigen Stupsnasenapfelmännchens, und stellte am Mikroskop eine noch viel stärkere Vergrößerung ein. Und wieder gab er Licht mit der Stärke 320 auf die Szene. Und wieder erschien ein Stupsnasenapfelmännchen, dessen Stupsnase bei Wiederholung des Versuchs mit einer noch höheren Vergrößerung wieder ein Stupsnasenapfelmännchen gewesen wäre.
Jetzt erst gab er es auf, dieser Eintönigkeit weiter nachzuspüren, und schaltete auf das vorige Stupsnasenapfelmännchen zurück.

Noch eine Überraschung

Die farbigen Unterschiede zwischen den Stupsnasenapfelmännchen fesselten ihn nicht sonderlich. Er war vor allem an Strukturen und deren Wachstum und Entwicklung interessiert. Strukturell konnte er zwischen dem allerersten und dem zweiten Stupsnasenapfelmännchen aber nur einen einzigen bemerkenswerten Unterschied feststellen: die Lage der beiden rechtsdrehenden Spiralen im Innern der Stupsnasenapfelmännchen zueinander. Im ersten Falle bildeten ihre vier gegenüberliegenden Spitzen eine Höhle; im zweiten Falle liefen sie mit nur jeweils einer Spitze aufeinander zu.

Sobald in ihm das Stichwort «Höhle» gefallen war, war die unendliche Langeweile, welche die Stupsnasenapfelmännchen letztlich in ihm erzeugt hatten, wie weggeblasen. Aber ja! Höhlen waren ein verborgenes Zeichen! Sie waren die Behausungen seiner Freunde, der Höhlenapfelmännchen, der mit Perlen und Diamanten geschmückten verwunschenen Apfelmännchenprinzen! Er hatte die Höhle im Innern des ersten Stupsnasenapfelmännchens ja selbst untersucht und in ihr tatsächlich das diamantengeschmückte Apfelmännchen gefunden, wie ihr euch gewiss erinnert (siehe Seite 91, Abb. 86).

«Daran hätte ich auch gleich denken können», schalt er sich. Doch noch hatte er seine Chance nicht verpasst, denn im Gegensatz zum Handeln ist es zum Denken nie zu spät. Der Unterschied zwischen dem ersten und dem zweiten (und allen folgenden) Stupsnasenapfelmännchen müsste also doch größer sein, als er zunächst angenommen hatte. Das erste Stupsnasenapfelmännchen verbarg in seinen Höhlen noch echte Apfelmännchen; die folgenden aber nicht, denn in denen gab es keine Höhlen mehr.

Was aber war aus den Höhlenapfelmännchen geworden? Wer oder was war an ihre Stelle getreten? Diese Frage – das war Alex klar – konnte nur durch Beobachtung geklärt werden, und er schwor sich, dass dies seine letzte Aktion für den heutigen Tag sein sollte.

Noch einmal studierte er das zweite Stupsnasenapfelmännchen also bei Lichtstärke 320 (siehe Seite 95, Abb. 87). Besonders interessierte ihn jetzt die Stelle, wo sich die beiden Spiralen in dessen Innern mit ihren Spitzen fast berührten. Die Augenlider waren ihm nun doch schon schwer geworden, und er sah wie durch einen Nebel.

Versucht einmal, eure Augen zusammenzukneifen, sodass ihr nicht mehr scharf seht und wie im Nebel steht. Was seht ihr dann an eben der Stelle, die Alex jetzt im Blick hat? Nichts Besonderes? Wirklich nicht? Wenn ihr jetzt kurz die Augen schließt und sie sogleich wieder öffnet, dann seht ihr bestimmt zwei kleine Apfelmännchen, die ihre Nasen aneinander reiben!

Wenn ihr sie noch immer nicht seht, dann schaut doch bitte in die rechte obere Ecke des Bildes. Dorthin, wo sich die Spirale, die von oben in das Bild hineinragt, fast mit der anderen berührt, die am rechten Rand des Bildes liegt. Seht ihr links und rechts von der Berührungsstelle die beiden Apfelmännchen, die ihre Nasen aneinander reiben, als seien sie Eskimos, die sich «Guten Tag» wünschen? Na bitte, jetzt habt ihr sie gefunden. Und wenn ihr nun das ganze Bild überblickt, werdet ihr noch viele, viele solcher Eskimoapfelmännchen entdecken.

Auch Alex war längst fündig geworden. Und während ihr noch auf der Suche wart, hatte er schon beschlossen, sie sich aus der Nähe und bei entsprechender Vergrößerung zu betrachten. Schon war er an der Stelle rechts oben im Bild angelangt und durch einen Blick ins Mikroskop zu der Überzeugung gekommen, dass er die beiden Eskimoapfelmännchen gut im Bild hatte. Lichtstärke 320 reichte aus, um sie deutlich sichtbar zu machen.

89 Eskimoapfelmännchen

Nein, dass er zu dieser späten Stunde noch eine solche Überraschung erleben durfte! Für Alex bestand kein Zweifel, dass er es wieder mit falschen Apfelmännchen zu tun hatte. Das konnte man schon an ihren Hinterenden erkennen. Den schlagendsten Beweis dafür, dass es sich um fal-

sche Apfelmännchen handelte, wenn auch um eine neue Art im Vergleich zu den Rand- oder Stupsnasenapfelmännchen, lieferte Alex jedoch, indem er zu Lichtstärke 480 überging. In diesem Licht nämlich füllten sich die Eskimoapfelmännchen ihre Bäuche und sogar ihre Köpfe mit Schneckengehäusen und buntem Sand, was echte Apfelmännchen – wie ihr wisst – nie tun.

Unerwartetes Fazit

Für seinen Bericht an das Große Apfelmännchen nahm sich Alex vor, diese Entdeckung so zu beschreiben, dass in größerer Nähe zum Rand der Eistüte falsche Apfelmännchen gehäuft und in verschiedenen Arten auftreten: als Rand- oder Stupsnasenapfelmännchen und als Eskimoapfelmännchen. Auch wollte er nicht vergessen zu erwähnen, dass am linken Rand der auf der Spitze stehenden Eistüte manches anders war als am rechten Rand: die entgegengesetzte Drehung der Spiralen, die Doppelspiralen in den Elefantenrüsselkarussells und möglicherweise noch manch anderes, das er gar nicht wahrgenommen hatte. Da der rechte Rand der Eistüte zu Rumpf und Bauch des Großen Apfelmännchens gehörte, der linke Rand aber zum Kopf, lautete die Hauptschlussfolgerung, die Alex für den zweiten Tag seiner Reise durch das Innere des Großen Apfelmännchens zog:
«Im Kopf geht es zwar ähnlich und doch ganz anders zu als im Bauch.»
Mit dieser Erkenntnis verabschiedete er sich für den heutigen Tag endgültig.

Kapitel 5 Rundflug über der Nase

Zu dem Alex sich entschließt, nachdem ihn Nachdenklichkeit ahnen lässt, dass es nicht leicht sein wird, den Eingang zur Nasenspitze des Großen Apfelmännchens zu finden. Durch den Genuss einer Portion Mandelbrot macht er sich für die Aufgaben der nächsten Tage fit.

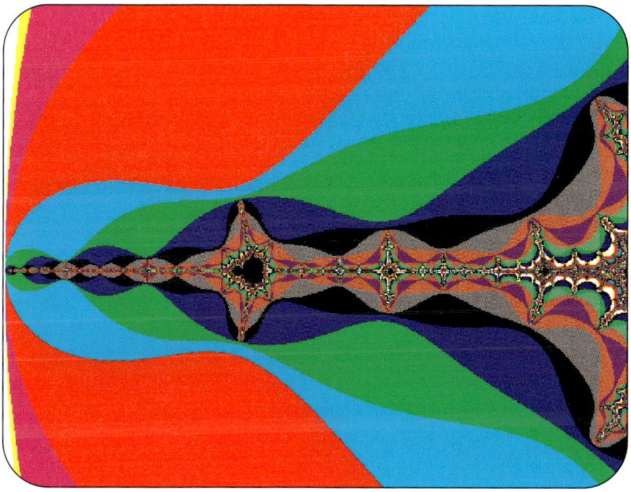

Alex wachte mit dem Vorsatz auf, heute keinen freien Tag einzulegen, sondern gleich zu seiner dritten Reise aufzubrechen: in die Krone des Großen Apfelmännchens. In seinem Speicher suchte er nach einem passenden Liedchen, das ihm die Zeit verkürzen sollte, bis er auf dem Balkenkreuz an den Anfang der Krone gelangt wäre. Merkwürdigerweise wollte ihm aber keines so recht gefallen. Seine Gedanken schweiften immer wieder ab. In die beschwingte morgendliche Stimmung mischte sich allmählich Nachdenklichkeit. Die aber ließ und ließ ihn nicht zum Singen kommen.

Rumpf, Kopf oder Nase?

Seine Gedanken eilten voraus, der Krone entgegen. Er stellte sich vor, wie er den Kopf des Apfelmännchens auf dem Balkenkreuz durchquert, in dem es ähnlich und doch ganz anders als im Bauch zugeht. War er aber wirklich im Kopf des Apfelmännchens? Blickte er gedanklich zurück, so sah er Hinterenden; das konnte jedoch nur sein, wenn er sich im Rumpf des Apfelmännchens befunden hätte. Und schaute er nach vorn, so schloss sich ein neuer, kleinerer Kopf an. Würde er in ihn eindringen, so müsste er wieder das Gefühl haben, eigentlich in einem Rumpf zu sein, denn ihm folgte ein noch kleinerer nächster Kopf.

«Vielleicht ist das, was ich für den Kopf halte, schon Teil der Nase?» Alex dachte angestrengt nach. «Dann hätte das Große Apfelmännchen ja nicht nur mehrere Köpfe, sondern auch mehrere Nasen!»

Versteht ihr nun, dass ihm bei all diesen Grübeleien nicht zum Singen zumute war? Sollte das Große Apfelmännchen wirklich mehrere Köpfe und mehrere Nasen haben? Würde sich vielleicht gar jede seiner Nasen wieder als ein ganzes Apfelmännchen entpuppen wie bei den Stupsnasenapfelmännchen? Je mehr Alex überlegte, umso verworrener erschien ihm die ganze Situation. Das hatte er noch nie erlebt, dass er am lichten Vormittag, bevor er überhaupt richtig zu arbeiten begonnen hatte, über so komplizierte Sachen nachdenken musste. Er begann zu zweifeln, ob er die Reise in diesem Zustand überhaupt antreten sollte. Vielleicht war es besser, noch etwas zu verweilen und zunächst zu versuchen, über Weg, Stationen und Ziel mehr Klarheit zu gewinnen, als mit solchen Zweifeln im Kopf aufs Geratewohl loszupreschen.

Frühstück mit Mandelbrot

Der Gedanke gefiel ihm. Zunächst musste er sich entspannen. Erfahrungsgemäß gelang ihm das am besten bei einer Portion Mandelbrot. Auf Toast und Marmelade zum Frühstück konnte er gut und gerne verzichten. Auch auf trockene Brötchen und weich gekochte Eier. Seine einzige Leidenschaft war Mandelbrot. Ohne das kam er nie aus, und hin und wieder genehmigte er sich eine kleine Portion davon. Stets hatte er danach das Gefühl, dass sich seine Kräfte vervielfachten. Freilich kamen ihm dann auch immer diese verrückten Ideen, wie erst neulich, als er seine Taschenlampe zur Zeitlampe erklärt hatte. Aber das nahm er gerne in Kauf. Sein Freund, der Wissenschaftler, hatte ihn für solche Verrücktheiten nie gescholten, wenn er sie auch nicht gerade begrüßte.

Langsam und in Vorfreude auf den bevorstehenden Genuss holte er eine bereits abgepackte Portion Mandelbrot aus seinem Speicher. Und da er einmal im Speicher war, nahm er gleich noch das Bild vom Großen Apfelmännchen mit, das er sich nach dessen Geburt aus dem Nichts gemacht hatte (siehe Seite 26, Abb. 17).

Mandelbrot und das Apfelmännchen – was brauchte er mehr? Ihm wurde sogleich um vieles wohler. Allmählich kehrte die Zuversicht in seine Fähigkeiten zurück. Lange und eindringlich, doch ruhig und gelöst betrachtete er das Bild des Apfelmännchens, vor allem jene Gegend, in die er heute aufbrechen wollte.

Die schien wirklich etwas ganz Besonderes zu sein. Wo sie genau begann, war schwer auszumachen, aber irgendwo musste ja der Anfang jener geraden Linie sein, die bis zum äußersten, linken Rand des grasgrünen Frosches, der türkisblauen Glocke, der roten Birne, des fuchsinfarbenen Eies und des gelben Kreises verlief, wo sie endete. Diese ganze Strecke, die er bisher mal Krone, mal Nase des Apfelmännchens genannt hatte, schien ziemlich lang zu sein. Wenn er es recht besah, war sie sogar länger als der Durchmesser des Kopfes, der unmittelbar an den Rumpf des Großen Apfelmännchens anschließt. (Messt doch einmal nach, ob er Recht hat!) Er bräuchte also viel Zeit, um sie genauer zu betrachten. Dass es dort viel zu sehen geben würde, das war klar, denn an einigen Stellen war die Nase etwas aufgequollen und bildete kleine Verdickungen von unterschiedlicher Form. Auch war sie nicht leer und schwarz, sondern im Ganzen recht bunt, wenn man auf ihr auch einige winzige schwarze Flecken ausmachen konnte. Alex vermutete viel Arbeit. Ließ sich das alles an einem einzigen Tag schaffen? Und eigentlich stand ihm nur noch ein halber Tag zur Verfügung, denn der Genuss von Mandelbrot und die eingehende Betrachtung des Apfelmännchen-Bildes hatten sich bis zum Mittag hingezogen.

«Niemand verlangt von mir, dass ich das alles am heutigen Tage erledige», besann sich Alex, hatte aber bestimmt nicht vor, auf der faulen Haut zu liegen. Das war gewiss nicht seine Art. Man erinnere sich nur an das große Pensum an selbst gestellten Aufgaben, die er gestern vom frühen Morgen bis in die späte Nacht hinein absolviert hatte. Nein, er war kein Faulenzer, konnte jedoch einschätzen, dass der verbleibende halbe Tag nicht ausreichen würde, die Nase des Großen Apfelmännchens so zu besichtigen, wie sie es offensichtlich verdiente.

Rundflug am Nachmittag

Also entschied er sich, den Nachmittag zu nutzen, um in großer Höhe zunächst einen Rundflug über der Nase zu machen und sich auf diese Weise einen ersten Überblick zu verschaffen. Er hoffte, bereits dabei interessante Gegenden zu entdecken, die er sich dann eine nach der anderen genauer vornehmen wollte.

Er klemmte Mikroskop und Taschenlampe unter den Arm und startete vom linken Rand der Eistüte zwischen Rumpf und Kopf des Apfelmännchens in Richtung Nase. Er durchquerte den ersten Kopf, flog in

91 Rundflug über der Nase

den nächsten ein, hatte wegen aufziehenden Nebels dann einige Orientierungsschwierigkeiten, ließ sich aber dadurch nicht von der Richtung abbringen, bis er unter sich eine schnurgerade Bahn erkannte, die nur die Nase sein konnte. Er richtete das Mikroskop so ein, dass sich die Bahn ganz im Blick befand: von einem winzigen Köpfchen des Apfelmännchens, das rechts gerade noch ins Bild hineinschaute, bis zum äußersten linken Rand, da, wo der grasgrüne Frosch, die türkisblaue Glocke, die rote Birne, das fuchsinfarbene Ei und der gelbe Kreis an das Weiße Nichts stießen.

Die Farbenpracht, die sich vor ihm auftat, überwältigte ihn förmlich. Gewiss, auch die bunten Eistüten von seinen früheren Reisen waren prächtig anzuschauen gewesen, ebenso die Vulkane und die vielfarbigen Rauchwolken, die aus ihnen aufstiegen, die Spiralen, die Dudelsäcke, die Luftballons und die Perlenketten, und selbst die Schwarzen Löcher hatten ihre Reize gehabt. Im Vergleich zu alldem strahlte und glänzte die Nase aber in viel kräftigeren Farben. Sie war weiträumig umgeben von den Farben des grasgrünen Frosches, der türkisblauen Glocke, der roten Birne, des fuchsinfarbenen Eies und des gelben Kreises. Und inmitten dieser ganzen Farbpalette befand sich ein süßes, kleines Apfelmännchen! Es bildete eine der Verdickungen der Nase, von denen noch einige andere, kleinere, zu sehen waren. Alex vermutete sofort, dass in jeder der Verdickungen ein Apfelmännchen sitzen musste. Aber das galt es natürlich erst noch zu überprüfen.

Die Verdickungen waren nicht nur unterschiedlich groß, sie unterschieden sich auch in der Form. Da waren solche, die sich nach oben und unten senkrecht verzweigten. Bei anderen wiederum, so zum Beispiel bei dem gut sichtbaren Apfelmännchen, verliefen die Abzweigungen in leicht nach vorn geschwungenen Bögen, so, als hole ein Vogel kräftig mit seinen Schwingen aus, um die Spitze der Nase schneller zu erreichen.

Aus der großen Höhe gesehen, in der sich Alex auf seinem Rundflug befand, hätte die Nase des Apfelmännchens auch die Start- und Landebahn eines großen Flughafens sein können, auf der hintereinander aufgereiht Jumbo-Jet-Apfelmännchen mit weit gespannten Tragflächen auf die Starterlaubnis warteten. Für diesen Vergleich sprach, dass die Start- oder Landebahn dort, wo sie an den Rand des grasgrünen Frosches, der ... wisst ihr noch, wie's weitergeht? – stieß, jäh endete, wie das bei Rollbahnen üblich ist.

Oder gefällt es euch besser, in der Nase des Großen Apfelmännchens eine schnurgerade verlaufende Autobahn zu sehen? Die Verdickungen könnten dann Raststätten sein, mit seitlich angelegten Parkplätzen, Cafés, Würstchenbuden und Tankstellen. Vielleicht war es auch keine Autobahn, sondern eine ganz normale Landstraße, die durch mehrere größere und kleinere Dörfer führte, in denen andere Wege von ihr abzweigten und in den großflächigen, bunten Feldern endeten. Was meint ihr?

Alex jedenfalls wollte sich nicht festlegen. Warum auch? Es gefiel ihm, im gleichen Bild mal das eine, mal das andere zu sehen. In den nächsten Tagen wollte er die Einzelheiten studieren, und dann würde sich erweisen, was dort wirklich war. Für den Augenblick notierte er sich lediglich, dass die Nase aus mehreren Abschnitten besteht und dass er in einer der Verdickungen – der größten – ein Apfelmännchen gesichtet hat. Daraufhin machte er sich für seine nächste Reise folgenden Plan:

Natürlich würde er die drei größten Raststätten genauer inspizieren, denn in denen wohnten wahrscheinlich Apfelmännchen. Ja, und dann waren die beiden Ränder von besonderem Interesse für ihn: rechts, wo er die Einfahrt auf die Autobahn oder die Rollbahn vermutete, und ganz links, wo die spitze Nase des Apfelmännchens an den Rand des gelben Kreises und so weiter stoßen musste.

Das war ein umfangreiches Programm, das möglicherweise mehrere Tage in Anspruch nehmen würde. Aber davor war Alex nicht bange. Um unterwegs nicht schlappzumachen, nahm er sich vor, genügend Vorräte an Mandelbrot mit sich zu führen, und beendete seinen Rundflug über der Nase des Apfelmännchens. Auf dem Rückweg ließ er sich in dem Nebelgebiet nieder, das er schon auf dem Herflug durchquert hatte, und wartete auf den nächsten Morgen.

Kapitel 6 Wettläufe mit der Unendlichkeit an dem merkwürdigen Ort «Myrberg-Feigenbaum»

Es wird erzählt, wie Alex der Unendlichkeit in der Verkleidung als Nase des Apfelmännchens begegnet und was ihn davor bewahrt, sich mit ihr auf einen Wettlauf einzulassen.
Weiter ist zu lesen, was er in einer Astgabel erlebt und was ihn bewegt zu glauben, dass dicke Enden durch Ausbildung immer neuer Unübersichtlichkeiten verhindern, dass zusammenwächst, was zusammengehört.

Orientierung im Nebel

Über dem Gebiet, in dem Alex sich die Nacht über aufgehalten hatte, lag noch immer dichter Nebel. Er machte sich deswegen jedoch keine Sorgen. Gewiss: Angenehmer war es, bei klarer Sicht auf Reisen zu gehen. Im Nebel kann es leicht vorkommen, dass man die Orientierung verliert und sich verirrt.

Alex brauchte aber nichts zu befürchten. Nachdem er von seinem Rundflug über der Nase des Apfelmännchens zurückgekehrt war, hatte er sich gestern nämlich wohlweislich auf dem Balkenkreuz niedergelassen. Es würde ihm auch heute den Weg zeigen. Wenn er sich an ihm festhielt, gelangte er geradewegs in die Nase des Apfelmännchens. Außerdem hatte er das Nebelgebiet gestern schon einmal durchquert, und wenn es sich über Nacht oder gegen Morgen nicht weiter ausgedehnt hatte, so musste es kurz vor dem Naseneingang enden.

Im Grunde kam ihm das Wetter nicht ungelegen. Im Nebel würden ihm nicht wieder jene verwirrenden Fragen kommen, ob er sich in einem Kopf- oder in einem Rumpfteil des Apfelmännchens befand. Sein heutiges Ziel war die Nase, oder genauer: jener Teil der Nase, wo sie begann. Der Weg dahin mochte ruhig im Nebel liegen. Das Balkenkreuz würde ihn führen.

Da er von der Umgebung im Moment ohnehin nichts sah, nutzte er die Zeit, bis es wieder licht und klar würde, um die Karte zu studieren, die er gestern von der Nase angefertigt hatte (siehe Seite 103, Abb. 91). Sein Augenmerk galt jenem Gebiet in der Mitte des rechten Randes, wo die Einfahrt liegen musste. Der Ort war durch ein winziges Kopfteil bezeichnet, das vom Großen Apfelmännchen gerade noch in das Bild hineinreichte.

Wie weit sollte er die heutige Entdeckungsfahrt ausdehnen? Da er absolut nicht wusste, was ihm bevorstand, hielt er es für besser, das Erkundungsgebiet nicht zu groß zu wählen. Er nahm sich vor, sich nur in der Umgebung des Naseneingangs aufzuhalten. Oder sollten wir doch lieber sagen: in der unmittelbaren Nähe der Autobahneinfahrt? Denn stellt euch vor, was Alex widerführe, wenn das Apfelmännchen im Laufe dieses Tages auch nur ein einziges Mal niesen müsste! So klein, wie er sich machen musste, um in die Nasenspitze hineinkriechen zu können, hätte es ihn glatt hinweggefegt.

Lassen wir ihm also den Spaß, sich auf einer Autobahn zu bewegen oder doch wenigstens auf einer schnurgeraden Landstraße. Mit dem Autofahren kennt er sich ja gut aus. Wisst ihr noch, wie er vorgestern in Gedanken in den Spiralen herumgekurvt war? Und wie schnell er herausgefunden hatte, wodurch sich die Spiralen am rechten Rand der Eistüte von denen am linken Rand und denen in der Sandwüste unterschieden? Bei den einen hätte er das Lenkrad rechtsherum drehen müssen, bei den anderen linksherum.

Heute aber waren keine Kurven zu erwarten. Die Landstraße erschien wie ein gerader Strich und verlief zudem genau längs des Balkenkreuzes, auf dem Alex ohnehin schon durch den Nebel fuhr. Er gab also ordentlich Gas und schnellte wie der Sausewind durch die Nebelbank. Gegenverkehr brauchte er nicht zu befürchten, denn außer ihm befand sich niemand weiter im Innern des Apfelmännchens, von den unzählig vielen echten und falschen Apfelmännchen einmal abgesehen, aber die – zumindest die echten – würde er selbst im Nebel rechtzeitig an ihrer schwarzen Farbe erkennen.

Der Nebel endete so plötzlich, als hätte ihn jemand mit dem Messer abgeschnitten. So etwas soll ja vorkommen. Alex trat auf die Bremsen. Die quietschten, und das Gefährt kam rutschend ins Schleudern. Doch Computer sind bekannt dafür, dass sie Gefahrensituationen zu meistern verstehen. Dennoch brauchte es einige Zeit und einige Nerven, ehe Alex bei der hohen Geschwindigkeit, mit der er dahergebraust war, sein Auto zum völligen Stillstand gebracht hatte. Er stieg aus und erhob sich etwas in die Höhe, um sich zu orientieren.

92 Ankunft im Urwald

Pläne im Urwald

Natürlich war er viel zu weit geprescht. Ganz vorn war schon die erste größere Raststätte «Zum Apfelmännchen» zu erkennen, die er doch erst morgen besuchen wollte. Der Blick zurück zeigte ihm die Nasenspitze des Großen Apfelmännchens, an die sich noch ein Teil einer größeren Nase anschloss (oder war es ein Kopfteil? Oder war die Nasenspitze die Nase selbst und der Kopf ein Rumpf?). Er musste seinen Standort korrigieren. Vorn sollte die Raststätte aus dem Blickfeld verschwinden, und am anderen Ende wollte er nur die Nasenspitze ohne den nachfolgenden Kopf- oder Bauchansatz im Blick haben.

Die Straße führte durch einen dichten Wald. Allerdings war das kein Wald, wie ihr ihn vielleicht aus eurer Heimat kennt. Thüringer Wald und Schwarzwald, Franken- und Spreewald, Bayerischer und Teutoburger Wald, und selbst den Spessart, die Schorfheide und den Harz und alle anderen deutschen Wälder dazugenommen, könnten euch nicht das zeigen, was Alex hier sah. Nicht einmal die brasilianischen Urwälder um den Amazonas herum haben Vergleichbares zu bieten.

An beiden Seiten der Straße reckten sich Urwaldriesen von der gewaltigsten Art. Ihre ungewöhnlich dicken und ebenso ungewöhnlich farbenprächtigen Stämme wurzelten irgendwo in dem grasgrünen Frosch, der türkisblauen Glocke, der roten Birne, dem fuchsinfarbenen Ei, dem gelben Kreis und dem Weißen Nichts. Ihre mächtigen, sich verzweigenden Äste aber neigten sich der Straße zu, wurden dabei dünner und feiner und bedeckten mit ihrem vielfarbigen dichten Laubwerk die ganze Bahn.

«Auf herbstlich buntem, wiewohl frischem Laub ins Rutschen kommen», Alex erschrak noch nachträglich, «das hätte schlimm ausgehen können. Und dann noch links und rechts diese Mammutstämme!» Er dankte seinem Schöpfer, dass der ihn so gut programmiert hatte, um auch diese unvorhergesehene Situation schadlos zu überstehen, und nahm sich vor, sich künftig auf Ur-Laub vorsichtiger zu bewegen.

Noch zwei kleinere, unbelaubte Lichtungen, auf denen kleine Apfelmännchen zu lagern schienen und von denen Wege in das unentwirrbar scheinende Geäst der Baumriesen abzweigten, waren zu erkennen.

93 Einfahrt zur Autobahn

Aus diesem Überblick leitete Alex drei Aufgaben für sich ab. Als Erstes wollte er jene Stelle untersuchen, an der die Nasenspitze des Apfelmännchens in die Autobahn überging. Natürlich bedurfte auch die belaubte Straße mit ihren Lichtungen und Kreuzungen einer näheren Betrachtung. Und schließlich wollte er das dichte Geäst der Urwaldgiganten und ihr Laubwerk durchstöbern.

Um die Einfahrt zu finden, setzte er das Mikroskop an und wählte Lichtstärke 160. Der Versuch schien zu gelingen.

An einem merkwürdigen Ort

Ein freier Platz verengte sich zu einigen kleineren Lichtungen und mündete schließlich in die Urwaldstraße. Das Laubwerk ließ die Straße noch frei, von der Seitenwege, die ebenfalls noch unbelaubt waren, sich im Dickicht verloren. Erst bei Lichtstärke 1600 war von der Straße vor lauter buntem Laub nichts mehr zu sehen. Nur einige kleine Apfelmännchen, welche die Lichtungen bevölkerten, deuteten ihren Verlauf an. Von rechts lugte ein Apfelmännchen-Kopf mit Nase in den Urwald hinein. Oder war es ein Kopf mit zwei aufeinander sitzenden Nasen? Oder zwei aufeinander folgende Köpfe mit einer Nase? Oder Nase, Kopf und Bauchansatz?

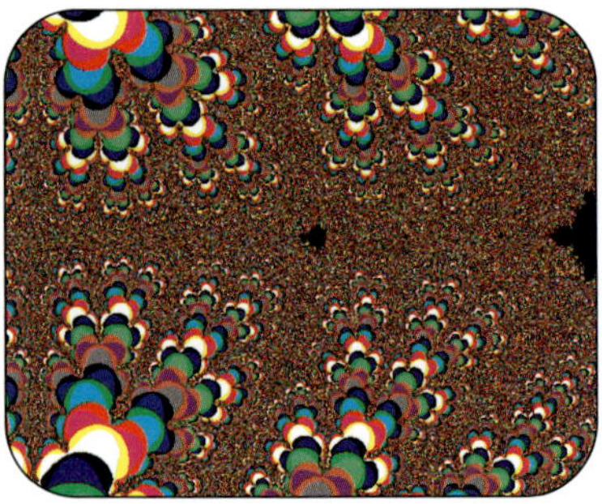

94

Alex begann zu ahnen, was ihm bevorstand. Wenn er das Mikroskop so einstellte, dass er nur den kleinen Kopf, der hier als Letzter erschien, mit der offenbar letzten kleinen Nase, im Bilde hatte, und wenn er nun das Ganze entsprechend vergrößerte, so würde die Nase sicher wieder zu einem neuen Kopf mit einer neuen, noch kleineren Nase, und so weiter und so fort. Er würde sich eine Ewigkeit aufhalten.

95

So beließ er es bei diesem Versuch und begnügte sich damit, die Umgebung, in der die Einfahrt ja schließlich liegen musste, noch einmal zu vergrößern. Bei dieser Vergrößerung, für die er die Lichtstärke der Taschenlampe nicht verändert hatte, war das Apfelmännchen – denn nun bestand es wirklich aus Nase, Kopf und Rumpf – ganz von Laubwerk umkränzt und noch unfertig ausgebildet. Erst bei Lichtstärke 16000 nahm es seine vollendete Gestalt an.

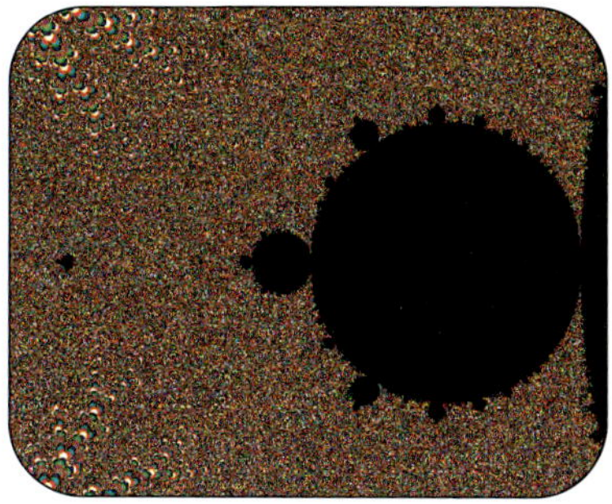

96

Noch unschlüssig, wohin er sich zuerst wenden sollte, bemerkte Alex am Straßenrand ein Schild. «Aha, ein Wegweiser», atmete er auf, «der kommt mir sehr gelegen.»
Ein Wegweiser war das Schild jedoch nicht; eher schien es eine Tafel mit einer Ortsbezeichnung zu sein. Auf ihm stand geschrieben:

«MYRBERG-FEIGENBAUM»

«Was soll das sein?», wunderte sich Alex. Von einem Myrberg hatte er noch nie gehört. Bisher war er am Prenzlauer Berg zu Hause gewesen; da kannte er sich einigermaßen aus. Auch von den Müggelbergen hatte er seinen Freund, den Wissenschaftler, des Öfteren reden hören. Nun hatte es ihn offensichtlich an den Myrberg verschlagen. Seltsam aber, dass im ganzen Umkreis kein einziger Berg zu sehen war. Und von einem Feigenbaum hatte er überhaupt keine Vorstellung. Vielleicht stammte das Laubwerk, das er bei Lichtstärke 160 erblickt hatte, von einem solchen? Wie auch immer, er nahm zur Kenntnis, dass er sich in der Nähe des Ortes «Myrberg-Feigenbaum» befand.

Zwei Wettläufe

Es kribbelte Alex in den Prozessoren, ob er nicht doch versuchen sollte, die Nasenspitze des Apfelmännchens noch einmal gehörig zu vergrößern. Sein Verstand rief jedoch sofort: «Aber nein!» Und er gab ihm Recht. Ihm kam das Märchen vom Wettlauf zwischen Hase und Igel in den Sinn, das ihr sicher kennt. Der Hase jagt die Furche im Feld dahin, und jedes Mal, wenn er am Ende der Furche ankommt, sitzt da schon der Igel und ruft ihm zu: «Ich bin schon da!» Was Alex in diesem Moment an dem Märchen schreckte, war nicht der Gedanke, sein Dasein als gebildeter Computer gegen ein Hasenleben einzutauschen. Als Hase im Berliner Tierpark zu leben, stellte er sich recht angenehm vor: viel grüner Rasen, überall genug zu futtern und alle großen Raubtiere, die ihm gefährlich werden könnten, hinter Gittern. Aber der Hase im Märchen vom Hasen und Igel wollte er trotzdem nicht sein. Er war sich zu schade dafür, einem Igel in Gestalt der Nase des Apfelmännchens hinterherzulaufen und immer dann, wenn er sich mit heraushängender Zunge schon am Ziel glaubte, dort auf eine neue Nase zu stoßen, die ihm zuriefe: «Ich bin schon da!» Außerdem bestand zwischen dem Märchen und seiner Situation ein gewaltiger Unterschied. Im Märchen hat es der Hase nämlich – ohne das zu wissen – mit zwei Igeln zu tun, Alex jedoch nicht einfach mit zwei, drei oder noch mehr Nasen des Apfelmännchens. Wem er hier, in der Umgebung der Auffahrt zur Autobahn und an dem merkwürdigen Ort «Myrberg-Feigenbaum», hinterherjagte, war kein Igel und eigentlich auch nicht die Nase des Apfelmännchens, sondern die Unendlichkeit, die sich als Nase des Apfelmännchens verkleidet hatte.

Mit der Unendlichkeit verfügte er aber bereits über Erfahrungen, und unser Freund begann zu verstehen, dass man ihr nicht beikommt, indem man ihr einfach Schritt für Schritt nachsteigt. Das Unendliche, das im Endlichen verborgen liegt, erreicht man nicht durch unendlich viele kleine Schritte; es kann nur durch die entschlossene Tat überlistet werden, welche die Grenze des Unendlichen im Endlichen überschreitet.

Wenn euch das zu hochtrabend klingt, so lasst euch die Geschichte von Achilles und der Schildkröte kurz erzählen:

Achilles, der griechische Held, der unter allen Sterblichen der Schnellfüßigste war, und eine Schildkröte, die bekanntlich nur langsam vorankommt, schließen eine Wette ab, wer von beiden im Wettlauf siegen wird. Angenommen, die Schildkröte bekommt der Fairness halber einen Vorsprung von zehn Metern. Das Ziel soll sich in einer Entfernung von – sagen wir – zwanzig Metern befinden. Ihr meint, der Sieger stehe jetzt schon fest? Ich gebe euch ja Recht, und damit könnte die Geschichte schon zu Ende sein. Aber sie fängt erst richtig an. Es lässt sich nämlich beweisen, dass Achilles die Schildkröte niemals einholen kann! Und das geht so:

Nachdem beide gestartet sind, hat Achilles den Punkt, von dem die Schildkröte losgelaufen ist, in wenigen Schritten erreicht. In dieser Zeit ist die Schildkröte ein kleines Stück weitergekrochen. Im Nu hat Achilles auch diese Strecke überwunden. Aber die Schildkröte ist schon wieder ein winziges Stück weiter vorangekommen. Wenn Achilles auch dieses Wegstückchen gelaufen sein wird, ist auch die Schildkröte schon wieder etwas vorgerückt, und Achilles ist immer noch hinter ihr. Solange das Spiel in derselben Weise weitergeht, wird Achilles die Schildkröte niemals einholen, es sei denn, beide würden eine Ewigkeit lang so laufen.

An diesem Schluss hätte selbst ein Computer nichts auszusetzen gehabt. Und dennoch scheint er euch nicht zu befriedigen. Ich kann euer Unbehagen gut verstehen, denn wir wissen natürlich, dass Achilles die Schildkröte schon nach kurzer Zeit tatsächlich ein- und sogar überholt. Weil er sich nämlich nicht auf diese eintönige Unendlichkeit einlässt, sondern die Grenze des im Endlichen verborgenen Unendlichen durch kräftige Sprünge im Endlichen überwindet.

Genauso handelte Alex. Er ließ sich mit dem in den Urwald hineinlugenden Apfelmännchen auf keine Wette ein, ob er je dessen Nasenspitze erreichen würde. Schließlich war das Apfelmännchen ja auch keine Schildkröte und er nicht Achilles. Statt der Unendlichkeit hinterherzulaufen, wollte er sich lieber etwas in dem Laubwerk umsehen, das den großen Kopf des Apfelmännchens hier von seinem Rumpf trennte. Oder den kleinen Rumpf von einem größeren?

In dem Moment, als er diesen Vorsatz fasste, wurde ihm bewusst, dass er soeben eine Entdeckung gemacht hatte, die er dem Großen Apfelmännchen unbedingt berichten musste: Der Dorn bestand aus Laubwerk!

Laubwerk statt Eistüten

Ihr meint, das sei keine besondere Entdeckung? Aber ja doch! Erinnert euch bitte, dass der erste Dorn, mit dem Alex Bekanntschaft gemacht hatte, das Halsende zwischen Kopf und Rumpf des Großen Apfelmännchens gewesen war. Und das bestand nicht aus Laubwerk, sondern war eine Eistüte!

Wie kam dieser Unterschied plötzlich zustande? Alex wusste keine Antwort. Irgendetwas war ihm auf seiner Reise durch den Nebel entgangen. Während dieser Blindfahrt hatte er anscheinend mehrere Köpfe oder Rümpfe und damit auch mehrere Halsenden durchquert. Dabei mussten Veränderungen im Innern des Apfelmännchens vor sich gegangen sein, die aus der Eistüte schließlich das Laubwerk hatten werden lassen. Wie, und wo genau sich diese Veränderungen freilich vollzogen, das vermochte er nicht zu sagen. Es ließ sich von hier aus auch nicht aufklären. Alex ahnte nur dunkel, dass dieser Vorgang etwas damit zu tun haben könnte, dass es im Kopf zwar ähnlich und doch ganz anders zugeht als im Bauch. Er notierte sich das Problem für eine fernere Zukunft und freute sich, dass er wieder einmal etwas nicht wusste, weil er soeben etwas Neues entdeckt hatte.

Auf dem Farnwedel

97 Farnwedelspitze

Frohen Mutes fuhr er in das Laubwerk hinauf. Um nicht in undurchdringlichem Dickicht zu landen, drehte er die Taschenlampe auf 1600 herunter und setzte sich auf die unterste Spitze des von oben hereinrankenden Astes.

«Sieht so vielleicht ein Feigenbaum aus?», fragte er sich. Er wusste es nicht. Eigentlich erinnerte ihn das Gebilde mehr an einen vielgliedrigen Farnwedel, der sich gut zur Verzierung eines bunten Geburtstagsbuketts geeignet hätte. Würde er mehr Licht geben, etwa wieder 16000, so – glaubte Alex zu wissen – würde sich der Wedel verdichten und ein typischer Dorn entstehen, einer von den vielen, welche die Nasen und Köpfe oder Köpfe und Rümpfe des Großen Apfelmännchens voneinander trennen und von deren Rändern kleine Apfelmännchen nach innen schauen. So jedenfalls hatte er es auf der Eistüte erlebt.

98

Aber hier war ja keine Eistüte, sondern ein Farnwedel. Also durfte er sich nicht auf bloße Mutmaßung verlassen.

Die Taschenlampe auf 16000 eingestellt, das Mikroskop etwas korrigiert, konnte er sich nun schon mit eigenen Augen davon überzeugen, dass links und rechts vom Farnwedel, der zum Dorn geworden war, kleine Apfelmännchen ihre Köpfchen und Näschen in ihn hineinsteckten. Allerdings waren sie noch nicht voll ausgebildet und machten einen etwas zerzausten Eindruck. In diesem Urwald reichte Lichtstärke 16000, die höchste, die Alex bisher benutzt hatte, nicht aus, um diese kleinen Apfelmännchen in ihrer vollendeten Form sichtbar zu machen. Sie waren aber eindeutig da. So weit war also alles in Ordnung. Hier, im Urwald, ging es in dieser Beziehung ähnlich zu wie am Himmel der Sandwüste oder am Horizont der auf der Spitze stehenden Eistüte.

Wenn er bei 16000 freilich einen durchgängig dicht erscheinenden Farnwedel erwartet hatte, sah er sich getäuscht. Da, wo die Apfelmännchen von rechts ihre Nasen in ihn hineinsteckten, waren in deren Verlängerungen kreisrunde, schwarze Löcher zu sehen, die von ähnlicher Struktur zu sein schienen wie die, welche Alex schon von früher her kannte. Bei ganz genauem Hinsehen konnte er auch am linken Rand einige dunkle Flecken erkennen; die waren aber beträchtlich kleiner. Alex nahm die Zeichen einstweilen zur Kenntnis; er würde sich um diese Löcher später noch einmal kümmern. Nachdem die Apfelmännchen am Rande des Farnwedels auftauchten und damit die grundsätzliche Ähnlichkeit zur Situation am Himmel der Sandwüste vorlag, ließ ihn vorerst die Frage nicht los, was denn hier im Urwald anders war als dort. Um das herauszufinden, musste er wohl oder übel in das dichte Farnkraut – oder, wenn ihr wollt, in das bunte Laubwerk – hinein.

Während er bereits an dem mittleren Zweig emporkletterte, reifte in ihm die Absicht, zwei Fragen besonders nachzugehen: Wie gehen die Zweige und Blätter auseinander hervor, und was tut sich zwischen den Zweigen, sozusagen in den Astgabeln? Von der Beantwortung dieser Fragen erhoffte er sich wenigstens teilweise Aufschluss darüber, worin sich die Situation hier von der auf den Eistüten unterschied.

Da das dichte Laubwerk seinen Aufstieg behinderte, ließ Alex etwas davon verschwinden, indem er an der Taschenlampe eine schwächere Lichtstärke einstellte. Freilich wurde dadurch auch der Ast, auf dem er nach oben kletterte, ein wenig kürzer. Sollte seine Kletterpartie nicht damit enden, dass er vom Baum fiel, weil er sich des Astes, auf dem er saß, entledigt hatte, musste er in eben dem Moment aufhören, an der Taschenlampe zu drehen, als die Lichtstärke auf 1376 abgefallen war. Dann nämlich, und nach entsprechender Korrektur des Mikroskops, war gerade noch das alleräußerste Ende seines Zweiges im Bild. Alex

musste sich ganz klein machen, um noch einen sicheren Standort für sich, das Mikroskop und die Taschenlampe auf ihm zu finden.
Unter ihm gähnte tote, leere, schwarze Finsternis. Er beachtete sie indes gar nicht, denn gleich würde er sie mit Form und Farbe erfüllen und damit beleben. Bei Lichtstärke 1392, der nächsten Einstellung, hatte er sein Ziel erreicht.
Das Zweigende, auf dem Alex saß, war jetzt noch ein Stück weiter gewachsen, dann aber teilte es sich und setzte sich in zwei Enden fort, an deren Seiten sich anscheinend knospenartig neue Zweige bilden wollten, kleinere im Zwischenraum zwischen den beiden Zweigen und schon etwas größere an den Außenseiten.

99 Zweigende bei LS 1376

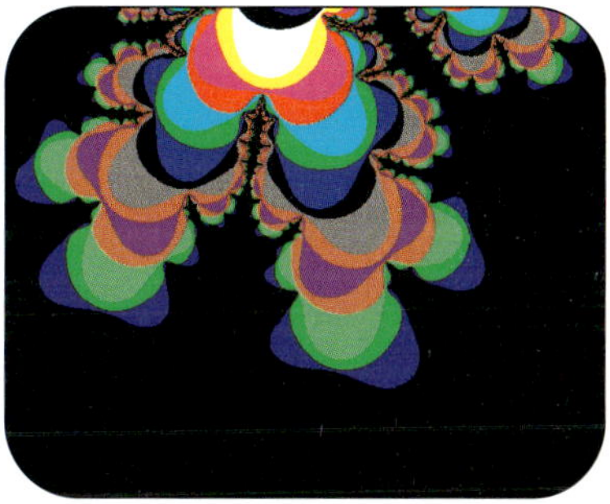

100 Zweigende bei LS 1392

101 Zweigende bei LS 1408

102 Zweigende bei LS 1600

Dieser Wachstumsprozess wiederholte sich bei den nächsten Einstellungen der Lichtstärke mehrfach (siehe Seite 119, Abb. 101). Die neuen Zweige spalteten sich wiederum jeder in zwei neue auf. Der Ast wurde dadurch immer länger und bildete ständig Zweige, die immer kleiner und feiner wurden; in den Räumen zwischen den Zweigen hätten sie schon Laub sein können. Dieses Laubwerk füllte die Zwischenräume immer mehr aus. Bei Lichtstärke 1600 schienen sie fast geschlossen; nur dort, wo jeweils zwei Gabelungen sich gegenüberlagen, waren noch ganz winzige Öffnungen zu sehen (vgl. Seite 119, Abb. 102).

Während die Taschenlampe unter Alex Ast- und Laubwerk entstehen ließ, hatte er Zeit und Muße zu bedenken, was da vor sich ging.
Er erinnerte sich an seine erste Reise, als er sich auf dem Rand der Eistüte in das bunte Gras geworfen hatte und die äußerste Spitze des ihm nächstgelegenen Vulkankegels gerade noch erblicken konnte. Die hatte ähnlich ins Bild hereingeragt wie das Zweigende im Bild 99 (siehe Seite 119). Weil sie ja zu einem Vulkan gehörte, entwickelte sie sich damals von unten nach oben, während das Zweigende des Urwaldriesen hier natürlich von oben herunterwuchs. Diesen Unterschied hielt Alex jedoch für nicht so wesentlich. Für viel wichtiger erachtete er, dass die Vulkanspitze damals einfach drauflosgewachsen war und sich dann zur Spirale geformt hatte (siehe Seite 48–49, Abb. 31–37). Die Zweigspitze, mit der er es heute zu tun bekam, verzweigte sich im Wachsen fortlaufend und machte keinerlei Anstalten, Vulkane, Spiralen, Schneckengehäuse, Elefantenrüsselkarussells und manches andere, was er auf den Eistüten entdeckt hatte, hervorzubringen. Das war wirklich eine völlig andere Welt; in ihr ging es ganz anders zu als am Hals und auf dem Hinterende des Großen Apfelmännchens. Das Verzweigungsprinzip, nach dem sich die Urwaldgiganten formten, war ein völlig anderes als das Spiralprinzip, das er bisher kennen gelernt hatte. Fast schwand damit jede Hoffnung, in diesem Laubwerk tanzende Apfelmännchen zu finden. Doch vielleicht waren die winzigen Öffnungen zwischen den Zweiggabelungen ein verborgenes Zeichen?

«Das Laub ist dort weniger dicht als an anderen Stellen», begründete er seinen Glauben. «Schauen wir doch mal nach.»

In der Astgabel

Er nahm eine fast waagerecht verlaufende Gabelung, auf die sein Blick rein zufällig fiel, ins Visier seines Mikroskops. Unwillkürlich prüfte er, ob er auch fest auf seinem Zweige saß oder vielleicht, ohne dass er es bemerkt hatte, vom Baum auf die laubbedeckte Landstraße gefallen war. Aber nein, er befand sich noch mitten im Astwerk des Urwaldriesen. Und doch hätte das, was ihm aus größerer Entfernung als Raum zwischen zwei Zweigen erschienen war, die schnurgerade Autobahn sein können, auf der er in die Nase des Großen Apfelmännchens eingefahren war. Dann wäre das, was da genau in der Mitte unter ihm lag, einer der Rastplätze gewesen, die auf der Magistrale von Apfelmännchen bewohnt sind (siehe Seite 110, Abb. 92).

103 In der Astgabel

Nun wurde Alex doch unruhig. Sollten sich zwischen den Zweigen wirklich Apfelmännchen verbergen? Diese Frage ließ sich selbstverständlich nur durch die Praxis des Mikroskops und der Taschenlampe entscheiden.

104

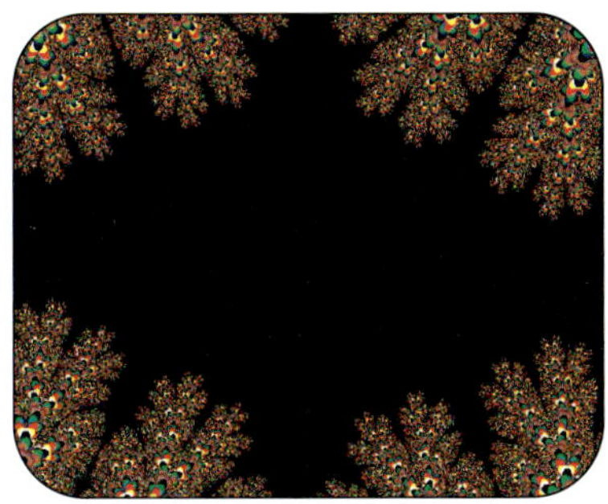

Bei noch keiner seiner Verkleinerungen war er so aufgeregt gewesen wie diesmal. Es dauerte ziemlich lange, bis er die laubfreie Lichtung so weit vergrößert hatte, dass sie fast den ganzen Bildschirm ausfüllte.

Aus verschiedenen verborgenen Zeichen glaubte Alex entnehmen zu dürfen, dass sich da unter

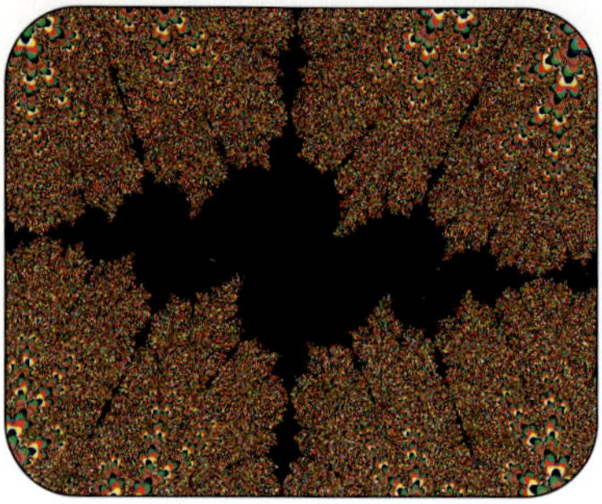

105 Urwalddisco

Umständen wirklich Apfelmännchen herausbilden könnten, wenn er ihnen genügend Zeit ließe, also mehr Licht darauf gäbe. Er steigerte die Leuchtkraft von 1600 auf 2400.

Was er sah, verstärkte zunächst seine Hoffnung. Er witterte Apfelmännchen. Tatsächlich gab es deutliche Hinweise dafür. Da waren links und rechts, oben und unten am Rande der Lichtung ihre Köpfe und Rümpfe zu sehen. Allerdings hatte man den Eindruck, die Hals- und Hinterenden wären merkwürdig versetzt und verrenkt, so als lägen seine Lieblinge in Krämpfen. An ihre Nasen schlossen sich die Nasen neuer solcher Geschöpfe an. Waren das etwa Eskimoapfelmännchen? Merkwürdigerweise hingen diese apfelmännchenartigen Geschöpfe mit anderen ihrer Art nicht nur an den Nasen zusammen, sondern die verrenkten und verschobenen Hinterenden der vier, die das Zentrum der Gruppe bildeten, gingen gleichsam ineinander über oder lagen aufeinander.

Von dem, was da auf der Lichtung vorging, konnte sich Alex kein rechtes Bild machen. Das Einzige, was er klar empfand, war, dass die Hoffnung auf echte Apfelmännchen nun wohl endgültig dahin war, denn was sich da als Gruppe von Geschöpfen mit aneinander geschmiegten Nasen und ineinander verrenkten, versetzten und verkrampften Hinterenden auf der Lichtung befand, waren auf jeden Fall falsche Apfelmännchen. Darauf deutete schon die eigenartige Form und Lage der Hinterenden unverkennbar hin. Es wollte ihm jedoch nicht gelingen, sie mit einem passenden Vergleich zu beschreiben. Sosehr er in seinem Speicher suchte, er fand nichts, was auf dieses Bild passte.

Nach langem Grübeln entschloss er sich zu einem ungewöhnlichen Schritt. Er wollte den Rat seines Freundes, des arbeitslosen Wissenschaftlers, einholen. Der hatte schon manchmal für Alex vollkommen fremde und neue Dinge gesehen, und er war seinem Freund stets dankbar gewesen, dass der ihm erlaubt hatte, manches davon in sei-

nem Speicher aufzubewahren. Als moderner Computer war es für ihn eine Kleinigkeit, das Bild der Situation und seine Anfrage blitzschnell an den Freund durchzugeben.
Die Antwort ließ auf sich warten. In dem Land, in dem sein Freund wohnte, streikten gerade die Postangestellten, und der Streik hatte diesmal auch alle Telekommunikationsmittel erfasst. Am späten Nachmittag schließlich ratterte es im Drucker des Computers. Das Antworttelegramm lautete knapp und bündig:

«Urwalddisco».

Alex hatte verstanden. In der Erwartung, dass sich das Laubwerk verdichten und das Treiben auf der Lichtung verdecken möge, verstärkte er die Leuchtkraft. Schnell schaltete er auf 3200, überzeugte sich mit einem kurzen Seitenblick, dass schon etwas Laub auf die Szene gefallen war, und begrub sie bei 16000 endgültig unter einem undurchsichtigen Blätterteppich. «Laub drüber», war sein ganzer Kommentar.

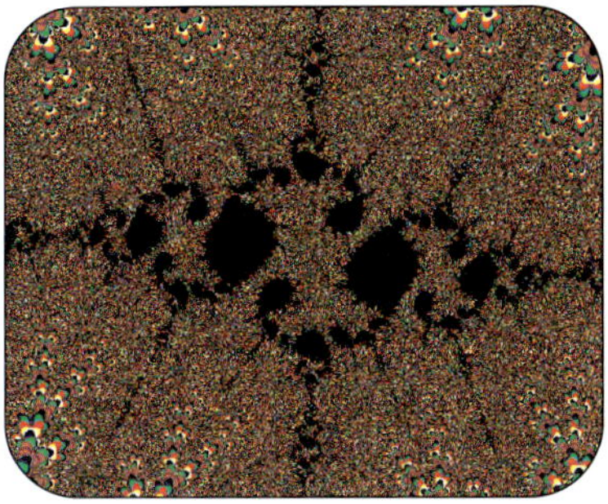

106

Doch schon tat es ihm Leid, dass sein Seitenblick bei Lichtstärke 3200 so flüchtig gewesen war. Nicht weil er sich an dem Gruppenbild besonders ergötzt hätte. Nein, gewiss nicht, sondern weil er der Form der Laubinsel, die sich auf die Gruppe gelegt hatte, keine Beachtung geschenkt hatte. Er drehte also nochmals auf 3200 (siehe Abb. 106) zurück und besah sich aufmerksam, was durch den Laubfall aus der einst freien Lichtung geworden war.

107

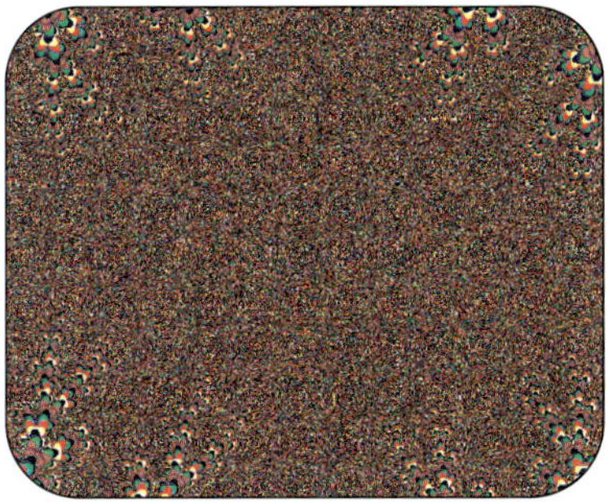

Wie eine Insel in einem See entsteht

Die falschen Apfelmännchen waren schon nicht mehr zu erkennen. Hätte er nicht gewusst, dass das Laubwerk die Discoszene verdeckte, so hätte er beim Anblick dieses Bildes eher an einen lang gezogenen Urwaldsee gedacht, in dem mehrere Inseln von gleicher Form, aber verschiedener Größe lagen; eine große in der Mitte des Sees, und kleinere von der gleichen Form nach den Rändern hin. Die Inseln waren durch mehrere Brücken mit dem Waldgebiet verbunden. Auch die vier Zu- und Abflüsse des Sees waren mehrfach überbrückt.

108 Die Ufer des Urwaldsees

Dieses neue Bild regte ihn zu der Frage an, wie sich die Inseln wohl gebildet haben mochten. Waren sie in der Mitte des Sees aus ihm emporgestiegen und hatten sich dann allmählich mit den Ufern verbunden, oder waren sie von den Ufern her in den See hineingewachsen?

Wieder musste das Mikroskop neu eingerichtet werden. Um so viele Einzelheiten wie möglich und nötig erkennen zu können, stellte Alex sein Okular auf den oberen Teil der Hauptinsel ein, die in der Mitte des Sees lag. Bei Lichtstärke 2400 lagen das obere linke und rechte Ufer des Sees und unten eine Spitze des gegenüberliegenden Ufers gerade noch im Bild. Jetzt würde er erleben, wie eine Insel in einem See entsteht.

109

Es dauerte eine ganze Weile, bis Alex, der die Leuchtkraft der Taschenlampe allmählich erhöhte, leichte Veränderungen wahrnahm. Und zwar an den Ufern des Sees! Das obere rechte und das untere linke Ufer begannen, langsam in den See hineinzuwachsen. Auch die Spitzen der übrigen Ufer schienen sich in den See hinein auszudehnen; um das zu bemerken, musste er allerdings schon ganz scharf aufpassen. Bei Lichtstärke 2752 hatten sich die beiden Uferzungen schon deutlich aufeinander zubewegt, während sich die anderen noch zurückhielten. Jetzt wurde es spannend, denn wenn die beiden so weitermachten, mussten sie bald aufeinander treffen und sich miteinander verbinden. Wuchs hier zusammen, was zusammengehörte?

Voller Erwartung und Neugier steigerte er die Leuchtkraft auf die nächsthöhere Stufe. Die beiden Uferzungen kamen einander näher und berührten sich schon fast. Doch was war das? An ihren Enden waren sie auf einmal völlig entlaubt; nur nackte Zweige reckten sich aufeinander zu. Dafür aber waren diese Zweigenden plötzlich ganz dick geworden! Habt ihr schon einmal erlebt, dass Zweige an Bäumen, Pflanzenstängel oder auch einfach Grashalme in Richtung ihrer Spitzen nicht dünner, sondern dicker werden?

Hat da eben jemand gesagt: «Nein, so etwas gibt es in unserer Welt nicht»? Wirklich nicht? Jedes Jahr im Frühling erleben wir, wie sich die Zweigenden unserer Laubbäume verdicken und Knospen bilden, aus denen die neuen Blätter hervorsprießen. An Kastanien mit ihren besonders dicken Knospen habt ihr das sicher schon beobachtet. Oder denkt an die Blütenknospen der Blumen oder an die Wurzelknospen mancher Pflanzen, etwa des Buschwindröschens oder der wohlschmeckenden Erdbeere. Manche Farne oder auch Dickblattgewächse bilden sogar an den Blättern Knospen aus, die sich entweder schon auf dem Blatt oder nach dessen Abfall zu kleinen Pflänzchen auswachsen. Sollten die dicken Enden, die Alex soeben entdeckt hatte, eine Art von Knospen sein, aus denen neue Zweige oder auch nur neue Blätter ausschlagen wollen?

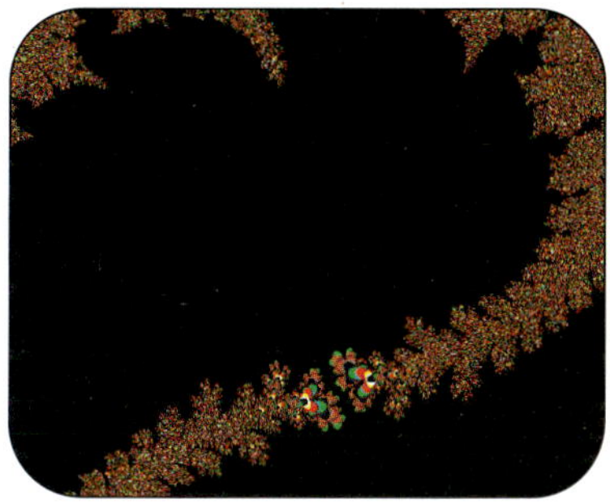

110 Dicke Enden

Alex war zwar ein guter Logiker und ein ausgezeichneter Rechenkünstler, von Biologie verstand er jedoch nicht eben viel. So stand er vor einem Rätsel. Er konnte sich auf diese dicken Enden keinen Reim machen. Ihr plötzliches Erscheinen empfand er als eine neuerliche Urwaldüberraschung.
Zwar hatte er seinen Freund, den Wissenschaftler, in den letzten Tagen, als er noch für ihn arbeiten durfte und als im Bekanntenkreis des Freundes oft die Rede davon war, dass jetzt zusammenwächst, was zusammengehört, wiederholt sagen hören:

«Das dicke Ende kommt erst noch!»

Er hatte das aber nie wörtlich verstanden. Jetzt verneigte er sich noch nachträglich vor der Weitsicht des Freundes, der offenbar schon damals vieles vorausgesehen hatte, darunter auch das, was ihm, dem Computer, hier im Urwald widerfahren würde.
In der Tat ging es hier höchst merkwürdig zu. Ungewöhnliches schien sich vorzubereiten, das Alex' ganze Aufmerksamkeit beanspruchte. Irgendwie mussten die Landzungen ja weiterwachsen, wenn er die Leuchtkraft erhöhte. Aber wie?

Höchst konzentriert erhöhte er die Leuchtkraft auf die nächste Stufe. Jetzt bildete sich doch tatsächlich an den dicken Enden wieder feines Blattwerk, das sich schon zu berühren schien. Ob es aber zusammengewachsen war und wie, ließ sich bei dieser Vergrößerung nicht klar entscheiden. Er würde wohl in die neue, größere Welt der Nahtstellen hinabsteigen müssen, um wirkliche Klarheit zu gewinnen, ob und wie die beiden dicken Enden zusammenhingen. Zunächst aber wollte er die Entstehung der Insel weiter verfolgen.

III

Mit steigender Leuchtkraft der Taschenlampe wurde die Situation an der Nahtstelle der dicken Enden noch unübersichtlicher. Dafür bildete sich aus dem einen dicken Ende plötzlich ein neuer Ast nach oben heraus, der langsam auf die obere Uferzunge zuwuchs, die sich ihm ihrerseits zögernd entgegenstreckte. Und von dem anderen dicken Ende, das von links unten gekommen war, ging ein ebensolcher Ast nach unten ab, der aber aus dem Blickfeld des Mikroskops hinauslief.

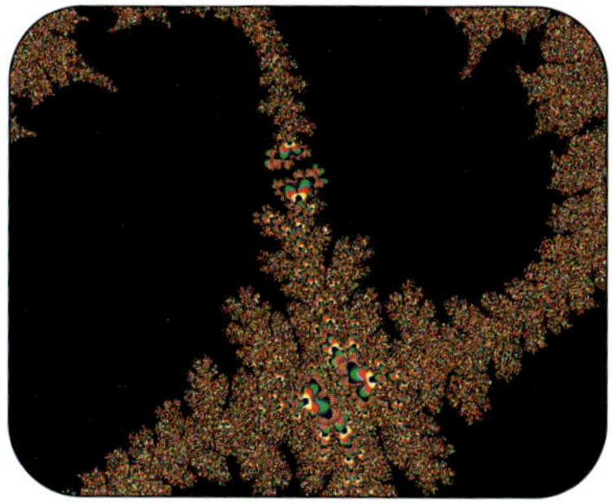
112 Zwei neue dicke Enden

Bei Leuchtstärke 2896 angekommen, hielt Alex inne. Denn jetzt waren sich die obere Uferzunge und der aus dem dicken Ende von unten nach oben wachsende Ast bereits so nahe gekommen, dass im nächsten Schritt die Situation auch an dieser Stelle unübersichtlich zu werden drohte. Was aber ganz und gar nicht zu übersehen war, das waren zwei neue dicke Enden, die sich als Zeichen fortgeschrittener Annäherung gebildet hatten.

Vom Auftauchen dieser neuen dicken Enden noch ganz benommen und im Nachklang zum Ausspruch seines Freundes über das dicke Ende, gab Alex beiläufig zwei Schlussfolgerungen in seinen Speicher, die nicht für den Bericht an das Apfelmännchen gedacht waren, sondern als persönliche Mitteilung an seinen ehemaligen Herrn und Meister. Die erste lautete:

*«**Ein** dickes Ende kommt selten allein.»*

Die zweite:

*«Ein **dickes** Ende muss noch nicht **das** Ende sein.»*

Mit der einen wollte er den Freund vor trügerischen Hoffnungen bewahren und ihm mit der anderen neue Zuversicht vermitteln.
Aufgrund seiner Erfahrungen, die er mit dem Apfelmännchen bisher gemacht hatte, vermutete Alex, dass sich an den neu aufgetauchten dicken Enden Ähnliches abspielen würde wie an den ersten. Noch aber wusste er ja gar nicht, was denn genau zwischen den dicken Enden

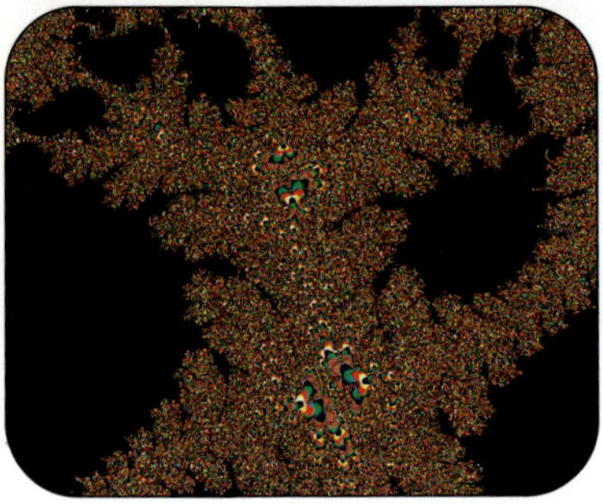

113

vorging. Doch gemach – lasst ihn zunächst weiterverfolgen, wie sich die Insel im See herausbildet. Wie Alex könnt ihr es euch sicher schon denken, nicht wahr?

«Das Laubwerk wird breiter und dichter, und aus den neu entstandenen dicken Enden werden nach beiden Seiten, dem rechten und dem linken Ufer zu, neue Zweige herauswachsen, denen von den Ufern her andere entgegenkommen.»

Genau das trat tatsächlich ein. Bei Lichtstärke 3200 hatte er den Ausschnitt der Insel so im Bild wie schon in Bild 106 (siehe Seite 123) die ganze Insel. Jetzt konnte er sich seine Frage beantworten: Zwei gegenüberliegende Ufer wuchsen aufeinander zu, bildeten dicke Enden aus, von denen neue Zweige ausgingen, auf die vom Ufer her wieder andere zuwuchsen, und so weiter und so fort. Hätte er die Leuchtkraft der Taschenlampe noch weiter gesteigert, so wäre der See wohl allmählich ganz zugewachsen, wie wir das auf Bild 107 (siehe Seite 123) schon gesehen haben.

Mit dem «ganz zugewachsen» war das aber so eine Sache, denn noch wusste Alex ja gar nicht, was zwischen den dicken Enden eigentlich vor sich ging. Zu Recht erwarten wir von ihm, dass er sich die dicken Enden nun endlich genauer ansieht. Etwas Zeit müssen wir ihm jedoch dafür schon lassen, denn er musste sich zu diesem Zweck, wie ihr wisst, abermals verkleinern und das Mikroskop neu einstellen. Mit der Leuchtstärke hatte er keine Probleme, denn er wollte für den Anfang genau dieselbe nehmen wie in Bild 111 (siehe Seite 126), auf dem sich die dicken Enden schon beträchtlich nahe gekommen waren.

Neue Unübersichtlichkeiten

114

Schließlich war er so weit. Die dicken Enden lagen gut sichtbar vor ihm. Bald fand sein prüfender Blick die Stelle, auf die es ankam. Die äußeren Regionen der dicken Enden bildeten ähnliche Lichtungen, wie er sie an diesem Tage schon wiederholt angetroffen hatte. Im Zentrum aber tat sich etwas! Hier lagen die dicken Enden am nächsten beieinander. Dieses Zentrum war ein kreuzähnliches Gebilde und schien als Einziges in dieser Welt eine besondere Stellung einzunehmen. In ihm und um es herum musste der Schlüssel zum Verständnis dessen liegen, wie sich die dicken Enden zueinander verhielten. Um das herauszufinden, musste er also nochmals schrumpfen.

Alex gefielen die Verkleinerungen. Noch machte er sich keine Gedanken darüber, ob seinen Verwandlungskünsten irgendwann eine Grenze gesetzt sei. Unbekümmert nahm er die Prozedur ein weiteres Mal vor und beförderte sich mit Hilfe des Mikroskops in die Nähe des Zentrums und des kreuzähnlichen Gebildes, in dessen Umgebung sich die dicken Enden am nächsten kamen.

115 Kreuz oder Quadrat?

«Ist das ein Kreuz oder ein Quadrat?», fragte Alex, als er sich die Neue Welt besah, in die er geraten war. Für eine quadratische Welt hatte sie zu viele Rundungen und für ein Kreuz zu viele Zacken. Kreuzartig aber war sie auf jeden Fall, wenn auch vielleicht eher eine Kreuzung, ein Kreuzweg, von dem Wege in verschiedene Richtungen abzweigten. Einige dieser Wege endeten in Sackgassen, während die Hauptstraße zwischen den dicken Enden hindurchführte.

Alex nahm dies alles geduldig zur Kenntnis. Er hielt es für einen

Gewinn, auch in dieser Gegend des Apfelmännchens bestätigt zu finden, was er schon auf seinen ersten Reisen erlebt und erfahren hatte: dass es im Innern des Apfelmännchens viele einander ähnliche Welten gab. Mehr noch: Jede Welt brachte neue Welten hervor, die ihr selbst glichen. Vulkane spien Vulkane aus, Dudelsäcke entstanden aus Dudelsäcken, Welteninseln reihten sich an Welteninseln. Die Welt, in der er sich jetzt befand, war offenbar eine von Urwaldriesen, Astgabeln, Farnwedeln und von Kreuzwegen und Sackgassen.

Freilich hatte er damit immer noch nicht die Frage beantwortet, was zwischen den dicken Enden vor sich ging. Denn an den beiden Stellen, wo sie sich am nächsten kamen, war auch jetzt noch nicht ersichtlich, ob sie zusammengewachsen oder nach wie vor getrennt waren. Überzeugt euch bitte selbst davon! Auch war ihm klar, dass die Situation gerade an diesen engen Stellen bei weiter steigender Leuchtkraft der Taschenlampe nur noch unübersichtlicher werden würde. Eine abermalige Verkleinerung wäre erforderlich gewesen, und er hätte eine der Nahtstellen im Mikroskop bei noch höherer Vergrößerung betrachten müssen. Wenn sich zwischen den Nahtstellen dann ein breiter Abgrund abzeichnete, ergäbe sich als logische Konsequenz, die Leuchtkraft wiederum zu erhöhen. Die dicken Enden, so vermutete er aufgrund seiner bisherigen Feststellungen, wären dann vielleicht noch etwas gewachsen, hätten aber bestimmt irgendwann neue Äste und neues Laubwerk hervorgebracht, von denen wieder nicht zu entscheiden gewesen wäre, ob sie zusammenwuchsen oder für immer getrennt blieben.

Die schwarze, kreuzartige Unendlichkeit

«Es ist ein Kreuz mit dieser Welt», seufzte Alex. Sollte er vor der Unendlichkeit kapitulieren? Vorher aber wollte er sich die Kreuzung wenigstens noch bei hellerer Beleuchtung ansehen. Gewiss, aufgrund seiner bisherigen Erfahrungen bestand Anlass zu der Vermutung, dass auch sie sich bei hellerem Licht mit sich verzweigenden Ästen und mit Blatt- und Laubwerk füllen würde. Allerdings musste der Laubwuchs hier anders erfolgen als an den Nahtstellen der dicken Enden, denn hier waren die dicken Enden weiter voneinander entfernt und kamen von vier Seiten aufeinander zu. Um sich ein Bild zu machen, betätigte er Lichtstärke 3200.

116

Von allen vier Seiten waren die dicken Enden mit ihren Zweigen schon ziemlich weit aufeinander zugewachsen. Die Kreuzung (oder das Kreuz) war dadurch beträchtlich kleiner geworden, hatte ihre Form aber behalten. Nun glaubte Alex zu wissen, wie es hier weitergehen würde. Eine weitere Erhöhung der Lichtstärke zöge eine weitere Verkleinerung der Kreuzung nach sich. Würde er das Bild dann wieder vergrößern, erschiene vor ihm wieder ein neues schwarzes Kreuz, das er durch mehr Licht wieder verkleinern könnte, und so weiter und so fort. Und da war sie schon wieder, diese verflixte Unendlichkeit.

Und wiederum zeigte sie sich in einem neuen Gewande: nicht als sich einrollende Spirale oder als Elefantenrüsselkarussell, nicht als Stupsnasenapfelmännchen oder als Nase des echten Apfelmännchens. Auch nicht als Schwarzes Loch. Allerdings hatte sie mit dem Schwarzen Loch noch die größte Ähnlichkeit, denn auch das hatte sich ja bei steigender Leuchtkraft immer mehr zusammengezogen.

«Also», sprach Alex, «ist die Unendlichkeit hier von der Art eines

117 Kreuzartige Unendlichkeit

Schwarzen Loches, erscheint aber im Gewande eines Schwarzen Kreuzes.» Sollte er sich noch weiter mit ihr abgeben?
Alex spürte die Herausforderung. Doch wenn er sich schon dieser eintönigen Unendlichkeit in die Arme werfen wollte, dann, so hatte er beschlossen, in dem grellsten Licht, das er bisher benutzt hatte, nämlich bei Leuchtstärke 16000. Und dann wollte er sich endgültig von ihr verabschieden.

So war das dadurch erzeugte Bild denn auch das letzte, das er sich von den dicken Enden und der zwischen ihnen hockenden, schwarzen und kreuzartigen Unendlichkeit machte. Die Kreuzung war, wie er vermutet hatte, jetzt von Blatt- und Laubwerk übersät, und man konnte kein schwarzes Kreuz mehr erkennen.
«Du kannst mich kreuzweis ...», zischte er vor sich hin und besann sich darauf, dass er noch anderes zu erledigen hatte.

Noch ein Schwarzes Loch

Alex befand sich immer noch am rechten Rand des Farnwedels, und noch galt es, einen Blick auf eines der Schwarzen Löcher zu werfen, die er aus größerer Entfernung wahrgenommen hatte (siehe Seite 117, Abb. 98). Am linken Rand war nachzuschauen, was es mit den schwarzen Flecken dort auf sich hatte. Und schließlich gehörte zu seinem heutigen Tagesprogramm noch, die beiden kleinen Apfelmännchen zu begrüßen, die er aus größerer Höhe auf der durch den Urwald führenden Autobahn erspäht hatte (siehe Seite 110, Abb. 92).
Bei den Schwarzen Löchern am rechten Rand des Farnwedels wollte er nicht lange verweilen. Er hatte zwar bereits Erfahrung im Umgang mit dieser Art von Welten, doch sagte ihm eine innere Stimme, dass er nir-

gends vor Überraschungen sicher sein konnte, und schon gar nicht in der Nähe von Schwarzen Löchern. Vorsicht und erhöhte Aufmerksamkeit waren hier deshalb wiederum am Platze. Er entschied sich für das mittlere der drei auf seiner Karte sichtbaren Schwarzen Löcher, stieß sich von einem dicken Ende ab und steuerte auf das Ziel los.

Je näher er ihm kam, desto mehr glaubte er sich wieder in ein unermessliches Universum versetzt. Strahlenförmig strebten die Reihen von Welteninseln auf jenen Punkt zu, in dem das Zentrum des gesuchten Schwarzen Loches liegen musste. Mehrmals hatte er schon die Lichtstärke der Taschenlampe erhöhen müssen, um die sich in der Finsternis dieses Alls auflösenden Welten nicht aus den Augen zu verlieren. Zugleich war er sorgfältig darauf bedacht, dem gefräßigen Ungeheuer nicht zu nahe zu kommen. Ihr wisst ja, wenn er bis zum Rand des Schwarzen Loches vorgedrungen wäre, so wäre er in ewige Gefangenschaft geraten. Bis er sich endlich entschloss, das Mikroskop zum Einsatz zu bringen, umflog er sein Ziel in gebotener Entfernung dreimal in einer enger werdenden Spirale.

118

Ja, das hatte er erwartet. Der Anblick glich jenem, der sich ihm dargeboten hatte, als er von der Nase des Stupsnasenapfelmännchens am rechten Rand der auf der Spitze stehenden Eistüte hinausgeflogen war und seine erste nähere Bekanntschaft mit einem Schwarzen Loch geschlossen hatte (siehe Seite 85, Abb. 81). Diesmal vermochte er das Schauspiel jedoch schon ruhiger zu betrachten, und er suchte sogleich nach verborgenen Zeichen, die dieses Loch von jenem unterschieden.
Bald hatte er gefunden, was er suchte. Dort bestanden die Weltenreihen aus einigermaßen massiven Gebilden, während sie sich hier aus feinstem Weltlaub formten (fast war er versucht zu sagen: aus feinstem Weltenstaub), das (bzw. der) sich längs jeder Reihe zu Welteninseln

zusammenklumpte, die sich ihrerseits spiralförmig auseinander herausdrehten.

«Die Welteninseln hier verhalten sich zu den Welteninseln dort wie ein Farnwedel zu einer Eistüte», notierte Alex den Unterschied. Allerdings war dies bei weitem nicht alles, was er glaubte untersuchen und berichten zu müssen. Wir wissen schon, dass er in Spiralen vernarrt war, und so ist es nicht verwunderlich, dass er sich sofort für die «sich spiralförmig auseinander herausdrehenden» Welteninseln interessierte. Besonders die in der rechten oberen Ecke des Bildes (siehe Seite 133, Abb. 118) hatte es ihm angetan. Was sich da aus der darüber liegenden Welteninsel spiralförmig herausdrehte, war keine Spirale von der Art jener massiven Schneckengehäuse oder Elefantenrüsselkarussells, die er auf den Eistüten angetroffen hatte, oder jenes Strudels von Weltenreihen, der sich in das damalige Schwarze Loch hineingedreht hatte (siehe Seite 86, Abb. 82). Die Spirale da oben rechts in der Ecke war ganz anders, und deshalb wollte er sie sich genauer besehen.

Spiralnebel in der Farnwedelwelt

Die für diesen Zweck erforderliche Verkleinerungsprozedur war bald erledigt. Ein wenig Sorge bereitete ihm allerdings, dass er in diesem Teil des unter ihm liegenden Universums mit Lichtstärke 16000 operieren musste, denn solch starkes Licht beanspruchte seine Taschenlampe doch gehörig. Als er die Spirale gut geortet hatte, versuchte er es deshalb zunächst mit Lichtstärke 8000. Aber da war absolut nichts zu sehen. Er erhöhte die Leuchtkraft allmählich. Doch erst bei 12000 wich das Dunkel und es erschien – die untere Spitze eines Farnwedels!

119

Nichts da von einer Welteninsel, von fernen Welten und Spiralnebeln! Sondern schlicht und einfach ein Farnwedel, wie er sie auf seiner heutigen Reise schon wiederholt angetroffen hatte (siehe Seite 117, Abb. 97). Für Alex kam diese Entdeckung keineswegs überraschend. Er erinnerte sich sofort seiner Berichtsnotiz, in der er gerade erst festgestellt hatte, dass sich die Welteninseln hier zu denen im Umkreis des damaligen Schwarzen Loches wie ein Farnwedel zu einer Eistüte verhielten. Nun war er durch seine Verkleinerungsprozedur tatsächlich in eine Farnwedelwelt geraten. Warum sollte er also überrascht sein? Wenn er sich über etwas wunderte, dann darüber, wie sich aus diesem Farnwedel bei wachsender Leuchtstärke wohl ein Spiralnebel bilden würde. Denn die Farnwedel wuchsen ja nach dem Verzweigungsprinzip und nicht nach dem Spiralprinzip.

120

121

«Die Spiralform des Farnwedels kommt möglicherweise durch wiederholte ungleichwinklige Verzweigung in immer kleineren Abständen zustande», versuchte er, sich das Phänomen zu erklären. Und war zufrieden, dass sein Versuch, sich einer gelehrten Ausdrucksweise zu bedienen, geglückt schien. (Nur gut, dass er «möglicherweise» gesagt hatte, denn so blieb offen, ob das die einzige Weise war, wie aus einem sich verzweigenden Ast eine Spirale werden konnte.)

122 Spiralnebel

Während er diese komplizierte Überlegung anstellte, hatte er durchaus nicht vergessen, die Leuchtkraft seiner Taschenlampe weiter zu erhöhen. Als sie auf 12960 stand, war der Farnwedel schon ein ganzes Stück weitergewachsen und auch breiter geworden. An seiner unteren Spitze bog er jetzt in eine Rechtskurve ein. Der Farn verlor allmählich seine wedelige Form und ging zur Spiralform über. Bei Lichtstärke 14 000 rollte er sich schon zum Spiralnebel ein, und bei 16 000 schließlich hatte Alex den Spiralnebel so im Bilde, wie er ihn bereits aus größerer Entfernung in der Umgebung des Schwarzen Loches gesichtet hatte, nun aber in der gewünschten Vergrößerung (vgl. Seite 135, Abb. 120–122). «Spiralnebel in der Farnwedelwelt», stellte Alex befriedigt fest und ergötzte sich an dem Anblick.

Erfolglose Suche nach Apfelmännchen

Doch auch der farnwedelige Spiralnebel konnte Alex nicht über die Enttäuschung hinweghelfen, in dieser Farnwedelwelt noch keinen seiner Lieblinge angetroffen zu haben. Es drängte ihn, gegen Ende seiner heutigen Expedition noch einmal ganz gezielt auf die Suche nach ihnen zu gehen. Zu diesem Zweck erinnerte er sich, dass er die sich im Tanze drehenden Gesellen auf seiner ersten Reise zwischen den Spiralarmen der Schneckengehäuse das erste Mal entdeckt hatte. Deshalb wollte er auch hier nachsehen, ob etwa zwischen den Windungen des farnwedeligen Spiralnebels welche verborgen waren.

123

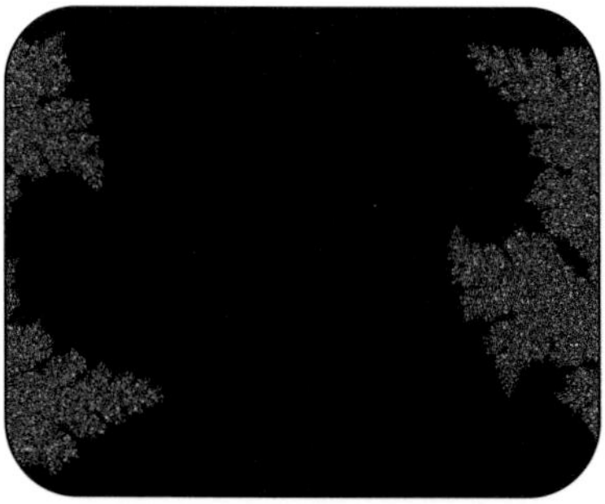

Er begann die Suche gleich am Eingang des Spiralnebels, dort, wo sich an der breitesten Stelle zwei kleinere Spiralen gegenüberlagen (siehe Seite 135, Abb. 122). Mit Lichtstärke 16 000, ohne die er hier nichts ausrichten konnte, umkreiste er das Gebiet, verkleinerte sich gehörig, damit er zwischen die Spiralarme passte, und nahm die beiden Enden der zwei sich gegenüberliegenden Nebenspiralen unter das Mikroskop.

Was meint ihr, was er auf Anhieb fand? Apfel-

männchen? Ja, aber falsche! Unter ihm lagen zwei riesige Gebilde von geradezu kosmischen Ausmaßen, die den falschen Apfelmännchen auf der Urwaldlichtung verdächtig ähnlich sahen; jenen, die sein Freund, der Wissenschaftler, telegraphisch mit dem Kommentar «Urwalddisco» bedacht hatte (siehe Seite 122, Abb. 105). Sie verrenkten ihre Hinterenden in ebenso merkwürdiger Weise, hielten sich hier allerdings in gehöriger Entfernung voneinander.
«Wo falsche Apfelmännchen hausen, hält sich kein echtes auf», entfuhr es Alex. Doch wir kennen ihn schon zu gut, nicht wahr, um zu wissen, dass er damit nicht meinte, dieses Gebiet lohne es überhaupt nicht, dass er es sich genauer besähe. Und tatsächlich besann er sich darauf, dass ihn die nähere Betrachtung jener Urwaldlichtung letztlich gelehrt hatte, wie eine Insel in einem See entsteht, und dass er dabei die dicken Enden und die kreuzartige Unendlichkeit entdeckt hatte. Wenn hier schon keine echten Apfelmännchen zu finden waren, so wollte er doch wenigstens verfolgen, was aus diesen falschen kosmischen Apfelmännchen am Eingang des Spiralnebels werden würde, falls er ihnen Zeit zur Entwicklung ließe, also die Lichtstärke der Taschenlampe erhöhte. Bei 16000er Lichtstärke musste er aber schon kräftig zugeben, wenn er einen sichtbaren Effekt erzielen wollte. Er ging deshalb gleich zu Lichtstärke 24000 über, die er bisher überhaupt noch nicht benutzt hatte.

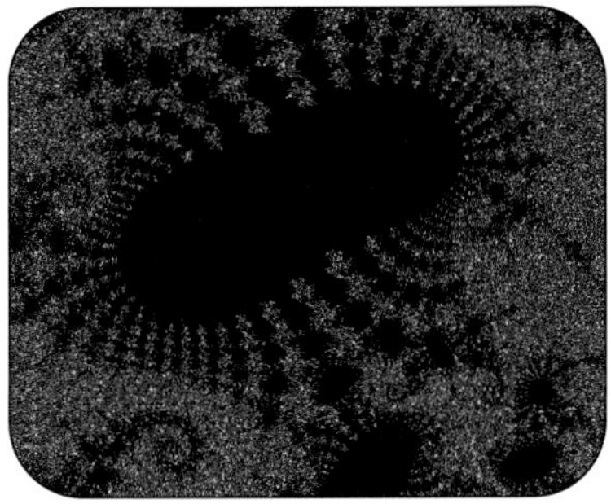

124

Alex staunte nicht schlecht, als er nun am Eingang des Spiralnebels einen riesigen Fußabdruck liegen sah, ähnlich demjenigen, dem er auf seiner zweiten Reise nachgegangen war (siehe Seite 75, Abb. 65). Diesmal kam aber schon nicht mehr die Frage auf, wer diesen Abdruck wohl hinterlassen haben könnte; denn natürlich waren das die falschen Apfelmännchen, die aus ihrem Innern heraus Weltenreihen neuer farnwedeliger Spiralnebel entließen, die nun bogenförmig aufeinander zuliefen und dadurch den kosmischen Fußabdruck bildeten.

Aus seinem Speicher meldeten sich bei diesem Anblick automatisch die Bilder 66 (siehe Seite 75) und 67 (siehe Seite 75), die ihn daran erinnerten, wie sich der damalige Fußabdruck allmählich zu einem Oval geformt hatte und schließlich zu einem klitzekleinen Schwarzen Loch geworden war. Ähnlich hatten sich die vielen anderen Abdrücke verhalten, denen er während seiner zweiten Reise nur noch flüchtiges Interesse geschenkt hatte. Mit dem neuerlichen Auftauchen eines solchen Gebildes schien der glückliche Ausgang der Suche nach Apfelmännchen noch mehr in Frage gestellt: Zwischen den kleinen Spiralen am Eingang des Spiralnebels zeigten sich bis jetzt immer noch keine Apfelmännchen, sondern lediglich viele falsche, die in ihrer Gesamtheit und bei hinreichender Lichtstärke einen Fußabdruck hinterließen, der nichts anderes sein konnte als die Vorstufe eines Schwarzen Loches.

Dennoch drängte es Alex, den Vorgang in seiner weiteren Entwicklung zu verfolgen. Auch wenn es ein großes Wagnis war, wählte er jetzt die Lichtstärke 32 000. In ihrem Licht sah er seine Erwartung im Prinzip bestätigt, musste sie freilich auch korrigieren: Der Fußabdruck hier zog sich nicht zu **einem**, sondern zu **zwei** Schwarzen Löchern zusammen. Der gesamte Zwischenraum zwischen den beiden kleinen Spiralen am Eingang des Spiralnebels füllte sich mit Weltenreihen auf, zwischen denen wiederum neue, kleinere Zwischenräume lagen, aus denen, so seine Vermutung, wohl viele neue Schwarze Löcher entstehen würden. Und in der Umgebung jedes dieser Schwarzen Löcher böte sich ein ähnliches Panorama wie das, auf dem sein Blick gerade ruhte.

Gegen die gleiche Unendlichkeit, die ihm hier aber wiederum in neuer Gestalt entgegentrat, war er heute schon einige Male angetreten. Er versuchte zu resümieren:

125

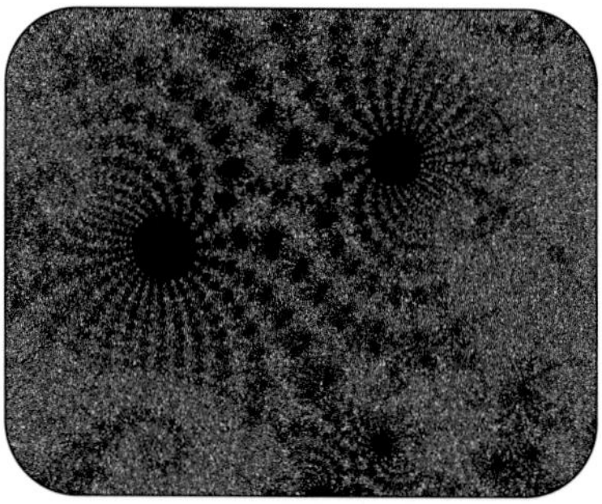

«Der rechte Rand des Farnwedels ist von Schwarzen Löchern durchsetzt. Auf jedes streben strahlenförmig Weltenreihen farnwedeliger Spiralnebel zu. Zwischen den Spiralarmen jedes Spiralnebels befindet sich jeweils ein neues Universum mit unzählbar vielen neuen Schwarzen Löchern, neuen Weltenreihen, neuen Spiralnebeln, und so weiter und so fort. Jede Neue Welt, in die ich vordringe, ist eine Wiederholung der vorigen; alle sind sich ähnlich, aber nie ganz gleich.»
Das bedeutete, dass ihn sein Wettlauf mit der Unendlichkeit in immer neue Gefilde führen würde, in denen er Bekanntes in immer neuen Formen, Gestalten und Kombinationen fände. Einerseits erschien ihm das eintönig, andererseits aber auch aufregend und faszinierend, denn bei allen Wiederholungen wiederholte sich doch im Grunde nichts in genau der gleichen Weise.

Am aufregendsten aber fand Alex, dass sich noch immer keine echten Apfelmännchen gezeigt hatten. Eigentlich passte das gar nicht in das Bild der ähnlichen Welten, das sich ihm, je weiter er das Innere des Großen Apfelmännchens durchmusterte, immer wieder aufdrängte. Er konnte sich das Ausbleiben seiner kleinen Freunde nur so erklären, dass sie sich hier, am Rande des Farnwedels, in der Umgebung von so vielen Schwarzen Löchern und farnwedeligen Spiralnebeln, in solchen Tiefen verborgen hielten, dass er sie bisher einfach nicht hatte sichten können.
Gern hätte er gewusst, ob in diesem Gebiet, in dieser farnwedeligen, spiraligen und durchlöcherten Welt am Naseneingang des Großen Apfelmännchens, echte Apfelmännchen zu Hause waren. Mangels hinreichender technischer Bedingungen musste er die Antwort leider schuldig bleiben. Das Einzige, das er mit Gewissheit sagen konnte, war, dass sie, vorausgesetzt, es gab hier welche, von der allerwinzigsten Art sein mussten, so klein, dass er sie selbst nach so vielen Verkleinerungsprozeduren und bei solch hoher Leuchtkraft der Taschenlampe nicht hatte erspähen können.

Unfreiwilliger Verzicht

An der Grenze der Leistungsfähigkeit seiner Taschenlampe angekommen, wurde ihm nun schlagartig klar, dass er mit den dunklen Flecken am linken Rand des Farnwedels, die er ja auch noch untersuchen wollte, dasselbe erleben würde. Die Lichtstärke der Taschenlampe hätte wiederum nicht ausgereicht, um bei den nötigen Vergrößerungen die entscheidenden Einzelheiten zu erkennen. Umständehalber, wenngleich ungern, verzichtete er deshalb auf diesen Ausflug an den linken Rand des Farnwedels. Es war ohnehin schon sehr spät geworden. Insgeheim aber beschloss er, in den Bericht an das Große Apfelmännchen eine Passage einzufügen, in der er Antworten auf offen gebliebene Fragen oder überhaupt neue Entdeckungen in Aussicht stellen wollte, falls sich das Apfelmännchen dafür verwenden könnte, ihn bei seinen künftigen Reisen durch dessen Inneres mit einer leistungsfähigeren Taschenlampe auszurüsten.

Bevor seine heutige Reise zu Ende ging, wollte er sich aber noch das Schauspiel gönnen, zu verfolgen, wie sich der Schlund des Schwarzen Loches am rechten Rand des Farnwedels weiter schloss. Er gab zur Lichtstärke 16 000, mit der er es bisher betrachtet hatte (siehe Seite 133, Abb. 118), noch 8000 dazu und erzeugte damit Myriaden neuer Welten, die sich dem Sog des Schwarzen Loches ergaben.

126

Danach verspürte Alex jedoch keine Lust mehr, sich weiter auf dem Farnwedel an der Einfahrt zur Autobahn aufzuhalten, denn schließlich hatte er seine Entdeckungsfahrt so unfreiwillig und ungemein ernüchtert abbrechen müssen.

So blieb ihm nichts mehr zu tun, als den Farnwedel, auf dem er zwar viel Neues, aber kein einziges echtes Apfelmännchen entdeckt hatte, zu verlassen. Flüchtig durchzuckte ihn freilich noch die Frage, ob er sie vielleicht nur übersehen hatte, weil er an den falschen Stellen gesucht hatte? Wie auch immer: Eine kleine Portion Mandelbrot und der Anblick eines echten Apfelmännchens täten ihm jetzt gut, befand er. Und so glitt er von dem Farnwedel herab, hielt sich aber noch in einer gewissen Höhe über der vom Laub bedeckten Urwaldstraße.
Noch einmal fiel sein Blick auf die geheimnisvolle Tafel mit der Aufschrift «Myrberg-Feigenbaum». Dann wandte er sich den beiden kleinen Apfelmännchen zu, die auf der Straße lagerten. Er richtete das

127 Rückkehr zur Urwaldstraße

Mikroskop auf sie und erfreute sich bei Lichtstärke 1600 am Anblick seiner kleinen Freunde. Sie luden ihn ein, in einem von ihnen Herberge zu nehmen und sich von den Anstrengungen der heutigen Reise zu erholen. Er dankte für die in Aussicht gestellte Gastfreundschaft und nahm sie gerne an.

Kapitel 7 **Geisterstunde in der Herberge «Zum Apfelmännchen»**

(Nur für Leser, die schon Umgang mit Geistern hatten)

In welchem Alex der Geist des Herrn von Goethe erscheint, der ihm von seinen botanischen Studien erzählt und ihn ermutigt, in seinem Studium des Apfelmännchens nur immer fortzufahren. Der Geist bekennt, im früheren Leben selbst einmal Märchenerzähler gewesen zu sein und bei dieser Gelegenheit eine Lampe mit wundersamen Verwandlungskräften erfunden zu haben.

Am Abend dieses Tages war Alex nach einer ruhigen Nacht zumute. Der Aufenthalt im Urwald, die Wettläufe mit verschiedenen Arten von Unendlichkeiten, das Studium farnwedeliger Spiralnebel und die ergebnislose Suche nach Apfelmännchen waren doch recht aufwendig gewesen. Gegen Ende seiner heutigen Reise hatte er die Taschenlampe sogar mehrmals bis zu ihrer Leistungsgrenze beanspruchen müssen. Hier, in der kleinen Herberge «Zum Apfelmännchen», würde er sie allerdings nicht benötigen. Nach diesem anstrengenden Tag tat ihm Dunkelheit gut.

Er sah und lauschte in das Dunkel hinein, und wieder fragte er sich, was ihn eigentlich bewogen hatte, sich in all diese Abenteuer zu stürzen und im Innern des Apfelmännchens nach immer neuen Welten Ausschau zu halten. Gewiss, das Apfelmännchen hatte ihn darum gebeten, aber inzwischen war aus seiner Bereitschaft, dem Freunde dienlich zu sein, ein eigenständiger und starker innerer Drang geworden, der sich seiner von Tag zu Tag immer unwiderstehlicher bemächtigte. Es musste etwas an und in dem Apfelmännchen sein, das ihn verzaubert und bewogen hatte, seine Rechenkünste und Beobachtungsgabe ganz diesem neuen Gegenstand zu widmen.

Alex wird von einem Geist aufgesucht, ...

Plötzlich erschien ihm aus dem Dunkel der Geist eines würdig aussehenden Herrn mit großen, klug und gütig dreinblickenden Augen und einem schönen Gesicht. Er stellte sich als Herr von Goethe vor. Er fühle sich, entschuldigte er sein Erscheinen, durch Alex' Frage nicht nur gerufen, sondern geradezu berufen, ihm bei ihrer Beantwortung behilflich zu sein. Seines Zeichens sei er Dichter, doch habe er sich auch um die Erforschung der Natur verdient gemacht, was ihm jedoch bis heute bei weitem nicht zu annähernd gleichem Ruhm verholfen habe wie seine literarischen Werke. Sein besonderes Interesse habe den verschiedenen Gesteinsarten gegolten, ferner den Wachstums- und Entwicklungsphasen, in denen sich die Pflanzen glichen – der «Metamorphose der Pflanzen», wie er sich wissenschaftlich auszudrücken beliebte –, und ebenso den Gemeinsamkeiten in der Evolution des Tierreichs, was ihn zur Entdeckung des menschlichen Zwischenkieferknochens befähigt habe. Auf Letztere schien der Geist besonderen Wert zu legen.

Alex wusste nicht, was er von der Erscheinung halten sollte und womit er es verdient haben mochte, dass ihm ein so verehrungswürdiger Geist erschien. Doch der hob an, ihm zu erzählen, wie er es einst als gefeierter Poet gewagt hatte, ein gänzlich anderes Gebiet zu betreten, sich von der dichterischen Betrachtung und Schilderung der Regungen des menschlichen Herzens zu lösen und sich der Beobachtung und Beschreibung des Granits, «des ältesten, festesten, tiefsten und unerschütterlichsten Sohnes der Natur», wie er sagte, zuzuwenden. Den Vorwürfen, mit denen Zeitgenossen ihn deswegen bedachten, hatte er entgegengehalten, dass sich der forschende Geist nicht gerne von etwas Erreichbarem ausschließen lasse. Aber das habe er stets mehr als eine Rechtfertigung allgemeiner Art angeführt. Wichtiger sei für ihn allemal gewesen, dass er durch diese Beschäftigung mit der ruhenden Natur selbst zur Ruhe gekommen sei. In seiner Studie über den Granit habe er das unumwunden bekannt:

«Ja, man gönne mir, der ich durch die Abwechslungen der menschlichen Gesinnungen, durch die schnellen Bewegungen derselben in mir selbst und in andern manches gelitten habe und leide, die erhabene Ruhe, die jene einsame stumme Nähe der großen, leise sprechenden Natur gewährt, und wer davon eine Ahndung hat, folge mir.»

Während der Geist sprach, hatte sich Alex mittels seines Speichers über den Herrn kundig gemacht. Neben vielen Vorzüglichkeiten hatte er dabei auch erfahren, dass der Geist zu Lebzeiten sich hier und da und wohl auch mit Erfolg in den Wissenschaften versucht, zur Mathematik indes nie ein besonders inniges Verhältnis gehabt habe. Das ließ ihn

Alex nicht eben Vertrauen erweckend erscheinen. Nichtsdestotrotz war ihm der nächtliche Geist willkommen, denn ohne ihn hätte er eh nur wieder seinen eigenen Gedanken nachgehangen. So nahm er den Faden auf und wagte die Erwiderung, das Apfelmännchen, dessen Studium er sich gewidmet habe, sei aber kein Naturprodukt wie der Granit, sondern eine mathematische Struktur, die er, Alex, ein Computer der Spitzenklasse, höchstselbst erzeugt habe. Der Geist lächelte milde und meinte, nicht darauf komme es an, sondern einzig und allein darauf, dass ein reichhaltiger Gedanke, sei er nun aus uns selbst entsprungen, sei er von andern mitgeteilt oder eingeimpft, eine leidenschaftliche Bewegung in uns hervorbringt, von der wir uns begeistert fühlen. Ihm sei es so mit seinen botanischen Studien ergangen, und so müsse man ihm halt zugeben, dass er, von dem Gedanken der ursprünglichen Identität aller Pflanzenteile wie von einer Leidenschaft eingenommen und getrieben, sich, wo nicht ausschließlich, doch durch alles übrige Leben hindurch damit beschäftigen musste.

... beglückwünscht, ...

Im Übrigen könne er Alex zu dem Gegenstand seines Interesses, dem Apfelmännchen, nur beglückwünschen, denn dieses sei in seinem Innern so mannigfaltig und unerschöpflich, dass er nicht genug Standpunkte wählen könnte, es zu beschauen und zu beschreiben. Vor allem sei ihm sympathisch, dass Alex das Apfelmännchen zwar analysiere und zergliedere, ohne es dabei aber töten zu müssen; dadurch unterscheide er sich sehr zu seinem Vorteil von anderen Naturforschern, die die Objekte ihres Interesses gleichsam auf die Folter spannen, ihnen Gewalt antun oder sie eben gar töten, um ihre einzelnen Teile oder ihre inneren Zusammenhänge studieren zu können. Auch lobte er Alex, dass dieser allen Gestalten, die im Innern des Apfelmännchens vorkamen, in ihren Veränderungen nachging, denn nur dadurch könne er hoffen, zu gewichtigen Einsichten darüber zu kommen, wie der eingehüllteste Zustand nach und nach zur Vollendung befördert wird. Er möge nur immer darauf achten, wie das Apfelmännchen ihm Schritt für Schritt sein Verfahren vorbildet, und nie vergessen, dass auch in dieser Welt, die er sich zum Studium auserkoren, nichts sei, was nicht in Verbindung mit dem Ganzen stehe. Zumindest könne er das aufgrund seiner botanischen Studien empfehlen.

Bei der Erwähnung botanischer Studien war Alex aufmerksam geworden. Der zurückliegende Tag, den er zwischen Urwaldriesen, in Astgabeln, dichtem Laub- und Blattwerk und auf Farnwedeln verbracht hatte, war möglicherweise überhaupt der Grund, warum ihm zu nächtlicher Stunde ein Geist erschien, der sich erbot, über sein Studium der Pflanzenwelt zu berichten. Und da er gar ein so berühmter war, so hoffte Alex, im Nachhinein davon zu profitieren.

... ermutigt, ...

Der Geist erzählte in wohlgesetzter, wenngleich etwas altertümlich anmutender Rede, wie er auf Spaziergängen in heimatlichen Fluren und bei Reisen in fremde Länder und Gebirge emsig Pflanzen und Blumen gesammelt, sie verglichen, analysiert und systematisiert habe. Doch habe Trennen und Zählen nicht in seiner Natur gelegen; auch um Vollständigkeit sei er nicht sonderlich bemüht gewesen, wie es Männern vom Fach gezieme. Als Dilettant und Liebhaber sei es ihm darum zu tun gewesen, «durch das Einzelne durchzukommen und einen Hochpunkt zu erreichen, von woher ihm eine Übersicht wo nicht des Ganzen, doch des meisten gelingen könnte».

Alex lauschte der Rede mit wachsendem Wohlgefallen. Es war, als redete der Geist ihm zu, seine sporadischen Beobachtungen, sein Hinundherfliegen im Innern des Apfelmännchens nicht zu gering zu schätzen, und als mahne er ihn zugleich, bei aller Beobachtung von

Einzelheiten stets das Ganze nicht aus dem Blick zu verlieren. Nur so, meinte der Geist, könnten auch Dilettanten zum Vorteil der Wissenschaft vieles beitragen. Er zum Beispiel habe bald bemerkt, dass das Wechselhafte der Pflanzengestalten den Verschiedenheiten des Bodens und der Lage geschuldet sei und dass selbst die allerentferntesten Arten noch eine ausgesprochene Verwandtschaft zeigten und sich ohne Zwang untereinander vergleichen ließen. Möglicherweise seien auch Eistüten und Urwaldgiganten, Vulkankegel und sich gabelnde Farnwedel, Schneckengehäuse und farnwedelige Spiralnebel entfernt miteinander verwandt, so wie es Alex schon für die echten und die falschen Apfelmännchen vermutet hatte. Und lag all seinen bisherigen Beobachtungen im Innern des Apfelmännchens nicht die eine und einzige Spielregel zugrunde, die das Weiße Nichts am Anfang unserer Geschichte vorgegeben hatte, sodass jede einzelne Struktur im Innern des Apfelmännchens nur der Verschiedenheit der Lage geschuldet war und der Verschiedenheit der Leuchtkraft seiner Taschenlampe, durch die Alex sie aus der fruchtbaren Dunkelheit, der unsichtbaren Verborgenheit hervortreten ließ?

Der Geist musste bemerkt haben, wie Alex ins Grübeln geraten war; vielleicht konnte er sogar Gedanken lesen, denn nun zitierte er aus einer Elegie, mit der er seinerzeit versucht hatte, einige Freundinnen zu bewegen, sich seiner Arbeit über die Metamorphose der Pflanzen gewogener zu zeigen:

»Alle Gestalten sind ähnlich, und keine gleichet der andern;
Und so deutet das Chor auf ein geheimes Gesetz,
Auf ein heiliges Rätsel. Oh, könnt ich dir, liebliche Freundin,
Überliefern sogleich glücklich das lösende Wort!«

Alex fand es merkwürdig, sich in einer wissenschaftlichen Abhandlung beschwörend und zugleich entschuldigend an eine liebliche Freundin zu wenden. Sein Freund, der Wissenschaftler, hatte in seinem früheren Arbeitsleben dergleichen Wendungen nie gebraucht. Aber das lag vielleicht weniger an ihm als an den zweihundert Jahren, die ihn von dem

Geist Goethes trennten, und an all den wissenschaftlichen Fortschritten und technischen Errungenschaften, durch die sich sein Jahrhundert über das Goethes so erhaben dünkte und die doch auch bewirkt hatten, dass menschliche Rührungen in der Wissenschaft nichts mehr galten. Ihm wäre es von sich aus nie eingefallen, sich an eine liebliche Freundin zu wenden, es sei denn, seine Konstrukteure hätten ihm einen entsprechenden Programmpunkt eingegeben. Nun gut.

Der Gedanke aber, dass alle Gestalten ähnlich seien und doch keine der anderen gleiche, und dass sie alle in ihrer Gesamtheit auf ein gemeinsames Gesetz deuten, war ihm sehr vertraut. Herr von Goethe hatte ihn seinerzeit auf die tausendfältige Mischung des Blumengewühls in seinem Garten bezogen; er, Alex, war ihm durch Betrachtung des unendlich vielfältigen Gewühls verschiedenartiger und doch ähnlicher Welten im Innern des Apfelmännchens nahe gekommen. Und was das geheime Gesetz angeht, das heilige Rätsel, das lösende Wort, das der Geist, als er noch in Fleisch und Blut einhergegangen war, der Freundin gern offenbart hätte, wenn er es nur selbst gewusst hätte, so fühlte Alex sich ihm gegenüber im Vorteil, denn er und das Weiße Nichts kannten die Spielregel, nach der das Apfelmännchen und alle Welten in ihm entstanden waren. Diese Spielregel, die er dank der Zauberkraft seiner Taschenlampe vielhundert-, ja vieltausendfach auf jeden Punkt der Großen Weißen Ebene anwenden konnte, bewirkte, dass sich nach und nach Welten, stufenweise geführt, auseinander herausbildeten, so wie sich Pflanzen bilden aus Samen zu Blüten und Frucht, wie sie strebend emporquellen, wie Trieb auf Trieb folgt, und – so hörte er des Geistes Stimme weiter deklamieren:

«Gleich darauf ein folgender Trieb, sich erhebend, erneuet,
Knoten auf Knoten getürmt, immer das erste Gebild.
Zwar nicht immer das gleiche; denn mannigfaltig erzeugt sich,
Ausgebildet, du siehst's, immer das folgende Blatt,
Ausgedehnter, gekerbter, getrennter in Spitzen und Teile,
Die verwachsen vorher ruhten im untern Organ.»

Ja, das war Musik in seinen Ohren, gestand sich Alex und lauschte verzückt der Geisterstimme, die nun davon kündete, wie die Kette der entstandenen Strukturen sich fort durch alle Zeiten vermehre, und er träumte von einer Taschenlampe, deren Leuchtkraft sich beliebig weit erhöhen ließe, so wie die Natur ein unendliches Reservoir an Zeit zur Verfügung zu haben schien, um den Ring der ewigen Kräfte bald zu schließen und bald zu neuem Werden wieder zu öffnen. Und er hätte einstimmen mögen in den Gesang des Geistes, als dieser seine elegische Weise mit der Aufforderung schloss:

«Wende nun, o Geliebte, den Blick zum bunten Gewimmel,
Das verwirrend nicht mehr sich vor dem Geiste bewegt.
Jede Pflanze verkündet dir nun die ew'gen Gesetze,
Jede Blume, sie spricht lauter und lauter mit dir.»

Als der Geist geendet, erwachte Alex aus seinem traumhaften Zustand, kam wieder zu sich und fragte sich ganz in Herrn von Goethes Stil und Geist, ob er soeben getrachtet habe, den Gegenständen eine Grille, die ihm durchs Gehirn gelaufen war, aufzuheften.

Der Geist schien auch diesen Gedanken gelesen zu haben, denn er beeilte sich zu versichern, dass der ernste Drang, dem Geheimnis des Werdens auf die Spur zu kommen, dieser Trieb, dem auch Alex nun erlegen sei, sich gelegentlich in ein unbestimmtes, unbefriedigtes Hinbrüten verlieren könne, doch sei eine falsche Hypothese besser als gar keine, denn dass sie falsch ist, sei gar kein Schade; Unheil entstünde nur daraus, wenn die falsche Hypothese sich befestige, wenn sie allgemein angenommen und zu einer Art von Glaubensbekenntnis werde, woran niemand zweifeln dürfe; in diesem Falle freilich könnten ganze Jahrhunderte unter ihr leiden.

Der Geist hatte das mit Blick auf sein eigenes Jahrhundert, einen Herrn Newton und dessen Lehre vom Licht und von den Farben gesprochen. Alex konnte es ebenso gut auf sein Jahrhundert und eine in ihm gängige Lehre beziehen, die ebenfalls zum Glaubensbekenntnis geworden war und der sich sein Freund, der arbeitslose Wissenschaftler, dereinst mit vielen seiner Genossen verschrieben hatte. Er fasste wieder Vertrauen zu dem Geist und bat ihn, den Rest der Nacht noch zu verweilen und ihn noch weiterer seiner großartigen Gedanken und reichen Erfahrungen teilhaftig werden zu lassen, auf dass er sie bei seinen ihm noch bevorstehenden Reisen in das Innere des Apfelmännchens beherzigen könne.

... und belehrt

Dem Geist schien es zu schmeicheln, einmal nicht als Dichter, sondern als Wissenschaftler gefragt zu sein. Er verwies auf seinen Aufsatz über den «Versuch als Vermittlung zwischen Objekt und Subjekt», den er vor fast genau zweihundert Jahren geschrieben und in dem er manche Gedanken geäußert habe, die für Alex auf seinen Entdeckungsreisen von Nutzen sein könnten.

So fand er zum Beispiel, Alex befände sich in einer Situation, die sehr der eines Beobachters gleiche, der seine Urteilskraft zur Prüfung geheimer Naturverhältnisse anwende. Er sei in der Welt, die er betrachte, gleichsam allein; er müsse, da er von niemand so leicht kontrolliert werden könne, sein eigener strengster Beobachter sein, sorgsam auf seine eigenen Tritte und Schritte Acht geben, bei seinen eifrigsten Bemühungen immer gegen sich selbst misstrauisch sein, sich vor jeder Übereilung hüten und seinen Zweck, den Bericht an das Große Apfelmännchen, stets im Auge behalten. Wenn dies auch sehr strenge Forderungen seien und Alex nicht hoffen dürfe, sie ganz zu erfüllen, solle ihn das doch nicht abhalten, das Möglichste zu tun. Vor allem aber gelte es, sich in Acht zu nehmen, aus Versuchen und Beobachtungen zu geschwind zu folgern. Ungeduld, Vorschnelligkeit, Selbstzufriedenheit, vorgefasste Meinung, Bequemlichkeit, Leichtsinn und wie die ganze Schar mit ihrem Gefolge heißen möge, seien innere Feinde des Forschers, die im Hinterhalte lägen und unversehens dem stillen, vor allen Leidenschaften gesichert scheinenden Beobachter auflauerten.

Alex wurde etwas schläfrig zumute; diese Regeln hatte ihm sein Freund, der Wissenschaftler, schon zur Genüge empfohlen. Doch der Geist beanspruchte lebhaftere Aufmerksamkeit und legte großen Wert auf die Behauptung, dass ein Versuch, ja selbst mehrere Versuche oder Beobachtungen in Verbindung noch nichts bewiesen, ja dass nichts gefährlicher sei, als irgendeinen Satz unmittelbar durch Versuche bestätigen zu wollen. Alex erinnerte diese Warnung an seinen Versuch, im Farnwedel Apfelmännchen zu finden; er war in vorschneller Verallgemeinerung überzeugt gewesen, in dem Spiralnebel und in den Zwischenräumen zwischen den farnwedeligen Welteninseln, die auf das Schwarze Loch zugeströmt waren, seine Lieblinge zu finden, ähnlich wie in den Schneckengehäusen und in der Umgebung der Schwarzen Löcher in den Eistütenwelten. Sosehr er sich auch bemüht hatte, der Nachweis war ihm nicht gelungen. Allerdings wollte er dem Geist auch nicht ohne weiteres zugestehen, leichtsinnig und selbstzufrieden gewesen zu sein, denn – und das sagte er ihm laut und deutlich – es konnte ja sein, dass sich im Farnwedel doch Apfelmännchen verborgen hielten und sie ihm nur deshalb entgangen waren, weil er an der falschen Stelle gesucht oder weil sich seine Taschenlampe als nicht leistungsstark genug erwiesen hatte. Er war bereit, seinen Irrtum einzuräumen – entweder als er einer vorgefassten Meinung vorschnell gefolgt war oder als er an unpassender Stelle gesucht hatte –, aber das hatte ihn nicht auf falsche Wege und nicht ins Unheil geführt; vielmehr war die Frage, ob sich in der Farnwedelwelt Apfelmännchen aufhielten, einfach offen geblieben.

Der Geist, sichtlich befriedigt, seinen nächtlichen Gesprächspartner zum Widerspruch angeregt zu haben, stimmte ihm indes zu und versicherte, dass bei Beobachtungen selbst Irrtümer, wenn sie als solche erkannt würden, nützlich sein könnten, indem sie nämlich aufmerksam machten und dem Scharfsichtigen Gelegenheit gäben, sich zu üben.

Schließlich belehrte ihn der Geist noch, «wie nötig Mitteilung, Beihülfe, Erinnerung und Widerspruch sei, um uns auf dem rechten Wege zu erhalten und vorwärts zu bringen». Der Künstler tue wohl daran, sein Kunstwerk nicht öffentlich sehen zu lassen, bis es vollendet sei. In wissenschaftlichen Dingen hingegen sei es schon nützlich, jede einzelne Erfahrung, ja Vermutung öffentlich mitzuteilen, um ihre gemeinschaftliche Prüfung rechtzeitig zu befördern. Er solle deshalb seinen Bericht an das Große Apfelmännchen nicht nur als eine persönliche Mitteilung betrachten, sondern durchaus anstreben, ihn öffentlich zugänglich zu machen. Wenn er, was die eine oder andere Beobachtung oder Vermutung betrifft, Bedenken trage, so könne er das Ganze ja in die Form eines Märchens kleiden; er, der Geist, habe zu seiner Zeit die Märchenform selbst einmal gewählt, um seine Gedanken über ein gewisses historisches Ereignis in Form eines Meisterwerkes schrankenloser Phantasie darzubieten, in dem übrigens neben mannigfaltigen Lichterscheinungen ebenfalls eine Lampe mit wundersamen Verwandlungskräften eine sehr wesentliche Rolle spiele.

Sprach's, lächelte gütig mit seinen großen, klugen Augen und zog sich in das Dunkel der Geschichte zurück.

Kapitel 8 Luftblasen-, Ringelschwanz- und Blitz-Apfelmännchen

Darin nachzulesen ist, warum die Schönheit des ersten der drei größeren, an der Autobahn gelegenen Apfelmännchen Alex an die Schönheit Schneewittchens und des Großen Apfelmännchens erinnert.
Ferner wird von tollkühnen Versuchen berichtet, die Alex unter Brandungswellen anstellt, und was er mit gezickten und gezackten Blitzen erlebt.

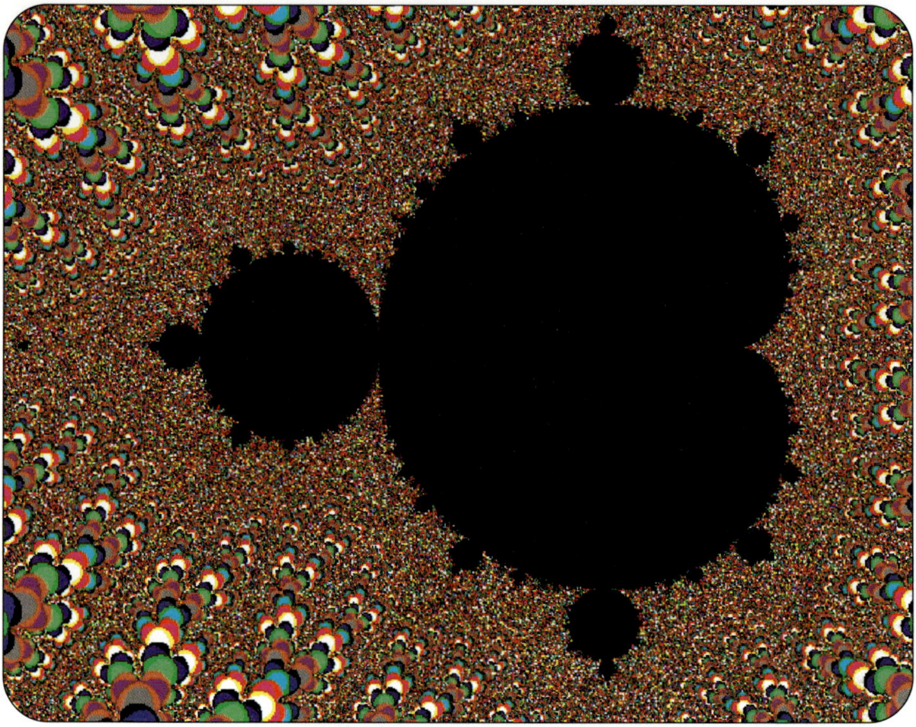

128 Herberge «Zum Apfelmännchen»

Schon bald nachdem sich der Geist des Herrn von Goethe von ihm verabschiedet hatte, war Alex froh gelaunt zu seiner nächsten Reise aufgebrochen. Aus nur geringer Höhe besah er sich jetzt noch einmal die Stätte, die ihm eine solch lehrreiche Nacht beschert hatte.
Für einen Moment schwankte er, ob er nicht zurückkehren und die Geisterwelt in näheren Augenschein nehmen sollte. Welche wundersamen Gestalten würden ihm dort noch begegnen? Das Einzige, das ihn davon abhielt, war sein Respekt vor der Unendlichkeit.

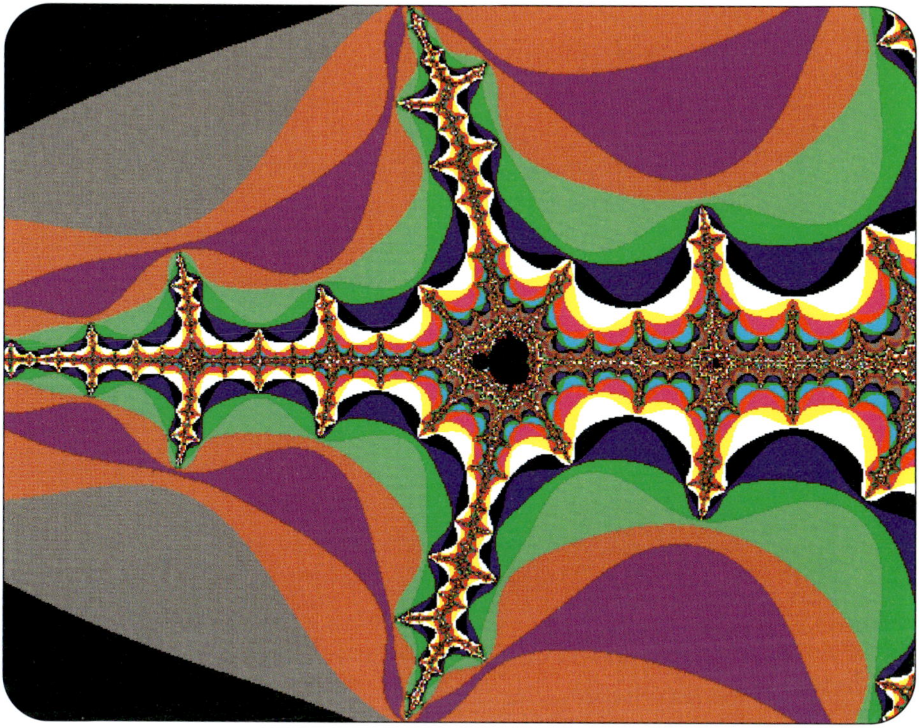

129 ... mit ausgebreiteten Flügeln

Die beiden kleinen Apfelmännchen, die ihn vergangene Nacht zur Rast eingeladen hatten, waren nicht die einzigen, die hier an der Autobahn lagen. Schon während seines Rundfluges über der Nase des Großen Apfelmännchens hatte er geahnt, dass da unten wohl eine unermessliche Schar größerer, mittlerer, kleinerer und ganz winziger Apfelmännchen in schnurgerader Linie wie im Gänsemarsch dahinzog. Eines von ihnen hatte ihm Gastfreundschaft und eine unvergessliche Nacht gewährt, wofür er ihm Dank schuldete. Wenn er jetzt noch einmal zu ihm zurückkehrte und von der Reiseroute abwich, die er sich vorgegeben hatte, hätte dies der erste Schritt sein können, um morgen womöglich eines der anderen unzähligen kleinen Apfelmännchen zu besuchen, welche die Autobahn bevölkerten. Und dann das nächste. Und dann wieder das nächste. Welches hätte er denn auslassen sollen? An Gastfreundschaft, Schönheit und an Überraschungen stand gewiss keines dem anderen nach. Sein Bericht an das Große Apfelmännchen wäre eine unendliche Geschichte geworden.

Also besann er sich darauf, dass er auf seiner heutigen Reise das erste der drei größeren Apfelmännchen aufsuchen wollte, die er während seines Rundfluges über der Nase gesichtet hatte (siehe Seite 103, Abb. 91). Er wandte sich nach links, entbot der freundlichen Herberge seinen Abschiedsgruß und flog in großer Höhe über der Autobahn bis zu jenem Punkt, an dem er sein Ziel bei Lichtstärke 1600 direkt unter sich erblickte.

Es sah wie ein kleines Insekt aus, das seine ungewöhnlich großen Flügel in leicht nach vorn geschwungenem Bogen in zierlicher Pose voll ausbreitet. Er nahm sich vor, einen dieser Flügel, die er als Urwaldsackgassen ansah, eingehender zu erkunden. Vorerst freilich senkte er sich langsam herab und genoss die Farbenpracht des Bildes, die ihm das Apfelmännchen nun wie ein von Juwelen eingefasstes Kleinod erscheinen ließ. Und noch tiefer stieg er hinab, bis das kleine Apfelmännchen fast die Größe seines Bildschirmes erreicht hatte.

130 Kleinod

131 Schneewittchen Nr. 1

Erster Auftritt Schneewittchens

Da war es ihm, als schaue er in einen Spiegel, vor dem eine schöne Frau stand, die sprach:

«Spieglein, Spieglein an der Wand,
wer ist die Schönste im ganzen Land?»

Erinnert ihr euch des Märchens von Schneewittchen und der stolzen und übermütigen Königin, die nicht dulden mochte, dass sie jemand an Schönheit übertraf? Und wie sie gelb und grün vor Neid wurde, als ihr der Spiegel antwortete:

«Frau Königin, ihr seid die Schönste hier,
aber Schneewittchen ist tausendmal schöner als ihr.»

Alex, der das Märchen wohl kannte, erschrak. Er stellte sich vor, das Große Apfelmännchen würde ihm die gleiche Frage stellen. Natürlich hätte er ihm geantwortet, dass es die schönste unter allen mathematischen Strukturen auf der Großen Weißen Ebene sei. Und noch gestern hätte er es bei dieser Antwort belassen. Nun aber hätte er vielleicht hinzugefügt:

«… aber dieses hier ist tausendmal schöner als ihr.»

Doch wir sind nicht im Märchen von Schneewittchen, sondern in dem vom Apfelmännchen. Und Apfelmännchen kennen nicht Neid noch Missgunst und Hass. Darin gleichen sie Computern. Selbst wenn Alex in seinem Bericht hätte anklingen lassen, dass dieses Apfelmännchen hier – wenn auch nicht tausendmal, so doch ein ganz klein wenig – schöner erschien als das, welches er aus dem Nichts herausgespielt hatte, so wäre das Große Apfelmännchen deswegen gewiss nicht neidisch geworden. Wie sollte es auch, wenn es hörte, dass es in sich unzählige seiner Gefährten barg, die doch alle nur nach seinem Bilde gestaltet waren! Und warum sollten unter ihnen

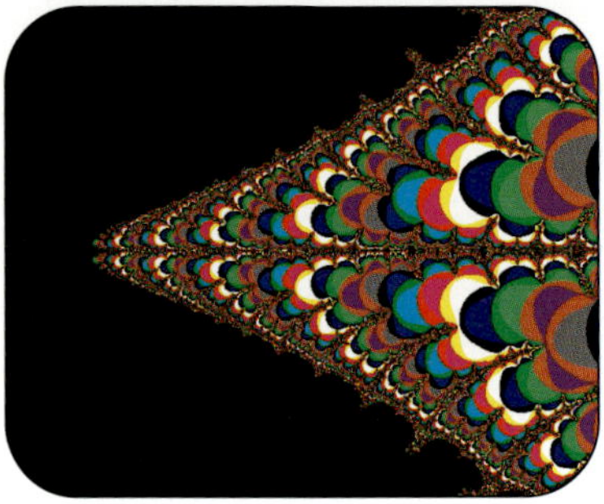

132 Schneewittchen Nr. 1

nicht auch solche sein, deren Schönheit durch die besonderen Reize der Umgebung, in die sie eingebettet waren, eben besonders hervortrat?
Tatsächlich war es eher die Umgebung, die den eigentlichen Reiz dieses Apfelmännchens ausmachte. Das musste, nachdem der Zauberspiegel wieder zum Bildschirm geworden war, nun auch Alex einsehen. Was dieses Apfelmännchen hier ansonsten an Verlockungen und Überraschungen zu bieten hatte, das würde sich zeigen, wenn er auf seinem Rand umherwanderte. An zwei Stellen wollte Alex die Probe aufs Exempel machen. Könnt ihr euch schon denken, wo? Richtig: am Hinterende und am Hals. In Erwartung einer Eistüte oder etwas Ähnlichen näherte er sich dem Hinterende des Apfelmännchens. Schon bei Lichtstärke 160 hatte er beste Sicht.

Aus dem Laubwerk in die Brandung

Die Autobahn führte schnurgerade in das Apfelmännchen hinein. Beiderseits war sie von sich verzweigenden Urwaldriesen umsäumt, deren Enden das feine Laubwerk bildeten, das Alex schon kannte. Auf dieser Spitze würde er nicht so leichtfüßig entlangwandern können wie seinerzeit auf der Eistüte. Die hatte einigermaßen festen Untergrund gehabt (siehe Seite 40, Abb. 19), während der Rand hier aus einer luftigen Menge feinster Verästelungen bestand. Der auffälligste Unterschied aber war zweifellos, dass die hiesige Spitze zweigeteilt war, weil sie von der Autobahn durchschnitten wurde.
Seiner Gewohnheit gemäß und um sich zunächst einen vollständigen Überblick zu verschaffen,

133

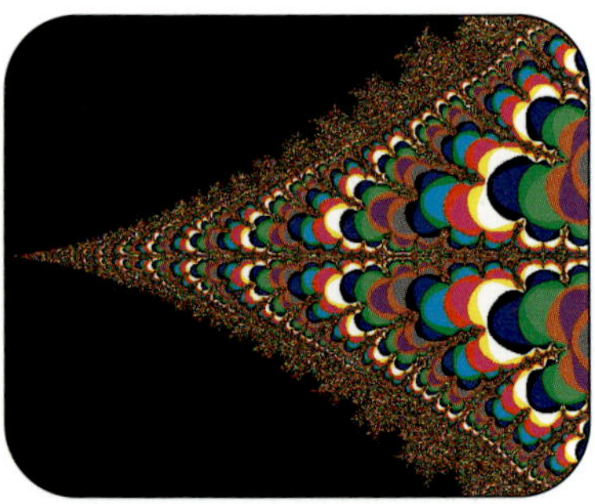

schaltete er Lichtstärke 1600 ein. Erst jetzt war eine richtige Spitze zu erkennen. Und der Rand bot ein ähnliches Bild wie seinerzeit der Rand der Eistüte bei derselben Beleuchtung (siehe Seite 40, Abb. 20): Unzählige Apfelmännchen lugten von ihrem Hals ausgehend in das Blattwerk hinein.

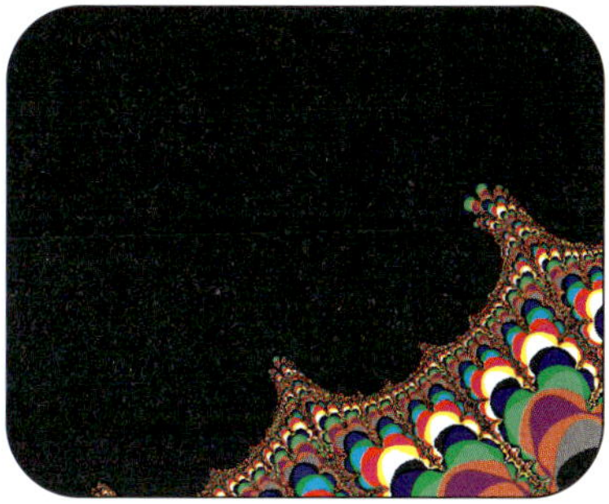

134

Alex entschloss sich, in der gleichen Weise vorzugehen wie auf dem Rand der Eistüte. Mit Leuchtkraft 160 näherte er sich zwei Vorsprüngen des Laubwerks. Ansteigende Lichtstärke ließ sie allmählich wachsen und sich entfalten, bis sich die Apfelmännchen bei Lichtstärke 1600 am Himmel herausgebildet hatten (Abb. 135–138). Auf der

135

136 Brandungswelle

137

138

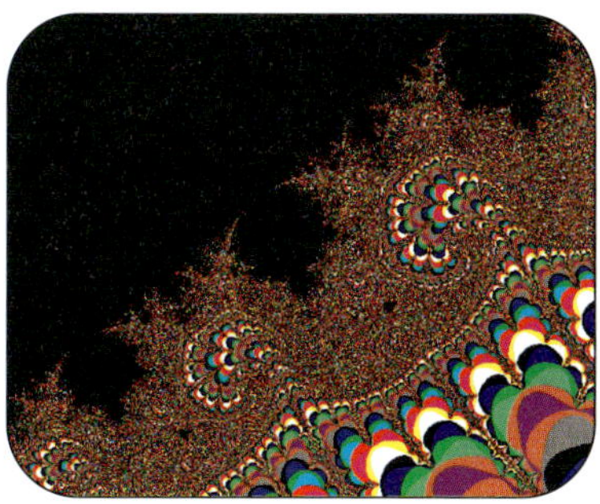

Eistüte waren seinerzeit Vulkankegel aus dem Rand emporgewachsen. Sie hatten bunte Rauchwolken ausgestoßen, die sich ihrerseits zu Schneckengehäusen zusammenringelten. Dadurch, dass sich der Vorgang vielfach und in immer kleineren Maßstäben wiederholt hatte, war schließlich die bunte Sandwüste entstanden, wo er auf das Monsterapfelmännchen gestoßen war und von deren dunklem Himmel die vielen kleinen Apfelmännchen herabgeschaut hatten (siehe Seite 42–43, Abb. 23–29).

Hier spielte sich alles ganz ähnlich ab. Die Vorsprünge waren zwar keine Vulkankegel, sondern Verzweigungen der Urwaldriesen, dennoch rollten sie sich ähnlich wie die Rauchwolken in sich zusammen. In einer bestimmten Phase ihres Wachstums glichen sie sogar sich überschlagenden Wellen einer Brandung (siehe Seite 161, Abb. 136). Ansonsten aber wiederholte sich alles in der bekannten Weise: Schwarze Löcher entstanden und verengten sich (siehe Seite 161, Abb. 137–138). Der kleine dunkle Fleck, der sich zwischen den beiden Vorsprüngen gebildet hatte und links von dem noch ein weiterer, noch kleinerer dunkler Fleck sichtbar war (siehe Seite 161, Abb. 138), würde wohl, wenn er ihn sich ganz nah betrachtete, zu einem Monsterapfelmännchen werden, ähnlich dem, das ihm in der Sandwüste diesen panischen Schrecken eingejagt hatte.

So weit schien ihm das Terrain nicht allzu neu. Die Orientierung fiel nicht schwer. Dass er es hier nicht mit einer Eistüte, mit Vulkankegeln, Rauchwolken und Schneckengehäusen zu tun hatte, sondern mit sich verzweigenden Urwaldriesen und sich überschlagenden Brandungswellen, war dafür, dass die Struktur dieser Neuen Welt derjenigen der Eistüten-, Vulkan- und Schneckengehäusewelt durchaus ähnelte, offenbar belanglos.

Wundert es euch, dass sich Alex angesichts dieser Ähnlichkeiten fragte, ob in der Brandungswelle wohl Apfelmännchen zu Hause sein mochten? Schließlich hatte er zwischen den Spiralarmen der Schneckengehäuse die sich im Tanze drehenden Höhlenapfelmännchen angetroffen. Zu gerne hätte er gewusst, ob das Toben der Brandung nicht vielleicht durch die majestätische Ruhe von in sie eingeschlossenen Apfelmännchen besänftigt würde.

Ein Unterwasserexperiment

Das Vorhaben war nicht ungefährlich. Er musste gewissermaßen unter der Brandungswelle hindurch in dieselbe eindringen und sich zwischen die Arme der Wellenspirale zwängen. Die Gefahr, der er sich dabei aussetzte, war, dass die Brandungswelle mit zunehmender Lichtstärke immer neue Gischtspritzer erzeugen würde, zwischen denen immer weniger Raum bliebe, sodass ihn die Welle schließlich unter sich begraben könnte.
Natürlich wollte Alex auf keinen Fall ertrinken. Überhaupt war er gegen Nässe sehr empfindlich. Seine Hersteller hatten ihm seinerzeit einige Päckchen mit der Aufschrift «Silica-Gel» beigelegt, in denen sich ein Salz befand, das Feuchtigkeit aufsog und von ihm fern hielt. Sollte er sich jetzt wirklich völlig ungeschützt mitten in diese Brandung stürzen? Vorsichtshalber umkleidete er sich mit einer Schicht dieses Gels und hatte damit eine Art Schutzanzug, der ihn wenigstens vor dem Ärgsten bewahren konnte. Alex unterzog sich der notwendigen Verkleinerung und näherte sich bei Lichtstärke 320 dem Eingang der Wellenspirale.

139

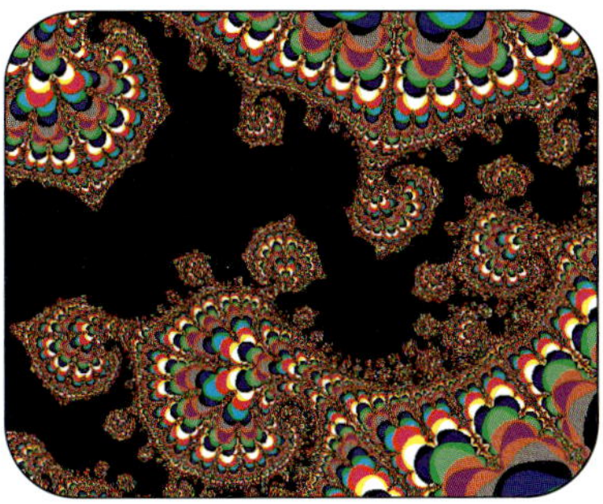

Schon schäumte über ihm bedrohlich die Brandungswelle, und von unten erhob sich eine andere, die ihre Gischtspritzer nach ihm aussandte. Er durfte keine Zeit verlieren. An dieser Stelle zu verharren und bei steigender Lichtstärke abzuwarten, bis der noch freie Raum zwischen der Wellenspirale vielleicht überflutet würde, hätte unter Umständen seinen Untergang bedeutet. Wohlweislich konzentrierte er sich deshalb ganz auf

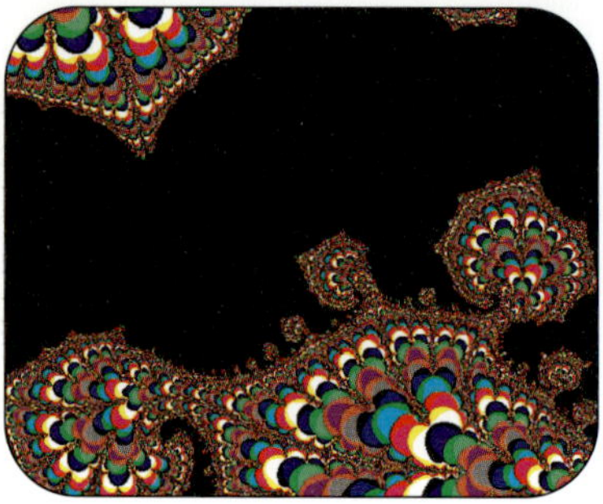

140 Unter der Brandungswelle

den Eingang zur Spirale. Er vergrößerte ihn nochmals, wodurch er sich zugleich größeren Freiraum verschaffte, der mehr Sicherheit bedeutete.

Glücklicherweise funktionierte die Taschenlampe notfalls auch unter Wasser. Lichtstärke 480 provozierte bereits eine Vielzahl kleiner Wirbel und Spritzer, sodass Alex hin und her springen musste, um nicht von ihnen getroffen zu werden. Bei Lichtstärke 800 war es schon fast unmöglich, trocken zu bleiben. Er prüfte, ob er allseits gut mit «Silica-Gel» abgedichtet war, und hielt zugleich Ausschau nach noch trockenen Stellen, sozusagen nach Luftblasen inmitten der sich verdichtenden und überschlagenden Wasserwirbel.

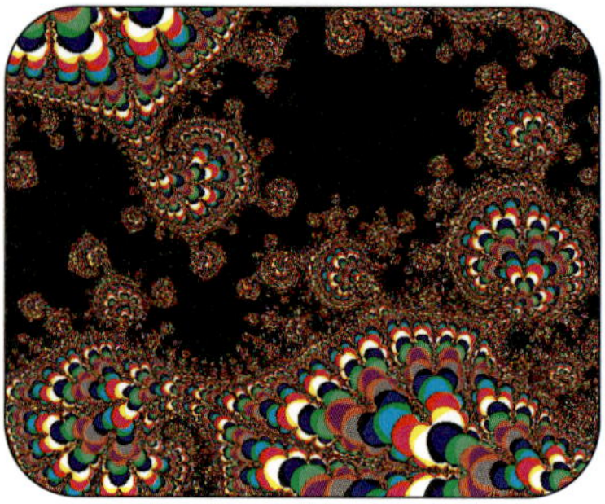

141

Einige Schwarze Löcher zeichneten sich ab. Auf die war indes kein Verlass, wie Alex meinte, denn sie würden den Wassermassen nicht standhalten und sich allmählich auffüllen. Rettung versprach er sich nur von zwei Stellen, wo es noch immer respektable Luftblasen gab. Schaut sie euch bitte an. Erinnert euch die größere von beiden an etwas? Alex jedenfalls glaubte in ihr die noch unausgebildete und völlig verzerrte Vorform eines Apfelmännchens zu erkennen. Im Vertrauen auf seine rechte Sicht kämpfte er sich gegen die wirbelnde Gischt zu der Luftblase durch und schlüpfte in sie hinein. Wenn sie wirklich zu einem Apfelmännchen werden sollte, konnte ihm nichts passieren. So stark er auch die Leuchtkraft seiner Unterwassertaschenlampe erhöhen würde, im Innern des Luftblasenapfelmännchens befände er sich immer im Trockenen.

142

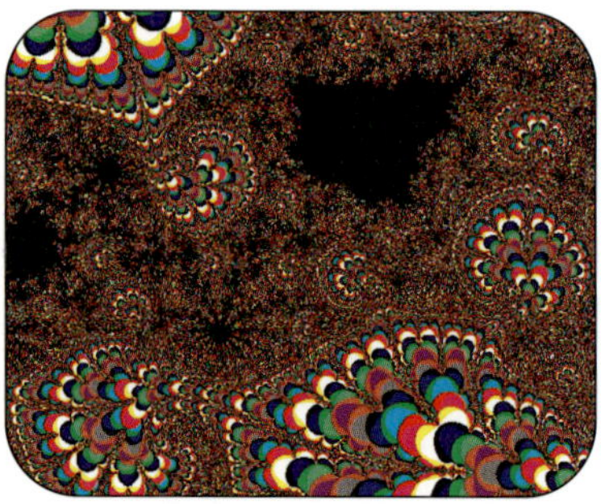

Trotzdem legte er den Schutzanzug noch nicht ab, als er die Lampe auf 3200 stellte. Nun aber konnte er aufatmen: Ihn umgab die trockene Atmosphäre eines Luftblasenapfelmännchens. Von seinem sicheren Standort aus konnte er nun in aller Ruhe die unterhalb der Brandungswelle entstandene Neue Welt betrachten. Dabei entdeckte er noch ein weiteres Apfelmännchen, das sich links unterhalb von ihm befand und sich bei dieser Leuchtstärke noch nicht voll hatte ausformen können.

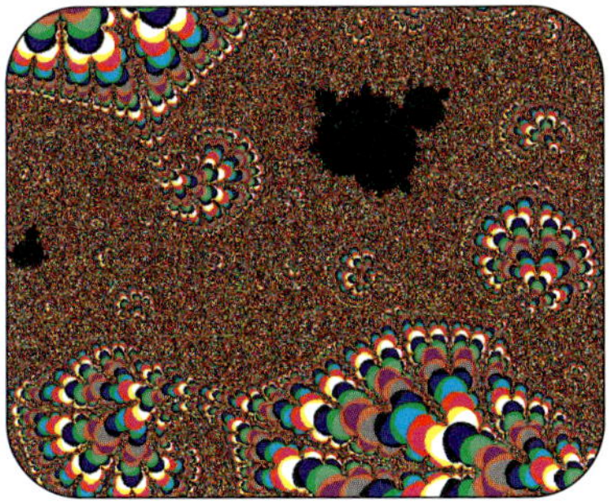

143 Luftblasenapfelmännchen Nr. 1

Diese Konstellation kam ihm bekannt vor. Er blätterte seine Aufnahmen durch und hielt bei Bild 138 (siehe Seite 161) inne. Der dunkle Fleck, den er für ein Monsterapfelmännchen gehalten hatte, befand sich, wie er jetzt erkannte, an eben der Stelle, an der er, Alex, in dem Luftblasenapfelmännchen saß. Und der noch kleinere dunkle Fleck links unterhalb von ihm im Bild war auf dem besten Wege, nun ebenfalls zu einem Apfelmännchen zu werden.
Nachträglich schämte sich Alex ein wenig, dass er vor dem Monsterapfelmännchen in der Sandwüste so kopflos davongerannt war. Wäre er doch damals nicht gleich so dicht herangegangen. Aus größerer Entfernung, so glaubte er jetzt annehmen zu dürfen, wäre ihm das Apfelmännchen überhaupt nicht Furcht erregend erschienen. Und außerdem hätte er wahrscheinlich bereits dann erkannt, dass es in einer gewissen Beziehung zu dem nächstgelegenen Schneckengehäuse stand, so wie dem Luftblasenapfelmännchen hier seine Beziehung zu der Brandungswelle nicht abzusprechen war.

Als er sich nun in dem Luftblasenapfelmännchen näher umschaute, stellte er etwas Merkwürdiges fest. Wenn ihr genau hinschaut, wird auch euch nicht entgehen, dass an dem Apfelmännchen zwar alles ist, was zu einem echten Apfelmännchen gehört, dass es aber etwas schief und ein wenig bucklig aussieht. Fast könnte man meinen, es habe sein rechtes Beinchen etwas angezogen, wodurch sich die ganze rechte

Körperhälfte etwas zusammengezogen hat. Ohne Zweifel war es ein enger Verwandter des Monsterapfelmännchens in der Sandwüste.
«Was mag dem Kleinen widerfahren sein, dass es so gestaucht wirkt?», fragte sich Alex. Einen Defekt des Mikroskops schloss er aus; auf seine Technik ließ er nichts kommen. War der Effekt vielleicht durch noch nicht hinreichende Lichtstärke bedingt? Dann ließ er sich problemlos korrigieren, und er brauchte ihm keine weitere Beachtung zu schenken. Vielleicht aber, so ging es ihm durch sein Märchencomputergehirn, vielleicht war der Druck der Wasserwirbel von unten rechts her besonders stark, sodass die Luftblase an dieser Stelle etwas eingedrückt wurde. Vielleicht aber – auch das war möglich – zog das Apfelmännchen tatsächlich sein rechtes Beinchen etwas an, weil es in einer Rechtskurve durch die zwei vor ihm liegenden Wirbel hindurchschwimmen wollte. Dann hätte es dieselbe Richtung eingeschlagen, in die sich auch Alex bewegen musste, wenn er noch tiefer in das Innere der Brandungswelle eindringen wollte. Und das wollte er natürlich.
So ließ er es dabei bewenden, dass er erneut einem echten, aber hinkenden Apfelmännchen begegnet war, und überlegte, was zu tun sei, um ohne Gefahr für sich, das Mikroskop und die Taschenlampe weiter in das spiralige Innere der Brandungswelle vorzudringen.

Ein tollkühner Versuch

Vor allem musste er die Brandung bändigen, indem er mit der Lichtstärke zurückging. Bei 3200 hätte er sich nicht aus seinem Luftblasenapfelmännchen herauswagen dürfen. Er strich kurzerhand eine Null und versetzte sich dadurch wieder in Bild 140 (siehe Seite 164) zurück. Hier erhob er sich in größere Höhe, sodass er nun die Welt von Bild 139 (siehe Seite 163) unter sich hatte.

Der Weg in das Innere der Brandungswelle führte zunächst rechts zwischen zwei mittelgroßen Wirbeln hindurch und bog dann scharf nach links durch die Enge zwischen dem oberen Wirbel und dem ihm gegenüberliegenden. Am Ausgang dieser Enge, dort, wo sich der obere mittelgroße Wirbel einzurollen begann, lag ein Freiraum, ähnlich dem, in dem sich Alex noch befand. Ihn galt es anzusteuern. Nach dem Gesetz der Ähnlichkeit vermutete er hier den rechten Ort für ein weiteres Apfelmännchen.

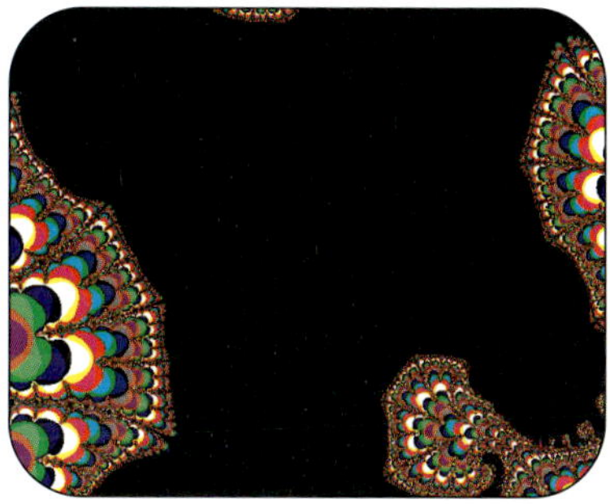

144 Experimentierfeld bei LS 320

Mit eingerasteter Lichtstärke 320, um ja keine neuen Wirbel zu erzeugen, steuerte er das Zielgebiet an. Dort angekommen, verkleinerte er sich so weit, dass im Mikroskop rechts und links, oben und unten gerade noch die Ränder der nächstgelegenen größeren, mittleren und kleineren Wirbel zu sehen waren.

Und nun startete Alex einen wahrhaft tollkühnen Versuch. Überzeugt, dass er mitten in dem Luftblasenapfelmännchen landete, das bei diesem Licht noch unsichtbar war, ließ er sich in der Mitte des Gebiets nieder. Sogar den «Silica-Gel»-Anzug legte er ab, so sicher war er, dass ihm das Inferno der wirbelnden Wassermassen und der Gischtspritzer, das sofort losbrechen würde, wenn er die Lichtstärke erhöhte, nichts würde anhaben können. Es war ein Drahtseilakt ohne Netz, wie Zirkusartisten sagen. Falls er sich geirrt oder die schützende Luftblase

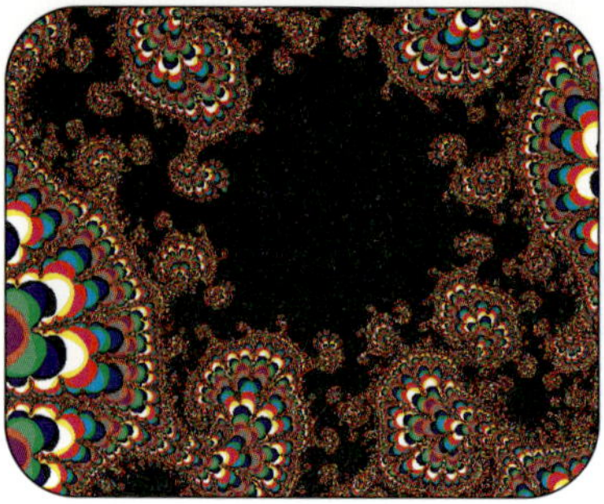

145 Experimentierfeld bei LS 480

auch nur um einen Fußbreit verfehlt hätte, wäre er rettungslos verloren gewesen. Aber er wollte es darauf ankommen lassen. Wünschen wir ihm Glück! Er hat es gewiss verdient.

Mit dem Druck auf den Regler der Lichtstärke schaltete er von 320 auf 480 hoch und löste damit ein wahrhaftes Toben aus. Die Ränder der Wirbel bäumten sich in neuen Wirbeln auf, die sich ihrerseits überschlugen, einander bedrängten und weitere erzeugten. Wie durch einen Zauber gebannt, machten die tosenden Elemente jedoch vor dem Ort, an dem Alex saß, Halt. Um ihn herum hatte sich ein magisches Oval gebildet, in das nicht der kleinste Spritzer eindrang.
Alex hatte es nicht anders erwartet und fügte der Lichtstärke gelassen eine Null hinzu.

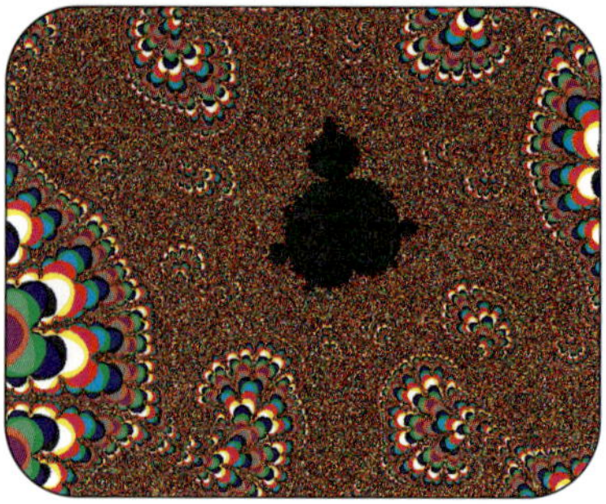

146 Luftblasenapfelmännchen Nr. 2

Ihr seht: Misstrauen gegen sich selbst, von dem der Geist des Herrn von Goethe gesprochen hatte, war nicht gerade seine Stärke. Vielleicht werdet ihr ihn sogar des Leichtsinns und der Selbstzufriedenheit zeihen. Doch seid nachsichtig, denn der Erfolg gab ihm Recht.
In dem schier undurchdringlichen Chaos wirbelnder und schäumender Wassermassen lag, wie ein Fels in der Brandung, eine Luftblase von der Gestalt eines Apfelmännchens. Und mittendrin saß Alex! Seelenruhig und ohne Schutzanzug. Er betrachtete sich die Form des Apfelmännchens und glaubte zu bemerken, dass es nur noch ein ganz klein wenig hinkte. «Ob es doch an der Lichtstärke gelegen hat?», sprach er leise vor sich hin. «Oder an der Lage?»

Indes grübelte er schon darüber, warum sich das Apfelmännchen hier im Vergleich zu dem vorigen (siehe Seite 165, Abb. 143) leicht nach links gewendet hatte. Gab es einen Zusammenhang zwischen den Verschiedenheiten der Lage dieser Luftblasenapfelmännchen unter der Brandungswelle und der Richtung, in die sie jeweils schauten? Oder wirbelten sie völlig zufällig umher, gestoßen von der milliardenfachen Übermacht sie bedrängender Wasserteilchen? An reinen Zufall mochte Alex nicht glauben. Er tippte auf ein geheimes Gesetz, konnte des Rätsels Lösung, das Schlüsselwort aber nicht benennen. Er hätte sich in noch viele, viele Luftblasenapfelmännchen einschließen lassen müssen, um herauszufinden, welches Geheimnis es war, das sie ihre Nasen in jeweils unterschiedliche Richtungen strecken ließ. So lange konnte er jedoch unter der Brandungswelle nicht zubringen, zumal er noch etwas anderes klären wollte.

Bevor nämlich der Sturm losgebrochen war und als bei Lichtstärke 320 nur die Ränder der nächstgelegenen Wirbel sichtbar gewesen waren (siehe Seite 167, Abb. 144), hatte er bemerkt, dass der linke, größere Wirbel ähnlich eingekerbt war wie die sich verzweigenden Urwaldriesen mit ihren Astgabeln. Da in dieser Brandung aber Luftblasen üblich waren, glaubte er ganze Stränge solcher Blasen in den Wirbeln zu erkennen. Bevor er weiterzog, wollte er einen von ihnen noch in näheren Augenschein nehmen.

Bald Feuerfisch, bald Seeigel

147 Luftblasenstrang

Alex beruhigte die quirlenden Wirbel mit Lichtstärke 320, versenkte das Luftblasenapfelmännchen zurück in seine Verborgenheit, zog sich auf alle Fälle den Schutzanzug über und bewegte sich in Richtung der linken unteren Ecke von Bild 144 (siehe Seite 167), um den dort gelegenen ziemlich starken Luftblasenstrang zu inspizieren.

Auf den ersten Blick sah er nur Bekanntes. Hätte er

sich nicht in einer sich überschlagenden Brandungswelle befunden, so hätte er geglaubt, in einer Astgabel eines der Urwaldgiganten zu sitzen oder über der Autobahn zu schweben, die durch die Nase des Großen Apfelmännchens führte, hier allerdings in einer sanften Biegung verlief. In der hiesigen Welt aber konnte er nur in Luftblasen denken. Zumindest sah er Hohlräume, und diese umso deutlicher, je tiefer er sich über dem Luftblasenstrang herabsenkte. Er näherte sich dem geräumigsten der Hohlräume so weit, dass dieser den gesamten Bildschirm ausfüllte – und glaubte sich endgültig verloren. Das Apfelmännchenmonster in der Sandwüste und die gefräßigen Schwarzen Löcher waren nichts gegen das, was sich ihm hier auftat!

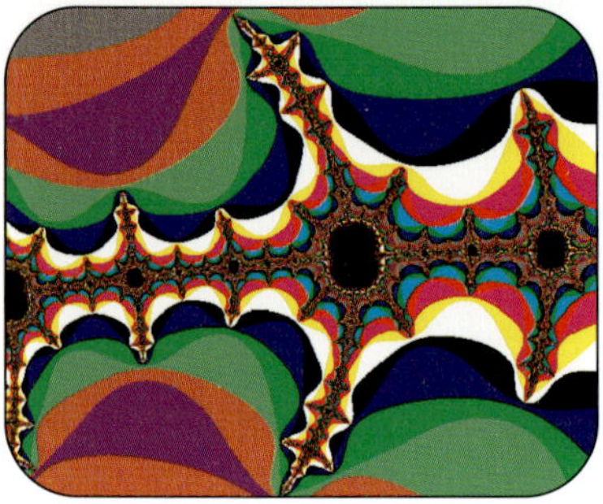

148

Ein Furcht erregendes Seeungeheuer – eine Art Feuerfisch – sperrte seinen mit Borsten besetzten, schwarzen und abgrundtiefen Rachen weit auf und drohte ihn zu verschlingen. Ober- und Unterkiefer waren mit dichten Zahnreihen bestückt. Sie brauchten nur noch zuzuschnappen und hätten ihn samt Mikroskop und Taschenlampe im Nu zermalmt.

149 Der Rachen des Feuerfischs

In panischem Schrecken warf sich Alex zur Seite. Blitzschnelle Reaktionen waren ja seine Spezialität. Diesmal aber geriet er ins Stolpern, taumelte, suchte einen Halt und berührte dabei den Regler der Taschenlampe, der sofort um eine Null auf 3200 weiterschaltete. Diese Panne war seine Rettung. Dank dieses stolprigen Seitensprungs war er glücklicherweise in eine Neue Welt versetzt worden. Als er dies bemerkte, wagte er den Blick zurück.

150 Seeigel?

Leicht schielend und noch stark vibrierend versuchte er zu verstehen, was er sah. Entweder war da immer noch der offene und zähnestarrende Rachen des Feuerfischs, der aber inzwischen mit allem Möglichen voll gestopft war – vielleicht mit Algen, Tang oder anderen, Alex unbekannten Meeresgewächsen –, sodass das Ungeheuer keinen Appetit mehr auf Computer verspürte. Oder es hatte sich in einen Seeigel verwandelt, auf den Alex nun von oben herabschaute. Dafür sprach nicht nur die Form des Gebildes, sondern auch der Ring von spitzen Stacheln, der das Gehäuse umgab. Auch war es ein besonders schönes Exemplar, denn sein Gehäuse war vielfarbig und mit anmutigen Mustern gezeichnet.
So oder so gelang Alex allmählich wieder sein gerader Blick. Und um seinen Speicher nicht zeit seines Lebens mit der Erinnerung an ein Ungeheuer zu belasten, das ihn fast verschlungen hätte, entschied er sich dafür, einen harmlosen Seeigel gesehen zu haben. Dem Großen Apfelmännchen wollte er berichten, dass er in der Brandung ganze Kolonien von Seeigeln entdeckt habe.
Ihr seht, Computern geht es gelegentlich wie manchen Wissenschaftlern: Sie entdecken, was sie gerade sehen, und halten das für die Art, die Welt zu sehen, wie sie ist. Mitunter soll das auch bei Malern vorkommen, besonders bei so genannten realistischen. Ein Philosoph, der einst einer fröhlichen Wissenschaft das Wort geredet hat, beschreibt einen solchen Maler so:

«Treu die Natur und ganz!» – Wie fängt er's an:
Wann wäre je Natur im Bilde ***abgetan****?*
Unendlich ist das kleinste Stück der Welt! –
Er malt zuletzt davon, was ihm ***gefällt****.*
Und was gefällt ihm? Was er malen ***kann****!»*

Doch genug der Abschweifung. Sie sollte Alex ja auch nur eine kurze Verschnaufpause gewähren, nachdem der Tag so ungewöhnlich turbulent begonnen hatte. Er entledigte sich des «Silica-Gels» und schlüpfte unversehrt unter der Brandungswelle hervor.

Im Drachenringelschwanz

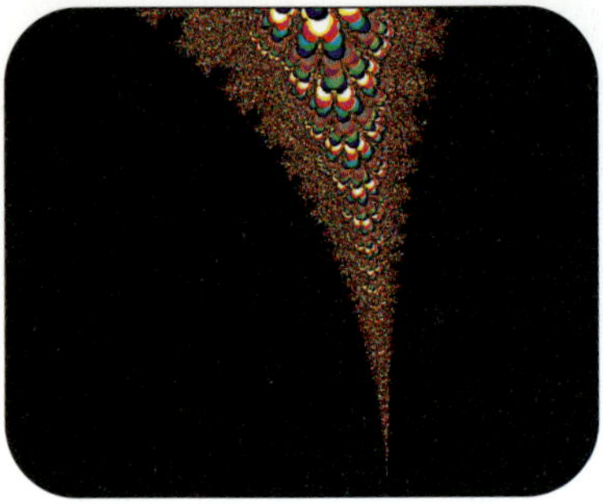

151

Schon stand ihm der Sinn nach neuen Abenteuern. «Jetzt werf ich mich Schneewittchen an den Hals», trompetete er und war im selben Augenblick schon auf dem Weg dorthin.
Es war bereits gegen Mittag, als er in der Ferne die Lichter der oberen Halsspitze aufleuchten sah. Erwartungsvoll flog er der Neuen Welt entgegen. Die Lampe suchte das vor ihm gelegene Gebiet mit Leuchtkraft 1600 ab und ließ die Konturen der Spitze allmählich hervortreten. Als ihm der Bildschirm anzeigte, dass das Objekt gut im Bilde sei, machte er die erste Aufnahme. «Schön, aber nicht überraschend», kommentierte er das Ergebnis.

Dass sich der Dorn als Zweig eines der Urwaldriesen offenbaren würde, hatte er schon geahnt. Auch das dichte Laubwerk war keine Neuheit für ihn. Und die Apfelmännchen, die wie schwere, reife Früchte in dem Laub hingen, verkündeten schon aus der Ferne, dass ihm das Neuland, das zu betreten er sich anschickte, so unbekannt nicht sein würde.
«Fehlen nur noch die diversen falschen Apfelmännchen, die unterschiedlich drehenden Spiralen und die Elefantenrüsselkarussells, dann kann ich mir diese Station schenken», war er fast versucht zu sagen. Seine Neugier ließ ihn indes geraden Kurs halten, sodass er sich der Spitze weiter näherte.
Das Landemanöver war schon fast Routine. Er überflog zunächst das Terrain so, dass er beide Ränder überblicken konnte, und schaltete gleichzeitig von Fernlicht auf Abblendlicht 160 herunter: Links und rechts falsche Apfelmännchen!

152

Mürrisch rief er die Daten auf, die er seinerzeit über die auf der Spitze stehende Eistüte gespeichert hatte. Warum sollte er sich unnütz anstrengen, wenn doch bis jetzt alles auf eine Neuauflage seiner zweiten Reise hindeutete? Er würde nur ein paar Stichproben machen, schwor er sich, um vor dem Großen Apfelmännchen reinen Gewissens zu bestehen. Sollte sich nichts Ungewöhnliches ereignen, so wollte er sich lieber der Sackgasse widmen, die von dem Apfelmännchen nach oben in den Urwald abzweigte.

Gemäß seinem Vorsatz, von rechts auszugehen, um links anzukommen, steuerte er zunächst die rechte Seite des Halsendes an. Die falschen Apfelmännchen passten sich in das vielgliedrige Blattwerk der Urwaldriesen ein. Mit steigender Lichtstärke entwickelten sich ihre Hinterenden zu bunt geschuppten und mit Widerhaken besetzten Drachenringelschwänzen, die sich rechtsherum einrollten. Alex befand beiläufig, dies könne gut und gerne der Schwanz jenes Drachens sein, von dem ein römischer Dichter einst sagte, er habe

«den schuppigen Leib in verschlungene Kreise geringelt»

und rolle sich

«in Windungen … zu unendlichen Kreisen ein».

Doch diese literarische Reminiszenz an ein großartiges Geschichtenbuch über wundersame Verwandlungen währte nicht lange, denn Alex dürstete es schon wieder nach Apfelmännchen.

Er war sich ziemlich sicher, dass sich seine Freunde in den Windungen des Drachenringelschwanzes versteckt hielten. Bei dem Gedanken, sie dort aufzusuchen, grauste ihm zunächst, und er musste allen Mut zusammennehmen, um das Wagnis auch wirklich einzugehen.

Langsam und vorsichtig fuhr er mit Lichtstärke 560 in die Windung des Drachenringelschwanzes ein, umging behutsam die Stacheln, bis er in eine Welt kam, die ihm die rechte dünkte.

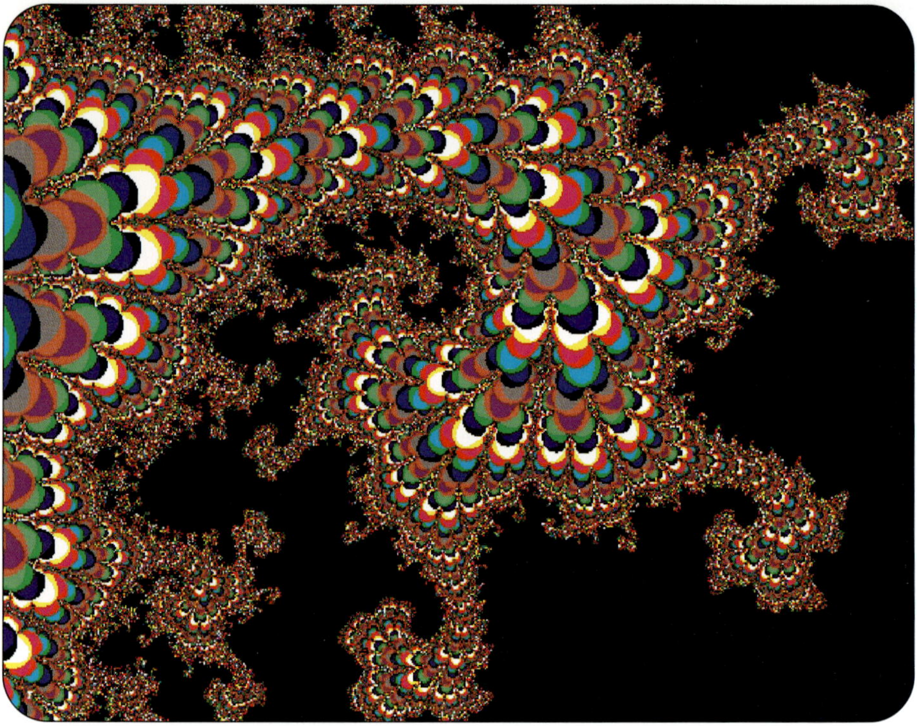

153 Drachenringelschwanz, «den schuppigen Leib in verschlungene Kreise geringelt»

Sie sah wild und gefährlich aus. Jeder der Widerhaken hatte sich in einen neuen Drachenringelschwanz verwandelt und schien sich zu einem ganzen Drachen auswachsen zu wollen. Die züngelnde und ringelnde Brut umlagerte einen freien Platz und wartete vermutlich nur darauf, dass sich dort etwas zeigen möge, das ihr zum Opfer werden sollte.

154

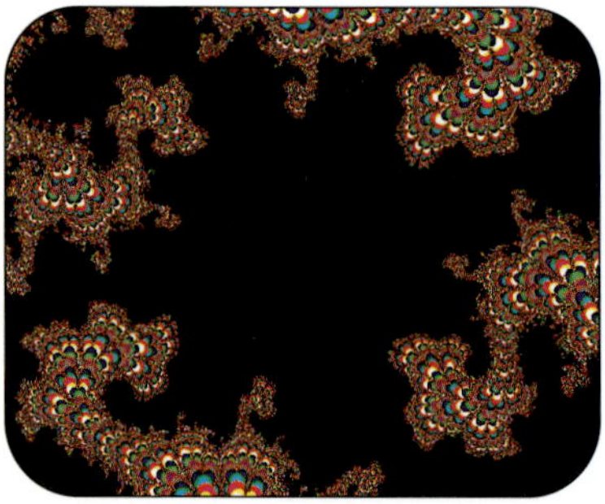

Eben diesen Platz hielt Alex – wie gesagt – wie geschaffen für den Auftritt eines Apfelmännchens. Und, wie sich bei Lichtstärke 16000 erwies, lag er goldrichtig.

Dank der Zauberkraft der Lampe waren unzählige neue Welten entstanden, die das Apfelmännchen zuverlässig vor den Drachengelüsten schützten und beschirmten. Oder war es vielmehr sein Erscheinen, welches die Szene sichtlich befriedet hatte? Jedenfalls hatte sie sogleich ihren bedrohlichen Charakter verloren. Ruhig und gelassen, unverwundbar und zudem in idealer Gestalt grüßte das Apfelmännchen Alex, seinen Erzeuger. «Danke», murmelte er zufrieden. «Das wollte ich nur wissen. Nun dasselbe Experiment auf der linken Seite!»

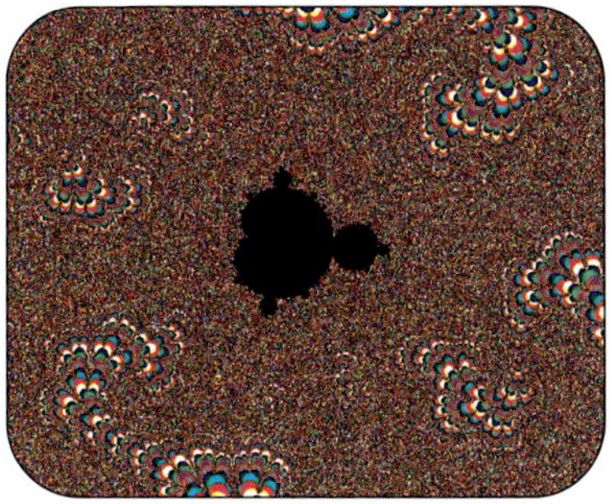

155 Ringelschwanzapfelmännchen

156 Doppeldrachenringelschwänze

Alex' Kampf mit den Drachen – der wahrheitsgetreue Bericht

Erinnert ihr euch der Elefantenrüsselkarussells auf der linken Halsseite des Großen Apfelmännchens? Dann wundert es euch sicher nicht, dass es hier nicht zwei Elefantenrüssel sind, zu denen die Hinterenden der falschen Apfelmännchen auf der linken Halsseite von Schneewittchen werden, sondern zwei sich ineinander ringelnde Drachenschwänze.

Alex musste tüchtig suchen, bis er endlich eine Stelle fand, an der

sich ein Apfelmännchen aufhielt. Erst am späten Nachmittag wurde er fündig und fixierte eines der Apfelmännchen, die sich in unendlicher Anzahl zwischen den Windungen des Doppeldrachenringelschwanzes versteckt hielten, mit dem Licht seiner Taschenlampe (Abb. 160).
«Uff», stöhnte er ein wenig, «das war aber anstrengend». Im Innern aber war ihm froh zumute, wie jedes Mal, wenn er richtig vermutet und wieder ein ganzes Nest seiner kleinen Freunde entdeckt hatte.

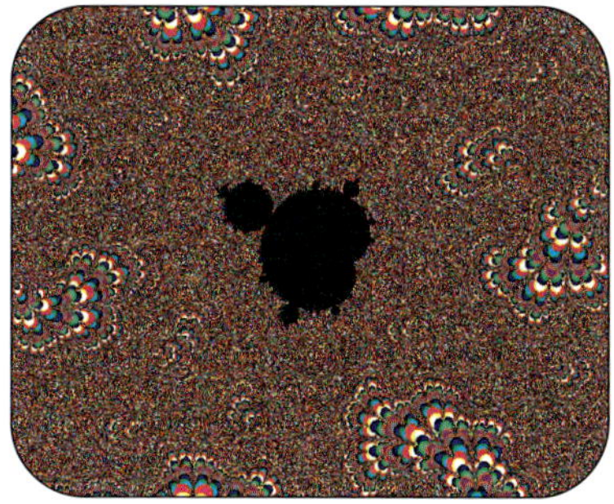

160

Wie ihm das gelungen ist, wollt ihr wissen? Ach, das ist eine eigene Geschichte. Aber wenn ihr wollt, erzähle ich sie euch kurz. Doch nicht nach den Notizen, die sich Alex selbst über sie gemacht hatte. Denn der hatte lediglich vermerkt, er sei mit Lichtstärke 320 von außen in die Windung des Doppeldrachenringelschwanzes eingedrungen (Abb. 157), habe an einer besonders schmalen Stelle Halt gemacht und sie mit 640er-Licht bestrahlt (Abb. 158). Den freien Platz, der dabei erschienen war, habe er vergrößert (Abb. 159) und ihn schließlich mit Leuchtstärke 16000 in ein Apfelmännchen verwandelt (Abb. 160). In Wirklichkeit war Folgendes geschehen:

157

158

Für seine Suchaktion hatte Alex eine Stelle in Bild 156 ausgewählt, an der sich zwei gegenläufig drehende Widerhaken zweier Drachenringelschwänze besonders nahe kamen. Er fand, das stimme im Prinzip mit früheren Beobachtungen überein. Andererseits hatte er von seiner letzten Reise durch die farnwedelige Spiralnebelwelt das Gefühl der Verunsicherung zurückbehalten, ob diese Beobachtung wirklich allgemein gültig war.

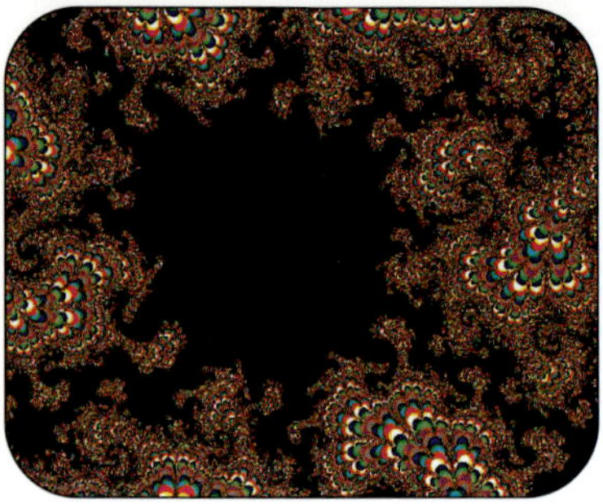

159

Denn mit Hilfe dieses Prinzips hatte er dort bekanntlich keine Apfelmännchen gefunden. Freilich bestand noch die Möglichkeit, dass die Leuchtkraft der Taschenlampe damals nicht ausreichend gewesen war. Jedenfalls wollte er sich diesmal nicht von vornherein festlegen. Das Experiment mit dem Apfelmännchen in der Brandungswelle war ihm zwar geglückt, aber sich zweimal am selben Tag auf solch halsbrecherische Unternehmen einzulassen, das war selbst ihm zu viel. Diesmal wollte er sich nicht vom **starren** Blick leiten lassen. Der starre Blick, das ist der, welcher nur und stur einem einmal gefassten Plan, einer einmal angenommenen Hypothese folgt, der deshalb auch nur sieht, was er sehen will, und dem manches entgeht, was dem Plan oder der Hypothese nicht entspricht. Deshalb entschloss er sich diesmal zum aufmerksamen **Rund**blick.

Mit Lichtstärke 320 befahl er den stachligen Widerhaken zwischen der Windung des Doppeldrachenringelschwanzes, sich von ihm fern zu halten (siehe Abb. 156). So konnte er die enge Stelle bequem passieren und gelangte in eine geräumige Höhlung. Langsam erhöhte er die Leuchtkraft der Taschenlampe. Da entstand vor ihm ein neuer, schuppiger und stachliger Drachenschwanz, und rings um ihn herum streckten sich Widerhaken nach ihm aus. Er bewegte sich nach rechts, wo noch ein winziger freier Raum verblieben war, verkleinerte sich, gelangte in eine Neue Welt, die größer und luftiger war als die vorige, die aber bei stärkerer Beleuchtung ebenfalls neue Drachenschwänze und Widerhaken hervorbrachte oder in Schwarze Löcher auszuarten drohte. So viele Male er sich auch verkleinerte und die Lichtstärke erhöhte, nichts deutete auf ein Apfelmännchen von einigermaßen passabler Größe hin. Erst da glaubte er sich zum Weitergehen berechtigt.

Wieder verschaffte er sich mit Leuchtstärke 320 den nötigen Freiraum und näherte sich nun einem Engpass, an dem sich selbst bei diesem schwachen Licht zwei gegenläufig drehende Widerhaken ziemlich nahe kamen. Alex verkleinerte sich unverzüglich, wodurch der Abstand zwischen den beiden größer wurde und sie nicht mehr so bedrohlich wirkten (siehe Seite 177, Abb. 157). Leicht amüsiert bemerkte er sogar einige falsche Apfelmännchen, die sich in der Drachenhaut festgebissen hatten. Dies war die Stelle, über die er in seiner Notiz geschrieben hatte, hier habe er Halt gemacht und sie mit 640er-Licht bestrahlt.

In Wirklichkeit aber hatte er die Leuchtkraft der Taschenlampe nur allmählich erhöht und dabei aufmerksam verfolgt, wie die beiden Drachenschwänze rechts und links ihre Widerhaken ausfuhren. Als sie auch noch von oben und unten heranzüngelten, hatte er sich in die noch freie Mitte des Engpasses geflüchtet und erst hier bei Lichtstärke 640 die Szene im Bild 158 festgehalten.
Viel freier Raum war ihm nicht geblieben. Und noch immer schoben sich Drachenschwanz auf Drachenschwanz und Widerhaken auf Widerhaken näher und näher an ihn heran. Zwar führten von dem kleinen Rund, auf das er sich gerettet hatte, schmale gewundene Wege zwischen den Drachenleibern hindurch, doch die kamen als Fluchtwege nicht in Frage. Denn mit steigender Lichtstärke würden sich die Drachenschwänze bald auch ihrer bemächtigt haben, und außerdem führten sie mitten durch Schwarze Löcher hindurch, wodurch sich von selbst verbot, sich ihnen anzuvertrauen.
Noch war nicht klar, welche Entwicklung die Szene nehmen würde und ob die Zuflucht der herandrängenden Drachenbrut standhielte. Auf alle Fälle verkleinerte sich Alex ein weiteres Mal, um bösen Überraschungen besser begegnen zu können (siehe Seite 178, Abb. 159). Nun, da er alles um sich herum größer und deutlicher sah, wurde er gewahr, dass unter den ihn umlagernden Drachenschwänzen bereits neue Doppeldrachenringelschwänze lagen. Alles, was er in der Windung dieses einen Doppeldrachenringelschwanzes sah und erlebte, wiederholte sich demzufolge unvorstellbar viele Male, wenn auch in immer kleinerem Maßstab. Aber daran dachte er jetzt nicht, denn in diesem Moment war allein wichtig, dass die Drachenleiber in größere Entfer-

nung von ihm gerückt waren. Dadurch konnte er es wagen, die Leuchtkraft nun doch weiter zu steigern. Alex ging ganz vorsichtig vor, jederzeit bereit, sofort zurückzuschalten, wenn die Situation brenzlig werden sollte.
Allmählich aber gewann er an Sicherheit. Das Geringel hielt sich merklich jenseits eines Bannkreises, der seine Zufluchtsstätte umschloss und der natürlich kein Kreis war, sondern nach und nach gewisse Konturen annahm, die – na, ihr wisst schon. Erst in diesem Stadium betätigte unser Freund dann schließlich die Leuchtstärke 16 000, die – wie er in seiner Notiz so lapidar festgestellt hatte – den freien Platz in ein Apfelmännchen verwandelte (siehe Seite 177, Abb. 160). Und zwar in das gesuchte: das Apfelmännchen in der Windung des Doppeldrachenringelschwanzes, das für alle anderen stand, die ihm mit jeweils leichter Drehung in die Windung hinein bis in die äußerste Schwanzspitze folgten.
Während ich euch in aller Kürze – aber doch ausführlicher und vor allem wirklichkeitsgetreuer als Alex in seiner Berichtsnotiz – erzählt habe, wie dieser seine Suchaktion auf der linken Halsseite von Schneewittchen erfolgreich abgeschlossen hatte, war der schon unterwegs zur letzten Station seiner heutigen Reise: Zur Sackgasse, die in den Urwald hineinführte (siehe Seite 157, Abb. 129).

Die Halbinsel der Dreierdrachenringelschwänze

Es war nicht schwer, sie zu finden. Nach seinem Aufstieg aus dem Drachenwald folgte Alex nun der äußeren Begrenzung des rechten Randes in ziemlicher Höhe. Auf diesem Kurs musste er irgendwann an jenes Nadelöhr gelangen, das den Körper dieses Apfelmännchens von dem oberen Aufsitzerapfelmännchen trennte. Wenn er diese enge Stelle –

vielleicht war sie eine Meerenge? – über- und das aufsitzende Apfelmännchen durchquert haben würde, musste er auf den Eingang zur Sackgasse treffen. So war sein Flugplan.

Äußerlich ruhig und konzentriert zog er seine Bahn. Innerlich aber platzte er fast vor Neugier, denn der Flug zur Sackgasse führte über ein Land, das er noch nie gesehen hatte. So weit er in dem Großen Apfelmännchen schon herumgekommen war, stets hatte er sich bisher entweder an Hinter- oder Halsenden oder in der Nase aufgehalten. Mit kleinen Aufsitzerapfelmännchen hatte er noch nie nähere Bekanntschaft geschlossen. Heute aber war die Gelegenheit günstig, während des Fluges zur Sackgasse auch schon einmal einen kurzen Seitenblick auf eines von ihnen zu werfen. Allerdings hatte er sich geschworen, auf gar keinen Fall der Versuchung nachzugeben und auf einer der beiden Spitzen, die sich ihm bald zeigen mussten, zu landen, ganz gleich, was es auf ihnen zu sehen geben würde. Landung, so fürchtete er, bedeutete Aufenthalt. Wenn er seinen Reiseplan nicht gefährden wollte, musste er heute Abend noch zur Autobahn zurückkehren. Schließlich liefen ihm die oberen und unteren Aufsitzerapfelmännchen ja nicht weg. Im Bericht an das Große Apfelmännchen würden sie gewiss noch manch interessantes Kapitel füllen. Neugierig aber war er doch!

Seine innere Spannung wuchs mit jedem der kleinen Aufsitzerapfelmännchen, die links von ihm vorbeiglitten. Noch immer folgte er der Küstenlinie in einer leichten Rechtskurve. Diesen Kurs behielt er bei, bis er feststellte, dass das Land links unter ihm zur Halbinsel geworden war. Bald darauf kam die Meerenge in Sicht. Mit einer scharfen Linkskurve flog er in sie hinein.

Es tat ihm gut, den Blick wieder mal nach vorn und auch einmal nach rechts zu wenden, nachdem er so lange nach links gestarrt hatte, um die Orientierung nicht zu verlieren. Mit Leuchtstärke 1600 besah er sich die rechts unter ihm liegende Landspitze.

161

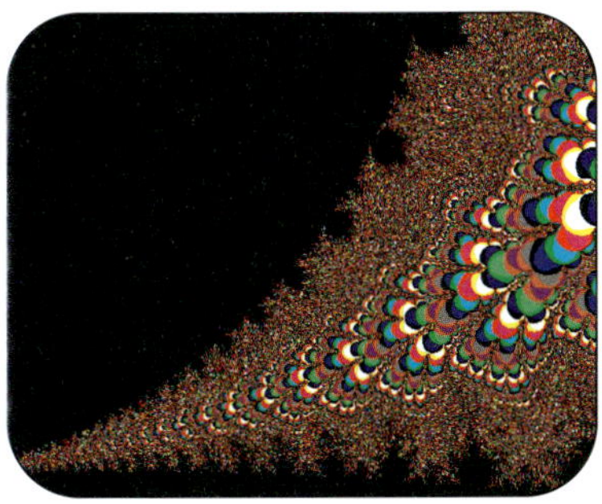

Erwartungsgemäß bestand das Festland aus Urwaldriesen. Den Küstensaum aber bildeten zahllose kleine Aufsitzerapfelmännchen. Was das wohl für ein Landstrich war? Alex bereute schon, dass er sich geschworen hatte, ihn nicht zu betreten. Sollte er nicht doch wenigstens einen klitzekleinen Aufenthalt wagen?

«Aber nein!», rief sein Programm, denn es fürchtete, völlig durcheinander zu geraten. «Ich könnte aber doch die Geschwindigkeit etwas drosseln, um an Höhe zu verlieren, und dann im Tiefflug wenigstens einen flüchtigen Blick auf die Landschaft werfen», versuchte er, seinen Vorsatz mit seiner Neugier in Einklang zu bringen. «Wenn ich doch einmal hier bin!»

162

Sein Programm hatte gegen diesen Vorschlag nichts einzuwenden, wenn nur keine Landung daraus wurde. Das versprach Alex und ließ sich mit verminderter Geschwindigkeit bereits tiefer auf das Festland herab. Dabei mogelte er eine leichte Kursänderung ein, die es ihm ermöglichte, die Halbinsel quer zu überfliegen.

Schon bei Lichtstärke 320 hatte er in dieser geringen Höhe gute Sicht. Groß und gewaltig lagen die Urwaldriesen unter ihm und streckten ihre dicken Arme und ihr feines Geäst der Küste zu. Aus ihnen heraus aber wuchsen Drachenringelschwänze, die sich auf den ersten Blick kaum von jenen unterschieden, denen Alex gerade entkommen war.

163 Sackgasse

Der glaubte seine Neugier schon befriedigt und wollte gerade durchstarten, als er plötzlich stutzte. Unter ihm tummelten sich nämlich nicht einfache Drachenringelschwänze, auch keine Doppeldrachenringelschwänze, sondern sage und schreibe **Dreier**drachenringelschwänze! (Abb. 162)

Er machte sich einen dicken Knoten in seine

Strippe, der ihn später an diese wundersamen Dreierdrachenringelschwänze erinnern sollte. Denn wenn er sein Wort nicht brechen wollte, musste er jetzt weiter, der Sackgasse entgegen.
Im Steilflug stieg er nach oben, durchquerte den Aufsitzer und hielt nach der Sackgasse Ausschau. Die ließ nicht lange auf sich warten. Aus großer Höhe sah er sie bald in voller Länge vor sich.

Alex' Ritt auf dem Feuerstrahl

Sie hatte Ähnlichkeit mit der Autobahn, die durch die Nase des Großen Apfelmännchens führt. Ähnlich wie dort zweigten auch von ihr Nebenwege in die bunten Felder ab. Während jene jedoch schnurgerade verlief, schien diese hier durch eine Gebirgslandschaft zu führen, die sie zu Zickzacklinien zwang. Einen dieser Zickzacks – den auffälligsten – wählte Alex zur eingehenderen Besichtigung aus.
Je näher er kam, desto heller wurde es seltsamerweise um ihn herum. Zeitweilig blendeten ihn das grelle Licht und die leuchtenden Farben so stark, dass er den Bildschirm abdunkeln musste. Er überprüfte die Leuchtkraft der Taschenlampe, doch sie betrug lediglich 160. Und dennoch nahm die Helligkeit um ihn herum immer weiter zu. Besorgt starrte er auf den Bildschirm. Plötzlich durchzuckte es ihn wie ein Blitz. Und das nicht zufällig. Denn er flog, was er jetzt klar sah, tatsächlich an einem mehrfach gezickten und gezackten, sich verzweigenden und verästelnden Blitz entlang. «Um Himmels willen, das fehlte noch, dass der in mich einschlägt», entfuhr es ihm.

164 Zickzack

Vor nichts außer Spinnen hatte er so großen Respekt wie vor Gewittern und einschlagenden Blitzen. Darin war er sich mit seinem Freund, dem

Wissenschaftler, einig. Der hatte ihm seinerzeit viel abverlangt, ließ ihn, wenn es nötig war – also immer –, Tag und Nacht arbeiten, aber wenn ein Gewitter nahte, hatte er ihn jedes Mal ruhen lassen und sogar seine Kabel aus der Steckdose gezogen. Und nun war er unversehens selbst an einen Blitz geraten!

Gab es Rettung aus dieser neuen Gefahr? Er gab sich Mühe, ganz ruhig zu bleiben. «Wo die Gefahr am größten, ist die Rettung am nächsten», fiel ihm ein altes Sprichwort ein, das er früher für banal gehalten hatte, an das er sich jetzt jedoch in seiner Not klammerte. «Wo ist die Gefahr am größten?», war die nächste Frage.

«Sicher dort, wo sie am dicksten ist», stammelte Alex die Antwort aus sich heraus. Ja, ja, unser Alex war ganz schön mitgenommen. Hatte er da eben als Antwort eine Tautologie produziert?

Wisst ihr, was eine Tautologie ist? Das ist eine Aussage oder auch nur eine Wortverbindung, in der etwas ausgesagt wird, was im Hauptwort bereits enthalten ist. Ausdrücke wie «weißer Schimmel» oder «großer Riese» sind Tautologien. Oder habt ihr schon mal einen schwarzen Schimmel oder einen winzigen Riesen gesehen? Oder ein uraltes Kälbchen?

Aber deswegen wollen wir Alex nicht schelten. Als Märchencomputer darf er sich schon einmal eine Tautologie leisten. Steckt nicht im Titel des Märchens «Der Wolf und die sieben jungen Geißlein» auch eine? Übrigens scheint selbst die Logik nicht ohne Tautologien auszukommen. Oder beruht der logische Schluss «Wenn A gleich B und B gleich C, dann A gleich C» nicht auch auf einer Tautologie? Es gibt sogar Leute, die behaupten, logisches und mathematisches Denken gründe sich ganz wesentlich auf Tautologien. Na wenn schon, aber imponierend sind sie doch, die Logik und die Mathematik. Und ohne sie geht in der Welt nichts!

Aber lassen wir das, wo doch Alex in so großer Not ist. Wir sollten lieber überlegen, ob und wie wir ihm helfen können. Allerdings hat der unsere Hilfe gar nicht nötig, denn so tautologisch war das gar nicht, was er da gesagt hatte. Ihm war aufgefallen, dass der Blitz an den Zicks und Zacks unterschiedlich große Verdickungen ausgebildet hatte. Und zwischen dem größten Zickzack lag eindeutig die größte Verdickung. Hier, wo die Gefahr also am dicksten war, war sie auch am größten. Folglich musste hier die Rettung am nächsten sein. Ihr seht, die Tautologie ist verschwunden und mit ihr auch gleich jede Logik. Dafür aber bleibt uns Alex erhalten.

Schneller als der Blitz und in einigen Zickzacks schoss der nun selber mitten in die dickste Stelle des Blitzes hinein. Es wirbelte ihn mächtig durcheinander. Donner und Blitz ließen ihm Hören und Sehen vergehen. Dann war es plötzlich still. – Und dunkel.

Er verharrte noch eine Weile, um sich zu überzeugen, dass er dem Frieden auch trauen durfte. Dann tastete er nach der Taschenlampe. Ihr schwaches Licht vermochte das Dunkel um ihn herum aber nicht aufzuhellen. Er musste einige Male schalten, ehe er begriff, wo er sich befand. Bei Lichtstärke 1600 schließlich war alles klar: Wo der Blitz am dicksten war, lag ein graziöses Apfelmännchen. Alles in ihm triumphierte! Selbst Blitze konnten ihm von nun an nichts mehr anhaben.

165 Blitzapfelmännchen

Von dem Blitz-Erlebnis war er so angetan, dass er am liebsten noch die Stellen untersucht hätte, an denen der Blitz in die bunten Felder einschlug. Doch die Nacht war schon angebrochen, und der Rückflug brauchte seine Zeit. Außerdem nahm er nicht zu Unrecht an, dass der Blitz wahrscheinlich überhaupt nicht einschlagen, sondern sich in der Unendlichkeit verlieren würde. Wollt ihr wissen, warum er so dachte? Versucht doch selbst einmal, es herauszufinden!

Während des Rückfluges zur Autobahn machte Alex sich einige flüchtige Notizen für den Bericht an das Große Apfelmännchen. In einer war von Brandungswellen, Feuerfischen und Seeigeln die Rede, von Drachenringelschwänzen der einfachen, der doppelten und der dreifachen Art sowie von zuckenden Blitzen. Eine andere vermerkte einen Schreck in der Morgenstunde, einen Drachenkampf zu Mittag und ein Gewitter am Abend. Ganz dick unterstrichen aber waren die Worte «Luftblasen-, Ringelschwanz- und Blitzapfelmännchen». Und das waren nicht einmal Tautologien.

Kapitel 9 Nächtliche Sudelstunden

Hier ist die Rede von den Sudelbüchern des Herrn Georg Christoph Lichtenberg. Alex erkennt in ihrem Autor einen Mitarbeiter des zeitgenössischen amerikanischen Wetterforschers Lorenz und hält im Anschluss an die Lektüre Ideen für zuckende Blitze, sich verästelnde Farnwedel und manche sogar für Schwarze Löcher.

Fürsorge der Heinzelmännchen

In dieser Nacht erschien Alex kein Geist. Er verbrachte sie – wie die vorige – in einer der vielen kleinen Herbergen, die sich zwischen den drei größeren Apfelmännchen auf der Autobahn in gewissen Abständen aneinander reihten.

Geisterhaft ging es indes auch hier zu. Die Herberge schien von Heinzelmännchen bewohnt zu sein. Von jenen flinken und fleißigen Gesellen, die im Nu alles richten, den Haushalt in Ordnung bringen, Mahlzeiten zubereiten, dabei mitunter auch einen harmlosen Schabernack treiben, aber selbst unsichtbar bleiben. Sie mussten von seiner Ankunft gewusst und ihn erwartet haben. Wie sonst war es zu erklären, dass in dem hochgewölbten Innenraum der Herberge an gut sichtbarer Stelle drei eigens für ihn vorbereitete Päckchen lagen? In dem einen befanden sich einige Portionen Mandelbrot, im zweiten ein Satz neuer Batterien für seine Taschenlampe, und das dritte enthielt ein Buch.

Alex war von so viel Fürsorge zutiefst gerührt. Er bedauerte, dass sich keines der Heinzelmännchen sehen ließ, weder leibhaftig noch als Geist. Gern hätte er ihnen ein herzliches Dankeschön gesagt. Mandelbrot war genau das Richtige für die Nacht. Er konnte nie genug davon bekommen, gleich ob am Morgen, zu Mittag, am Abend oder zur Nacht. Und mit einem Satz neuer Batterien ließ es sich unbeschwerter reisen.

Auf das Buch konnte er sich zunächst keinen Reim machen. Es trug den merkwürdigen Titel «Sudelbücher». Sein Autor war ein gewisser Georg Christoph Lichtenberg.

Von Lichtenberg hatte Alex schon gehört. Sein Freund, der Wissenschaftler, und dessen Freunde hatten ihn gelegentlich in ihren Gesprächen erwähnt. Soweit Alex sich erinnern konnte, hatten sie seiner stets lobend und mit Bewunderung gedacht. Viel war in diesen Gesprächen von Blitzen die Rede gewesen und davon, wie Lichtenberg Blitzableiter auf die beste Art bauen und an Gebäuden befestigen wollte. Auch die Form der Wolken – der Sommer- und der Winterwolken –, das Leuchten von Nordlichtern und die Struktur von Schnee- und Eiskristallen sowie von Sandkörnchen hatte Lichtenberg – den Freunden nach zu urteilen – stets mit großer Aufmerksamkeit beobachtet. Die Freunde hatten gemeint, Lichtenberg habe schon viel über Fraktale gewusst, ohne sie zu kennen. Aber damit hatte Alex nichts anzufangen gewusst, denn er hörte dieses seltsame Wort das erste Mal. Gern hätte er den Herrn selbst dazu befragt, doch er hatte ihn nie zu Gesicht bekommen, denn persönlich war Lichtenberg nie in dem Freundeskreis erschienen.

Über Mathematik, Rüben, Kartuffeln und manches andere

Umso interessierter blätterte Alex nun in dem Buch, das ihm die Heinzelmännchen zugedacht hatten. Er blätterte vor und zurück, las hier ein Stück und da ein Stück, denn das Buch enthielt keine durchgehende Geschichte, sondern nur lose hingeworfene Gedanken über dieses und jenes. Es war, wie sein Autor selbst bekannte, «ein Buch, worin ich alles einschreibe, so wie ich es sehe oder wie es mir meine Gedanken eingeben». Diese Art war Alex sympathisch, umso mehr, als er las, dass Herr Lichtenberg die Mathematik als «das sicherste Mittel wider Raserei» empfahl.

Je mehr er sich in das Sudelbuch vertiefte, umso weniger bemerkte er, wie eine Portion Mandelbrot nach der anderen in ihm verschwand. Ihr kennt das wahrscheinlich selbst. Oder ist es euch noch nicht vorgekommen, dass ihr beim Lesen eines spannenden Buches eine ganze Tafel Schokolade Stück für Stück vernascht? Auf einmal blieb sein Blick am Wort «Mikroskop» haften. Eben hatte Herr Lichtenberg noch darüber nachgedacht, wie die Welt wohl aussähe, wenn es «nur lauter Rüben und Kartuffeln» in ihr gäbe. Aber das interessierte Alex weniger. Einige Zeilen später jedoch ging es um Mikroskope und Fernrohre, um Sandhaufen und Bäume, um Dinge also, die ihm durchaus vertraut waren. An dieser Stelle verschwand wieder eine Portion Mandelbrot. Alex las und las. Und las mit dem langsamen Blick. Und machte nach fast jedem Satz eine lange Pause zum Nachdenken.

Die Pausen benötigte er auch deshalb, weil Herr Lichtenberg äußerst sparsam mit Kommata umging; er schien sie gar nicht zu lieben und ließ sie selbst an solchen Stellen aus, an denen Alex, der in moderner Grammatik gut geschult war, ohne jeden Zweifel eines gesetzt hätte. Nehmt euch deshalb bitte in puncto Kommata den Herrn Lichtenberg nicht zum Vorbild, und beruft euch nicht auf ihn in der Schule, sonst bekommt ihr schlechte Noten in Grammatik! Der erste Satz lautete:

> *«Die meisten Dinge, wenn sie uns merklich werden sind schon zu groß wenn wir sie gewahr werden ob ich den Keim in der Eichel mit dem Mikroskop oder den zweihundertjährigen Baum mit bloßem Auge ansehe, so bin ich gleich weit vom Anfang.»*

Dass die meisten Dinge schon zu groß seien, wenn wir sie bemerken, wollte Alex zunächst gar nicht einleuchten. Den zweiten Teil des Satzes aber verstand er besser. Er stellte sich vor, dass er einen zweihundertjährigen Eichbaum aus einiger Entfernung mit bloßem Auge ansähe: den dicken Stamm, die weit ausladende Krone, das dichte Blattwerk. Würde er näher herangehen, könnte er die verkrumpelte Borke erkennen, sich verzweigende Äste, auch wohl schon die Form einzelner Eichenblätter, und hier und da vielleicht Früchte, Eicheln. Nun aber müsste er sich schon entscheiden, ob er die Borke oder die Blätter oder die Eicheln näher betrachten wollte. Entschied er sich für die Borke, würde er bald in ein wild zerklüftetes Gebirge geraten. Wählte er ein Blatt, so könnte er dessen Rundungen und das sich immer feiner verästelnde Blattgerüst beschreiben. Die Eichel würde er als einen bräunlichen, länglich ovalen und unten leicht spitz auslaufenden Körper erkennen. Nähme er nun ein Mikroskop zu Hilfe, so begännen ähnlich abenteuerliche Reisen, wie er sie im Innern des Großen Apfelmännchens erlebt hatte. Und selbst wenn er Schicht um Schicht in die Eichel eindringen und schließlich ihren Keim unter dem Mikroskop ansehen würde, wäre das keinesfalls die letzte Station; ob er den ganzen Baum mit bloßen Augen oder den Keim der Eichel mit dem Mikroskop betrachtete, er wäre gleich weit vom Anfang entfernt.

Ja, das verstand Alex zu gut. Ob er sich die Urwaldgiganten aus größerer Distanz ansah oder in ihr farnwedeliges Blattwerk hinauffuhr und hier viele neue Welten von Spiralnebeln und Schwarzen Löchern, einfach, doppelt oder dreifach geringelten Drachenschwanzwelten und was immer entdeckte, jedes Mal konnte er mit seinem Mikroskop in noch größere Welten hinabtauchen. Und das ging so ohne Ende. Ein Ende hatte es für ihn bisher nur gegeben, als er an die Grenze der Leistungskraft seiner Taschenlampe gekommen war.

Bei dieser Fülle von Gesichten und Welten, die einem im Größten wie im Kleinsten begegneten, konnte es schon einmal vorkommen, dass einem von alledem so dumm wurde, als drehe sich ein Mühlrad im Kopf herum. Das schien auch Herr Lichtenberg so empfunden zu haben und hatte deshalb weiter geschrieben:

«Das Mikroskop dient nur uns noch mehr zu verwirren.»

Auch mit den Fernrohren, die Herr Lichtenberg «Tubis» nannte, war es offenbar nicht viel anders:

«So weit wir mit unseren Tubis reichen können sehen wir Sonnen, um die sich wahrscheinlich Planeten drehen; dass in unserer Erde so etwas vorgeht, davon überführt uns die Magnet-Nadel.»

«Die Magnet-Nadel hat der liebe Herr hier aber wirklich hineingesudelt», dachte Alex bei sich. Hätte er das Sudelbuch geführt, er hätte sich darauf berufen, dass alles auf unserer Erde und er selbst aus Atomen bestehe, um deren Kerne Elektronenwolken schweben, wie er hatte sagen hören. Wenn er die Sache so betrachtete, konnte er dem nächsten Satz durchaus folgen:

> *«Wie wenn sich dieses noch weiter erstreckte, wenn sich in dem kleinsten Sandkörnchen ebenso Stäubchen um Stäubchen drehten, die uns zu ruhen scheinen, wie die Fixsterne?»*

In der Sandwüste hatte er dieselbe Erfahrung gemacht: Im kleinsten Sandkörnchen hatte er nicht nur noch feinere Stäubchen entdeckt, sondern – erinnert ihr euch? – ganze Weltenreihen von Spiralnebeln, die dem unheimlichen Schwarzen Loch entgegengeströmt waren. Und hatten sich die Schneckengehäuse, die in der Sandwüste in so großer Zahl herumlagen, nicht als Heimstätten unendlich mal unendlich vieler Apfelmännchen erwiesen? Und war jedes dieser Apfelmännchen nicht wieder eine ganze Welt mit ebenso unendlich vielen … Ja, das konnte einen schon verwirren. Und dabei war das nur die Sandwüste. Doch weiter im Text.

> *«Es könnte ein Wesen geben, dem das uns sichtbare Weltgebäude wie ein glühender Sandhaufen vorkäme»,*

las Alex weiter und warf sich in die Brust. Denn nach all seinen Erlebnissen im Innern des Großen Apfelmännchens hielt er es für nicht ausgeschlossen, dass er selbst dieses Wesen war.

> *«Die Milchstraße kann ein organischer Teil sein, inwieferne ließe sich die Vegetation aus diesem System erklären?»*

Ja, das wusste Alex freilich auch nicht.

Nun folgten einige Sudelgedanken über gerade und krumme Linien, dass es unendlich mehr krumme Linien in der Welt gäbe als gerade und dass sich kreisförmige Bewegungen am längsten erhalten. Dann aber kam ein Satz, aus dem Alex glaubte, auf die Zeit schließen zu können, in der Herr Lichtenberg gelebt haben musste. Denn mit Anspielung auf die geradlinige Ausbreitung des Lichtes vermerkte er:

«Das Licht allein scheint hiervon eine Ausnahme zu machen, da es aber vermutlich schwer ist, so wird es doch gebogen.»

Dass Lichtstrahlen in der Nähe großer und schwerer Massen, wie es Fixsterne sind, gebogen, abgelenkt, um diese herumgelenkt werden, das – so hatte Alex gelernt – war erst seit Einsteins allgemeiner Relativitätstheorie bekannt, also seit etwa 1915. Herr Lichtenberg muss folglich im 20. Jahrhundert gelebt haben. Das wird bald noch genauer zu bestimmen sein, aber lasst Alex bitte erst weiterlesen.

«Hier sitzen wir in einer solchen Sandkugel.»

«Hier sitze ich in einer Apfelmännchenherberge», hielt Alex dem entgegen. «Wenn ich will, sitze ich in einer Sandwüste, oder auf einem Vulkan, oder in einem Schneckengehäuse, oder auf einer Eistüte, oder auf Urwaldgiganten, oder unter einer Brandungswoge, oder auf Einfach-, Doppel- und Dreierdrachenringelschwänzen. Warum denn immer nur auf einem Sandhaufen? Eine Sandkugel wäre die Erde nur dem, der stets gleiche und dabei ziemlich große Distanz von ihr hielte. Mehr Mut zur Nähe und zum Sehen, Herr Lichtenberg!»

Doch irgendwie musste Alex Herrn Lichtenberg wohl nicht recht verstanden haben. Denn der fuhr in einer Richtung fort, in der es bei Alex gänzlich aussetzte:

«Unsere Erde ist uns freilich das Sonderbarste, so wie unsere Seele die sonderbarste Substanz, weil wir jene allein selbst bewohnen, und diese allein selbst sind.»

Was eine Seele ist, wusste der arme Alex nicht, denn er hatte selbst keine. So übersprang er diesen Satz und kam nun wieder ganz in sein Element, als er las:

«Wenn wir nur einen Augenblick einmal etwas anderes sein könnten.»

Wie viel hatte er, ein Computer, dem Herrn Lichtenberg doch voraus! Er konnte sich nicht nur nach Belieben verkleinern und vergrößern, sondern auch verwandeln: Aus einem Wüstenbewohner in einen Astronauten, aus einem «Silica-Gel»-geschützten Froschmann in einen Drachenbezwinger, und selbst als Blitzableiter hatte er schon gut funktioniert. Herr Lichtenberg wäre aus dem Staunen nicht herausgekommen, hätte er Alex gekannt! Und das war der letzte Satz dieser Sudelpassage:

«Was würde aus unserem Verstand werden, wenn alle Gegenstände das wirklich wären wofür wir sie halten?»

«O ja», gab Alex zu, «was wäre aus mir und meinem elektronischen Verstand geworden, wenn der Feuerfisch wirklich das gewesen wäre, wofür ich ihn gehalten habe?» Eine Portion Mandelbrot machte ihm diese Vorstellung erträglicher.

Der Lichtenberg'sche Sudelkirschkernerbsenschmetterlingseffekt

«Wie gut, dass Herr Lichtenberg sein Sudelbuch geschrieben hat», dachte Alex. «Es hilft mir zu verstehen, dass meine Erfahrungen und Erlebnisse so einzigartig gar nicht sind. Und vor allem säße ich jetzt nicht hier, um es zu lesen.»

«Wenn ich dieses Buch nicht geschrieben hätte»,

kam das Lichtenberg'sche Echo aus dem Buche,

«so würde heute über tausend Jahre abends zwischen sechs und sieben z. E. in mancher Stadt in Deutschland von ganz anderen Dingen gesprochen worden sein, als wirklich gesprochen werden wird. Hätte ich zu Vardöhus einen Kirschkern in die See geworfen, so hätte der Tropfen Seewasser den Myn Heer am Kap von der Nase wischt nicht genau an dem Ort gesessen.»

Alex bedauerte, in Geographie sich nicht so genau auszukennen wie in den Regeln der Logik. Er gab den Satz mit den beiden Ortsbezeichnungen – Vardöhus und Kap – in seinen Speicher und versah ihn mit einem Fragezeichen. Gewohnt, dass sein Gedächtnis ihn immer prompt und schnell bediente, wunderte er sich, dass die Antwort auf sich warten ließ. Doch schließlich kam sie und dafür umso vollständiger.

Bei Vardöhus handele es sich um die Festung der im hohen Norden gelegenen norwegischen Hafenstadt Vardö. Mit Kap sei vermutlich das Kap der Guten Hoffnung an der Südspitze von Afrika gemeint; dafür spreche der Ausdruck Myn Heer, der eine ältere Schreibweise für Mynheer oder Mijnheer sei und eine niederländische Anrede darstelle, mit der aber auch gelegentlich die Holländer, die sich in früheren Jahrhunderten gut auf die Seefahrt verstanden, scherzhaft bezeichnet wurden. Der Sinn des ganzen Satzes, so sprudelte es weiter aus dem Speicher, sei ähnlich dem, der in der heutigen Chaosforschung als Schmetterlingseffekt bezeichnet werde: Der Flügelschlag eines Schmetterlings an dem einen Ende der Welt könne Monate später das Wetter an dem anderen Ende der Welt beeinflussen. Der Fachausdruck dafür laute «sensitive Abhängigkeit eines dynamischen nichtlinearen Systems von den Anfangsbedingungen». Erstmals formuliert worden sei der Schmetterlingseffekt im Jahre 1963 von einem amerikanischen Wetterforscher namens Lorenz. Herr Lichtenberg, der Autor des in den Speicher eingegebenen Sudelsatzes, sei möglicherweise ein enger Mitarbeiter dieses amerikanischen Wissenschaftlers oder gehöre der Zunft der heutigen Chaosforscher an.

Das war mehr an Information, als Alex erwartet hatte. Aber so war sein Speicher nun einmal beschaffen: Seine Antworten waren immer so ausführlich wie möglich und ohne Rücksicht darauf, dass Alex schon nicht mehr seinem Freund, dem Wissenschaftler, diente, sondern inzwischen als Hauptperson im Märchen vom Apfelmännchen agierte.

Dennoch war Alex mit dieser Antwort nicht ganz zufrieden; er glaubte, in ihr einen Widerspruch entdeckt zu haben. Wenn Herr Lichtenberg wirklich ein Zeitgenosse der heutigen Chaosforscher war, warum bediente er sich dann einer heute veralteten Redeweise? Andererseits war Alex auch nicht unbedingt darauf versessen, die Unstimmigkeit aufzuklären. Mochte Herr Lichtenberg gelebt haben, wann er wollte, jedenfalls hatte er Recht, wenn er sagte, dass ohne sein Sudelbuch in tausend Jahren abends zwischen sechs und sieben in mancher Stadt in Deutschland von ganz anderen Dingen gesprochen worden sei als wirklich gesprochen werden wird. Den Schmetterlingseffekt konnte man ja auch so formulieren; hätte Herr Lichtenberg ihn zu Lebzeiten gleich den Sudeleffekt genannt, so wäre er damit als Entdecker des Lichtenberg'schen Sudeleffekts in die Geschichte der Wissenschaft eingegangen.

Oder hätte er doch wenigstens den Erbseneffekt namhaft gemacht! Einige Seiten später kam er nämlich auf dasselbe Thema noch einmal zurück, und da las sich der Schmetterlingseffekt so:

«Wenn eine Erbse bei Helvoet ...»

Wo lag denn das nun wieder? Ach, egal, irgendwo wird es schon sein! – also:

«Wenn eine Erbse bei Helvoet in die See geschossen wird, so würde ich wenn die See mein Gehirn wäre vermutlich die Würkung an der Chinesischen Küste verspüren.»

Freilich, so räumte Herr Lichtenberg sicher nicht zu Unrecht ein:

«Diese Würkung würde aber durch jeden Eindruck den andre Gegenstände auf die See machen, durch Winde die darauf stoßen, durch Fische und Schiffe die dadurch ziehen, durch Gewölbe die am Boden einbrechen, stark modifiziert werden.»

Mit dem Lichtenberg'schen Sudelkirschkernerbsenschmetterlingseffekt, so fand Alex, hatte er es auch während seiner Reisen durch das Innere des Apfelmännchens auf Schritt und Tritt zu tun gehabt. Es genügte, seinen jeweiligen Standort um ein Winziges zu ändern, und er befand sich sogleich jedes Mal in einer ganz Neuen Welt, besonders, wenn er genügend viel Zeit verstreichen ließ, also die Taschenlampe auf eine hinreichend hohe Leuchtkraft einstellte. Geringste Veränderungen des Standortes und der Lichtstärke konnten die unvorhergesehensten Wirkungen in der Art der Welten hervorzaubern, die ihm erschienen. Der Lichtenberg'sche Sudelkirschkernerbsenschmetterlingseffekt begegnete ihm in seinen Märchenwelten sozusagen in reiner Form, denn alles hing nur von Standort und Lichtstärke ab; auf die Art der Welten, die er damit erscheinen oder verschwinden lassen konnte, hatte nichts anderes – keine Winde, Fische oder Schiffe und auch keine einbrechenden Gewölbe, Erdbeben oder dergleichen – Einfluss. Mit einiger Übung hätte er sogar aus Gestalt, Form und Farbe der jeweiligen Welt seinen Standort und die jeweilige Leuchtkraft der Taschenlampe ableiten können.

Für natürliche Gegenstände – Berge, Bäume, Sandhaufen und so weiter – wäre das selbstverständlich nicht möglich gewesen. Die Zahl modifizierender Einflüsse, denen sie unterliegen, ist zu unübersehbar, um aus ihrer Gestalt, Form und Farbe ihren Ursprung und ihre Geschichte abzuleiten. Und dennoch war – aber das brauchte Alex schon nicht mehr selbst zu formulieren, denn bei Herrn Lichtenberg las er weiter:

«Die Form der Oberfläche eines Landes, seine Berge und Täler, usw. ist eine mit natürlichen Zeichen geschriebene Geschichte aller seiner Veränderungen, jedes Sandkorn ist ein Buchstabe, aber die Sprache ist uns größtenteils unverständlich.»

Weitere Sudeleien

Jetzt verstand Alex auch endlich, was Herr Lichtenberg an einer anderen Stelle gemeint hatte, als er die merkwürdige Idee geäußert hatte, eine «Theorie der Falten in einem Kopfkissen» aufstellen zu wollen. Es war derselbe Gedanke wie hier, wo es hieß:

«Diese Körper werden auch so wie alle andere verändert, und sind wie alle andere eine mit natürlichen Zeichen geschriebene Geschichte aller Veränderungen die sie erfahren haben. So gut als ein zinnerner Teller, dessen empfangene Schnitte Stiche und Quetschungen alle die Mahlzeiten erzählen, denen er beigewohnt hat.»

Interessant war ferner, welche Körper Herr Lichtenberg besonders im Auge hatte.

«Es gibt», schrieb er, *«auf der Oberfläche dieser Erde eine Menge rundlicher Körper mit einer dicken Wurzel aus der mehrere kleinere herausgehen, und verschiedene kleinere Wurzeln, sie leben so im Äther wie die Polypen im Wasser (Gehirn, Nerven, Rückenmark) und hängen ihre Wurzeln aus, wie jene ihre Arme.»*

Bei den «dicken Wurzeln» fielen Alex die dicken Enden ein, aus denen ebenfalls kleinere hervorgegangen waren. Auch Polypenarme hätte er auf seiner Reise sehen können, wenn er nur gewollt hätte; er jedoch hatte sie für Elefantenrüssel gehalten. Und waren Nervenzellen mit ihren so genannten Dendriten nicht ähnlich geformt wie die Blitze, in die er hier im Apfelmännchen schon geraten war? Windungen, Falten, Verästelungen und Verzweigungen – alles, worauf Herr Lichtenberg anspielte, konnte man hier im Apfelmännchen besichtigen und war hier zu haben. Kannte der Herr vielleicht die Apfelmännchen gar schon vor ihm, und war er in ihnen herumgefahren? Nein, das konnte nicht sein, denn, so sagte sich Alex, dann hätte er unbedingt auch die verschiedenen Spiralen erwähnen müssen. Für wahrscheinlicher hielt er, dass der Autor der Sudelbücher in seiner eigenen Welt – und sei es nur in seiner Gedankenwelt – herumgefahren und dabei auf all das gestoßen war, was auch in der Welt des Apfelmännchens immer wieder vorkam. Dafür sprach zum Beispiel, dass Herr Lichtenberg den Sudelsatz

«Alles ist sich gleich, ein jeder Teil repräsentiert das Ganze»,

der so treffend auf die Apfelmännchen-Welt passte, offenbar doch auf seine eigene Lichtenberg-Welt bezogen wissen wollte, denn er fuhr in der gleichen Zeile fort:

«Ich habe zuweilen mein ganzes Leben in einer Stunde gesehen.»

Vielleicht hatte er auch deshalb ähnliche Beobachtungen gemacht wie Alex, weil er – ebenso wie dieser – viel mit Vergrößerungs- und mit Verkleinerungsgläsern gearbeitet hatte. Zumindest der folgende Sudelabsatz ließ darauf schließen:

«Wenn Scharfsinn ein Vergrößerungs-Glas ist, so ist der Witz ein Verkleinerungs-Glas. Glaubt ihr denn dass sich bloß Entdeckungen mit Vergrößerungs-Gläsern machen ließen? Ich glaube mit Verkleinerungs-Gläsern, oder wenigstens durch ähnliche Instrumente in der Intellektual-Welt sind wohl mehr Entdeckungen gemacht worden. Der Mond sieht durch einen verkehrten Tubum aus wie die Venus und mit

bloßen Augen wie die Venus durch einen guten Tubum in seiner rechten Lage. Durch ein gemeines Opern-Glas würden die Plejaden wie ein Nebelstern erscheinen. Die Welt, die so schön mit Bäumchen und Kraut bewachsen ist, hält ein höheres Wesen als wir vielleicht eben deswegen für verschimmelt. Der schönste gestirnte Himmel sieht uns durch ein umgekehrtes Fernrohr leer aus.»

«So wie der Himmel der Sandwüste leer aussieht und keine Apfelmännchen von ihm herabschauen, wenn ich mit niedriger Lichtstärke arbeite», ergänzte Alex.

Ob nun mit Verkleinerungs- oder mit Vergrößerungsgläsern, mit niedriger oder mit hoher Lichtstärke, Alex hatte die merkwürdigsten Gebilde immer an der Grenze entdeckt, da, wo die bunten Falten, Windungen und Spiralen, Farnwedel, Polypenarme und Drachenringelschwänze aus den vielfarbigen Eistüten, Urwaldriesen oder was da noch immer war, herauswuchsen.

«Auf der Grenze liegen immer die seltsamsten Geschöpfe»,

so hatte Herr Lichtenberg seine eigene Erfahrung resümiert und in diesem Zusammenhang außerdem gemeint, der Polyp sei halb Pflanze und halb Tier, so wie der Mensch halb Geist und halb Materie.

Schon wollte Alex das Buch zuschlagen, um sich nochmals genüsslich am Mandelbrot zu laben, da fiel sein Blick noch auf eine Stelle, von der er meinte, sie dürfte seinen Freund, den Wissenschaftler, interessieren. In ihr war von einem Herrn Linné die Rede, der sich – wie Alex wusste – vor etwa zwei Jahrhunderten als schwedischer Forschungsreisender und Naturforscher durch den Versuch, die Gegenstände des Stein-, Pflanzen- und Tierreichs zu klassifizieren und in einem «System der Natur» in eine übersichtliche Ordnung zu bringen, einen Namen gemacht hatte. Auf diesen Herrn bezog sich der Autor des Sudelbuches, als er schrieb:

«So wie Linné, im Tierreiche könnte man im Reiche der Ideen auch eine Klasse machen die man Chaos nennte. Dahin gehören nicht sowohl die großen Gedanken von allgemeiner Schwere, Fixstern-Staub mit sonnenbepuderten Räumen des unermesslichen Ganzen, sondern die kleinen Infusions-Ideechen, die sich mit ihren Schwänzchen an alles anhängen, und oft im Samen der Größten leben, und deren jeder Mensch wenn er still sitzt /eine/ Million durch seinen Kopf fahren sieht.»

Diese Stelle gab Alex noch in derselben Nacht an seinen Freund durch. Zum Abschied hatte ihm der Wissenschaftler damals nämlich anvertraut, dass er beabsichtige, die Ideen und Methoden der Chaosforschung auf die Wissenschaft selbst anzuwenden, also Wissenschaft als Chaos zu verstehen und darzustellen. Alex war das seinerzeit höchst abwegig erschienen, denn er hielt Wissenschaft für den Inbegriff von geistiger Strenge und Ordnung, während Chaos im Denken der Tod jedes ordentlichen Computers und jeder Wissenschaft sein musste. Er hatte das dem Freund seinerzeit aber nicht gesagt, um ihn zum Abschied nicht zu betrüben. Auch jetzt verstand er immer noch nicht so recht, was Herr Lichtenberg mit seinem Reich chaotischer Ideen eigentlich meinte. Das Bild von den kleinen Infusions-Ideechen, die sich mit ihren Schwänzchen an alles anhängen und deren es so viele im Kopf eines jeden Menschen geben soll, gefiel ihm jedoch sehr. Wer weiß, ob Ideen nicht auch so etwas wie Einfach-, Doppel- oder Dreierringelschwänze, zuckende Blitze, sich auflösende und wieder neu formierende Wolken oder sich verästelnde Farnwedel sind? Vielleicht gab es sogar Ideen, die wie Schwarze Löcher andere Ideen um sich herum in sich hineinsaugten, um sie nie wieder in die Freiheit zu entlassen? Sein Freund würde sich in dieser Frage eher zurechtfinden.

Jedenfalls, gestand sich Alex, war er den Heinzelmännchen überaus dankbar, dass sie ihm das Buch zusammen mit einigen Portionen schmackhaften Mandelbrots und mit Reservebatterien für seine

Taschenlampe zugespielt hatten. Und er stimmte Herrn Lichtenberg ein nun wirklich abschließendes Mal zu, als dieser geschrieben hatte:

> *«Ein aufmerksamer Denker wird in den Spiel-Schriften großer Männer oft mehr Lehrreiches und Feines finden, als in ihren ernsthaften Werken.»*

«Lichtenbergs Schriften können wir uns als der wunderbarsten Wünschelrute bedienen; wo er einen Spaß macht, liegt ein Problem verborgen», waren Alex' letzte Worte, bevor er das Buch an seinen Platz zurücklegte. Er wusste nicht, dass er soeben in fremder Zunge geredet hatte. Es war der Herr von Goethe, der aus ihm gesprochen hatte. Also musste dieser den Herrn Lichtenberg auch schon gekannt und geschätzt haben.

Kapitel 10 Schneewittchen und die vielen Zwerge

Alex erkennt in den beiden anderen von den drei größeren, an der Autobahn gelegenen Apfelmännchen die zwei Schwestern von Schneewittchen.
Er sieht dem Zug der Zwerge in die Unendlichkeit zu und versinkt in einem von ihnen in einen bunten Traum.

Morgendliches Sightseeing

Die Autobahn, umsäumt von einem Streifen grünen Feldes, lag in gelblichem Licht. Ihr schnurgerader Verlauf verführte zu hoher Geschwindigkeit. Dennoch nahm Alex sich Zeit. Er genoss den Anblick der Sehenswürdigkeiten mit ihren vielen Farben und Gestalten, der sich ihm während der Fahrt von dem ersten der drei größeren Apfelmännchen, die die Autobahn säumten, zum mittleren, dem kleinsten der drei, bot. Er hatte schon viele Rastplätze von unterschiedlicher Größe und Gestalt passiert, und jedes Mal war er nur knapp der Versuchung entgangen, Halt zu machen und den winzigen Apfelmännchen, die er dort vermutete, einen guten Morgen zu wünschen. Allerdings wollte er sich nicht schon am frühen Morgen eine Rüge von seinem Programm einhandeln. So durchfuhr er schweren Herzens alle kleinen Raststätten ohne Halt.

Da fiel ihm ein, dass er sie vielleicht wenigstens hätte zählen sollen. Doch wie realistisch war dieses Vorhaben überhaupt? Natürlich hätte er mühelos alle diejenigen Raststätten erfassen können, die beim Vorbeihuschen aufgetaucht wären. Hätte er jedoch die Fahrt verlangsamt und die Autobahn mit einem Tubus des Herrn Lichtenberg abgesucht, so wäre ihm auf jeweils der gleichen Wegstrecke eine vielfache Anzahl erschienen. Bei einer noch höheren Vergrößerung wäre aus diesem Vielfachen wiederum ein Vielfaches entstanden. Und so weiter, und so fort. Er verwarf den Gedanken, die Raststätten zu zählen, denn er konnte unmöglich jede besichtigen, und beließ es dabei, die morgendliche Fahrt zum mittleren Apfelmännchen nicht durch fragwürdige Experimente zu belasten.

Lieber wollte er das Besuchsprogramm durchdenken. Das war im Handumdrehen erledigt: Hinterende, Hals und oberer Aufsitzer mit Ausläufer waren die Stichworte, die ihn leiten sollten. Die Fahrt zum mittleren Apfelmännchen auf der Autobahn geriet zu einer unbeschwerten Sightseeing-Tour, die viele Sehenswürdigkeiten bot, seinen

Computerverstand aber nicht allzu sehr strapazierte. Er war deshalb richtig froh, als er sich endlich dem Ziele näherte und die erste Aufnahme machen konnte.

166

Schneewittchen Nr. 2

Der Platz, auf dem das Apfelmännchen lag, hatte die Form eines achtzackigen Sternes. Zwei der Zacken bildeten die durchgehende Autobahn; die anderen strahlten als Sackgassen in die bunten Felder aus. Gleichmäßig angeordnet endeten vier der Sackgassen bereits in dem grünen Feldstreifen, während sich zwei bis in die entfernteren braunen und grauen Regionen erstreckten. Der Kreisverkehr um den Platz herum war rot markiert. Außerhalb des roten Kreises strahlte das gelbe Licht der Autobahn; das Innere war von einem leuchtenden, hellen Blau erfüllt, welches das Apfelmännchen umschloss.

Aus geringerer Entfernung besehen löste sich das Blau des Innenkreises in ein ganzes Farbensemble auf, in dem neben Hellgrün, Hell- und Dunkelblau nun auch Schwarz, Grau, Braun und Dunkelgrün hervortraten. Der Architekt dieser Anlage musste nach derselben Vorlage gearbeitet haben wie der, der für das gestrige Apfelmännchen verantwortlich zeichnete (siehe Seite 158, Abb. 130). Beide unterschieden sich nur in geringfügigen Details, welche die Schönheit der Gesamtansicht indes keineswegs minderten, sondern eher noch erhöhten.

«Bist du etwa auch ein Schneewittchen?», befragte Alex das Apfelmännchen.

Bisher war ihm zwar nicht zu Ohren gekommen, dass Schneewittchen noch eine Schwester besaß,

167 Schneewittchen Nr. 2

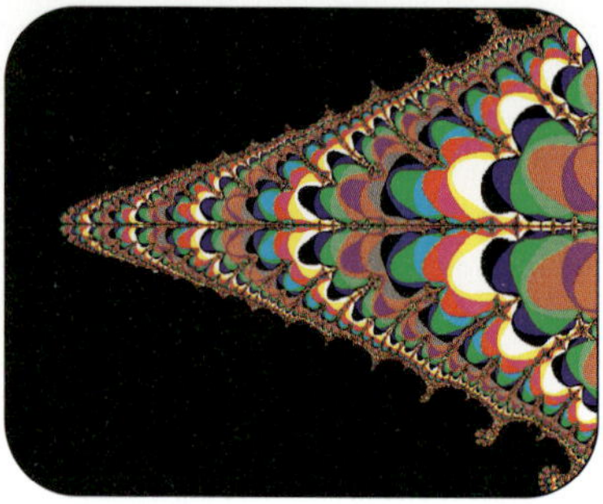

168

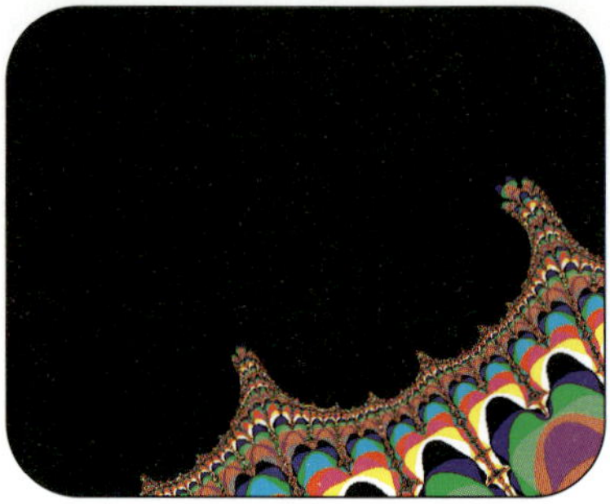

169 Brandungswogen

170

171 Drachenringelschwanz

172 Doppeldrachenringelschwanz

173 Dreierdrachenringelschwanz

die ihm an Schönheit gleichkam, aber nun war es augenscheinlich: Vor ihm stand Schneewittchen Nr. 2, das Ebenbild von Schneewittchen Nr. 1. «Wenn das so ist, dann kann ich wohl gleich weiterziehen», sprach Alex. «Schneewittchen bleibt Schneewittchen. Kenn ich das eine, so kenn ich auch das andere.»

Jetzt zogen Neugier und Gewissen jedoch am gleichen Strang. Denn um dem Großen Apfelmännchen berichten zu können, er habe ein zweites Schneewittchen entdeckt, musste er wohl einige Fakten über den bloßen Augenschein hinaus liefern. Die Stichworte, die er sich für sein Besuchsprogramm notiert hatte, waren das Mindeste, das es einzulösen galt. Dieses Minimum ließ sich gut und gern im Laufe des Vormittags erledigen, mutmaßte er, besonders wenn er heute alle Gefahrenstellen, die ihn im ersten Schneewittchen so aufgehalten hatten, vermied.
In der gewohnten Reihenfolge richtete er das Mikroskop als Erstes auf das Hinterende des Apfelwittchens. Die Ähnlichkeit zum gestrigen war nicht zu leugnen (siehe Seite 160, Abb. 132), wenngleich die kleinen Rastplätze, die auf der von den Urwaldriesen umsäumten Autobahn lagen, im Unterschied zum gestrigen Bild hier und da rechteckige Form hatten.
Nun galt es, sich zu verkleinern, um das Geschehen auf dem Hinterende im Detail prüfen zu können. Bei Lichtstärke 160 erkannte er die aufsteigenden Brandungswogen, die sich kaum von denen in Aufnahme 135 (siehe Seite 161) unterschieden. Immerhin ließ er sie sich bei Lichtstärke 320 noch überschlagen und erste Gischtspritzer ausbilden, um auch in dieser Beziehung sicher zu sein, dass alles so war wie auf den gestrigen Bildern (siehe Seite 161, Abb. 136–137). Damit glaubte er, die Abenteuer unter der Brandungswelle umgehen zu können. Luftblasenapfelmännchen, aber auch Feuerfischschlünde und Seeigel würden ihm hier ebenfalls in unendlicher Anzahl begegnen wie dort.
Auch am Halse von Schneewittchen Nr. 2 erwartete ihn nichts grund-

174 Sackgasse

sätzlich Neues: Außer falschen Apfelmännchen tummelten sich am rechten Rand Drachenringelschwänze der einfachen Art und links die doppelten. In ihren Windungen hätte er Ringelschwanzapfelmännchen finden können. Doch stand ihm hier und heute keineswegs der Sinn danach, alle seine gestrigen Abenteuer mit der Drachenbrut noch einmal zu bestehen. Stattdessen steuerte er die Halbinsel der Dreierdrachenringelschwänze an, die er in der gleichen Richtung zu finden gedachte wie die gestrige. Dort angekommen, gelang ihm bei Lichtstärke 320 die Aufnahme 173. Überzeugt euch bitte, wie sich die Bilder gleichen (siehe Seite 182, Abb. 162, und Seite 206, Abb. 173).
Mit einem kurzen Blick auf die gezickzackte Sackgasse (Abb. 174) und

175 Blitzapfelmännchen

das im großen Zickzack eingeschlossene Apfelmännchen beendete er seinen Kontrollgang durch Schneewittchen Nr. 2, notierte sich aber noch, dass das heutige Blitzapfelmännchen im Unterschied zu dem gestrigen (siehe Seite 185, Abb. 165) eine fast waagerechte Lage hatte.

Nach vollbrachtem Werk – es war gerade erst Mittag – lagerte Alex in dem grünen Randstreifen der gelblich schimmernden Autobahn. Denkt aber bloß nicht, dass er jetzt ein Mittagsschläfchen halten wollte. Ein Nickerchen bei Tage – das ist nicht nach Computerart. Er beriet sich vielmehr mit seinem Programm. Sein Vorschlag, sofort zum nächsten Apfelwittchen weiterzureisen, dem größten der drei auf der

Autobahn gelegenen, traf auf Zustimmung. Zumal zu erwarten war – und auch ihr ahnt es sicher schon –, dass sich dieses als Schneewittchen Nr. 3 entpuppen würde. Sollte das wirklich der Fall sein, so könnte die Besichtigung ebenfalls in kürzester Zeit erfolgen, sodass noch am heutigen Tage der Marsch auf die Nasenspitze des Großen Apfelmännchens möglich war, auf dem vielleicht wieder neue Abenteuer warteten.
Heraus also aus dem grünen Feld, hinauf auf die Autobahn, und ab geht's in Richtung des größten der drei Apfelmännchen!

Schneewittchen Nr. 3

Wieder huschten die vielen kleinen Rastplätze mit ihren Bewohnern vorbei. Und wieder musste Alex an sich halten, um nicht anzuhalten. «Führet mich nicht in Versuchung!», beschwor er sie. Um seiner Bitte Nachdruck zu verleihen, schaltete er Abblendlicht 160 ein, wodurch die Autobahn besser zu sehen war, die Rastplätze aber etwas in Dunkel gehüllt wurden. Erst als er dem Apfelmännchen hinreichend nahe gekommen war, ging er zu Lichtstärke 1600 über. In der Tat: Das war Schneewittchen Nr. 3!

Mit der ihm eigenen Sorgfalt dokumentierte Alex wieder Hinterende, Halsgegend und oberen Aufsitzer mit Sackgasse und fand alles so, wie er es von Schneewittchen Nr. 1 und Nr. 2 her kannte. Wir erlassen ihm die entsprechenden Bilddokumente und vertrauen seinem abschließenden Kommentar: «Schneewittchen, wie es leibt und lebt.»

176 Schneewittchen Nr. 3

Ein oder drei Schneewittchen

In dem Moment, als er den Schlussstrich unter diese Aktion ziehen wollte, sah er jedoch die drei Schneewittchen noch einmal vereint in einem Bilde vor sich. Und fragte: «Ein oder drei Schneewittchen?»
Die Frage kam so unverhofft und traf ihn so unvorbereitet, dass er im ersten Augenblick keine Antwort parat hatte. Das war auch wirklich eine verflixte Situation! Natürlich hatte er es mit drei Schneewittchen zu tun; er konnte ihre verschiedenen Standorte auf der Autobahn sogar genau benennen. Andererseits waren sie Ebenbilder voneinander und sogar alle drei Ebenbilder des Großen Apfelmännchens. Drillinge?

Oder nur ein einziges, das ihm, nachdem er eine Stelle verlassen hatte, an einer anderen wieder begegnete?

«Märchenforscher müsste man sein», wünschte sich Alex. «Die Märchenforschung hat bestimmt schon längst herausgefunden, wie viele Schneewittchen im Märchen eigentlich auftreten.» Doch darin irrte er sich. Sie hatte sich überhaupt noch nie mit dieser Frage beschäftigt. Vielleicht war sie ihr auch bewusst aus dem Wege gegangen.

Überlegt einmal selbst: Da war zuerst das sieben Jahre junge Schneewittchen, schön wie der klare Tag und mit Wangen weiß wie Schnee, mit Lippen rot wie Blut und mit Haar so schwarz wie Ebenholz. Die böse Stiefmutter wollte es von einem Jäger umbringen lassen, der aber hatte Mitleid, schenkte ihm das Leben und überließ es in dem großen Walde mutterseelenallein seinem Schicksal. So kam Schneewittchen zu den sieben Zwergen. Als die stolze Königin von dem Zauberspiegel erfuhr, dass Schneewittchen noch am Leben war, verkleidete sie sich als alte Krämerin, überlistete das arglose Schneewittchen und schnürte es, bis es «für tot» – wie es im Märchen heißt – hinfiel. Erst durch der Zwerge Beistand wurde es wieder lebendig. Das zweite Mal betörte das scheinheilige Weib das arme Schneewittchen mit einem vergifteten Kamm. Die Zwerge besorgten auch diesmal Schneewittchens Auferstehung. Das dritte Mal fiel es für tot zur Erde nieder, als die als Bäuerin verkleidete Stiefmutter es von dem vergifteten Apfel kosten ließ. Von diesem dritten Tod konnten es selbst die Zwerge nicht mehr erretten; erst die Diener des jungen Königssohnes, die Schneewittchens gläsernen Sarg trugen und mit ihm über einen Strauch stolperten, bewirkten das Wunder der dritten Auferstehung.

Hätte Alex all das bedacht, so wäre ihm die Antwort auf seine Frage leicht gefallen. Das eigentliche Schneewittchen, die junge und schöne Königstochter, feierte dreimal Auferstehung. Die wieder zum Leben erweckten Schneewittchen eins bis drei ähnelten sich in ihrer Dreieinigkeit aufs Haar und waren ein und dasselbe. Und zugleich glichen alle drei dem ursprünglichen, dem eigentlichen Schneewittchen und waren mit ihm eins. Wie hatte der Herr Lichtenberg doch gesudelt:

«Alles ist sich gleich, jeder Teil repräsentiert das Ganze»?

Was aber den jungen Königssohn betrifft, so hatte er in Wirklichkeit an Schneewittchens dritter Wiedergeburt überhaupt keinen Anteil. Die Märchenerzähler haben ihn nur erfunden, damit Schneewittchen zum guten Schluss eine standesgemäße Hochzeit feiern kann, denn sonst hätte es einen der Diener des Königssohnes heiraten müssen, und zwar den, der als Ungeschicktester von allen zuerst über den Strauch stolperte. Und der hätte sich bestimmt gefreut. Und hatte es auch verdient. So ungerecht geht es im Märchen mitunter zu! Im Leben etwa nicht?

Wo bleiben die Zwerge?

Ja, ich weiß schon, was ihr fragen wollt: wo denn die Zwerge bleiben? Gemach, sie bereiten ihren Auftritt schon vor.

Eigentlich haben sie Alex schon seit dem frühen Morgen und sogar schon auf seiner gestrigen Reise begleitet. Und natürlich hatten sie den Heinzelmännchen Alex' bevorstehende Ankunft in der kleinen Herberge zwischen Schneewittchen eins und zwei signalisiert. Sie waren ihm nur nicht aufgefallen. Mit seiner Vermutung, dass sich in jeder der Raststätten Apfelmännchen befanden, lag er richtig. Diszipliniert, wie er war, hatte er indes bei keiner angehalten. Jetzt aber, nachdem Schneewittchen dreimal auf wundersame Weise wieder zum Leben erweckt worden war und wir alle uns seiner Schönheit erfreut haben, drängen auch die Zwerge ans Licht und wollen nicht länger im Verborgenen bleiben. Aus jeder der kleinen Raststätten entlang der Autobahn lugt ein Zwergapfelmännchen hervor, zwischen Schneewittchen eins und Schneewittchen zwei ebenso wie zwischen Schneewittchen zwei und drei.

Alex aber, der gerade überlegte, wie weit er am heutigen Tage auf der

Autobahn noch vorankommen könnte, hatte den Blick verständlicherweise nach vorn gerichtet, sah die vielen kleinen Zwerge demnach nicht. Das macht aber nichts; lassen wir ihn ruhig gewähren. Auf seinem Weg muss und wird er sie zu Gesicht bekommen.

Nach dem letzten der drei Schneewittchen war die Autobahn ziemlich schmal und fast zu einem dünnen Strich in der bunten Landschaft geworden. Fahrzeuge konnten sie nicht mehr befahren. Wer ab hier weiterwollte, musste entweder zu Fuß gehen oder sich über sie erheben. Alex entschloss sich zu beidem. Als Märchencomputer fiel ihm das Fliegen ebenso leicht wie das Gehen. Und beide Bewegungsarten haben ja ihre Vorzüge. Fliegen verschafft weite Sicht und den Überblick. Gehen dagegen verhilft zum Verständnis von Details.

Zunächst jedoch maß Alex die Strecke aus, die ihn von der äußersten Nasenspitze des Großen Apfelmännchens noch trennte. Wenn er den Startpunkt nicht weit hinter Schneewittchen wählte, ließ sie sich in genau vier aneinander anschließende Abschnitte aufteilen. Ob er alle vier heute noch besichtigen konnte, hing davon ab, was ihm in jedem von ihnen begegnete.

Den ersten Abschnitt überschaute Alex im Fluge. Aus geringer Höhe erkannte er viele kleinere Raststätten und noch mehr kleinere Herbergen. Jede schien von anderer Gestalt. Ob sich Apfelmännchen in ihnen verbargen, war aus dieser Entfernung nicht mit Sicherheit zu sagen. Jeder der Plätze war so winzig, dass, wenn sie überhaupt bewohnt waren, sie nur Zwergapfelmännchen Raum bieten konnten.

177 Erster Abschnitt

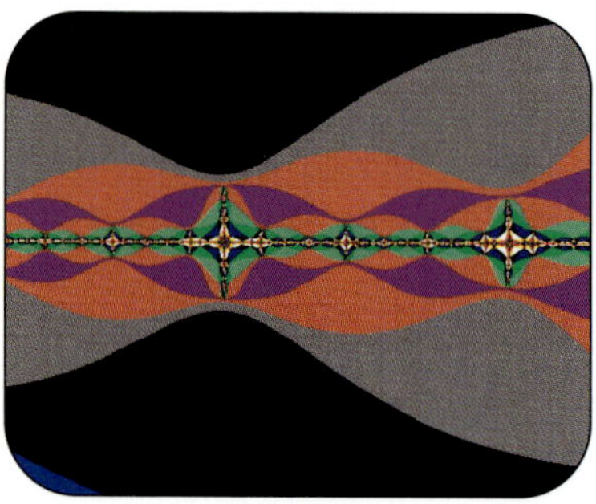

Ihr seht, jetzt haben wir Alex endlich mit der Nase auf die Zwerge gestoßen. Es wurde auch wahrlich Zeit, denn bis zur äußersten Nasenspitze des Großen Apfelmännchens sind es nur noch drei Abschnitte!

Dreimal Zirkus

Nun erlaubte selbst das Programm, dass Alex einem der hier ansässigen Zwergapfelmännchen seine Aufwartung machte. Der entschied sich für das erste der beiden größeren, die in seinem Blickfeld lagen. Ganz dicht senkte er sich auf es herab. Lichtstärke 1600 brachte ein nach allen Seiten locker gespanntes Zirkuszelt an den Tag, das nach oben hin offen war. Die Öffnung gab den Blick auf das am Grunde des Zeltes lagernde Zwergapfelmännchen frei.
Im Vergleich zu Alex, der ganz klein geworden war, erschien der Zwerg sehr groß. Fast hätte man denken können, er sei ein weiteres Schneewittchen. Alex aber wusste Bescheid. Der Überblick über den ersten Abschnitt sagte ihm, dass hier nur Zwerge leben konnten. Außerdem war jedes der drei Schneewittchen noch von Urwaldriesen eingeschlossen gewesen, durch welche die Autobahn als gut sichtbares breites Band führte. Hier aber hob sich weder eine Autobahn ab, noch waren die mächtigen Stämme von Urwaldgiganten zu sehen. Die Streben des Zirkuszeltes waren alle von gleicher Dicke, wenngleich auch unterschiedlich lang, und zwischen ihnen wölbte sich das mehrfach gefaltete, bunte Tuch des Zeltes.
«Welche Vorstellung mag dort heute Abend stattfinden?», meldete sich Alex' Neugier. Er verspürte große Lust, durch die Öffnung hinabzusteigen und dem bunten Treiben aus der Nähe beizuwohnen. Denn schließlich kannte er sich in artistischen Kunststücken bestens aus und hätte als Dauertaucher, Drachendompteur und Blitzebändiger ohne weiteres eine vielseitige Zirkuskarriere machen können.

Was meint Ihr, hätten seine Nummern in das Zirkusprogramm dort unten gepasst? Ich glaube schon! Leider aber ziehen sich Zirkusabende mitunter bis spät in die Nacht hin, und immerhin waren noch drei Abschnitte zur Besichtigung verblieben, die Alex möglichst heute noch hinter sich bringen wollte. Er dirigierte sich in die Flughöhe, aus der er den gesamten Abschnitt wieder im Bild hatte, und flog mit Lichtstärke 160 bis zu jenem Punkt, von dem aus er den zweiten Abschnitt voll überblicken konnte.

Das herausragendste Objekt in diesem Bereich war ein in einen achtzackigen Stern eingefasstes Zwergapfelmännchen. Weiterhin grüßten drei von mittlerer Größe herauf sowie mehrere ganz kleine. Für Alex wäre es ein Leichtes gewesen, den Zwerg im Stern in näheren Augenschein zu nehmen. Er sah jedoch davon ab, weil er sich jetzt mehr und mehr um die Zwerge unter den Zwergen kümmern wollte. Im ersten Abschnitt war er noch zu einem der beiden größeren Zwerge hinabgestiegen; hier im zweiten entschied er sich für einen der mittelgroßen, und zwar für den, welcher in der linken Bildhälfte liegt (Abb. 180).

178 Zwergapfelmännchen Nr. 1

179 Zweiter Abschnitt

180 Zwergapfelmännchen Nr. 2

181 Dritter Abschnitt

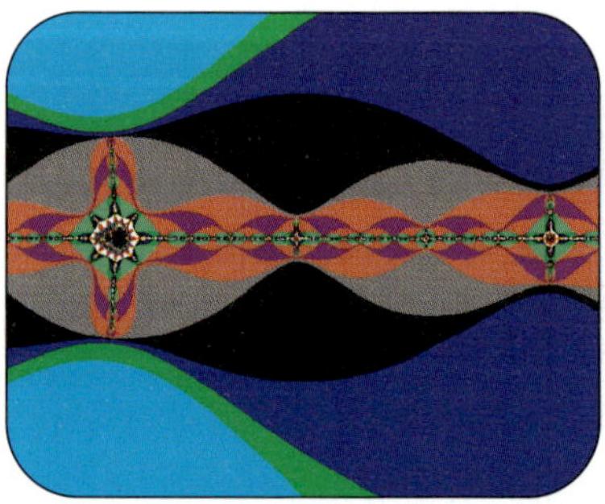

Doch offensichtlich spielte die Größe der Zwerge keine Rolle. Obwohl unterschiedlich groß, stellte sich bei näherem Herangehen heraus, dass sie fast einer wie der andere aussahen. Auch dieser mittelgroße hier war von einem Zirkuszelt eingefasst, dessen Konstruktion bis auf die Färbung des Zelttuches ganz derjenigen glich, die Alex im ersten Abschnitt schon gesehen hatte. Er brauchte demnach auch hier nicht länger zu verweilen und flog sogleich zum dritten Abschnitt weiter. In ihm residierte – offenbar als Hauptmieter – ebenfalls ein in einen achtzackigen Stern eingefasster Zwerg. Einige von mittlerer Größe und eine nicht genau bestimmbare Zahl von ganz kleinen ergänzten das Bild. Diesmal machte Alex eine Stichprobe an einem der ganz kleinen, der etwa in der Mitte des Bildes liegt.

182 Zwergapfelmännchen Nr. 3

Und wieder erschien das Zirkusrund. Diesmal verdiente es die Bezeichnung aber wirklich. Alex glaubte nachträglich feststellen zu können, dass sich das offene Oval, durch das er von oben in die Zirkuszelte hineingeschaut hatte, von Mal zu Mal zu einem Rund geformt hatte. Damit war auch schon der vierte Abschnitt an der Reihe.

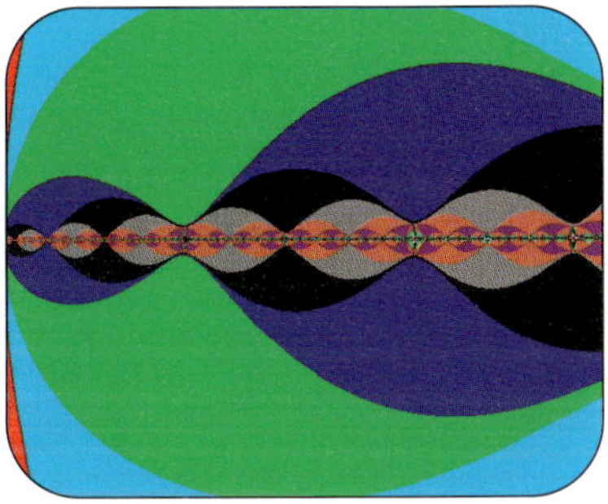

183 Zug der Zwerge in die Unendlichkeit

Der Zug der Zwerge in die Unendlichkeit

Die letzten Beobachtungen hatte Alex ziemlich routinemäßig durchgeführt. Die Schar der aufeinander folgenden Zwerge war im Grunde doch recht eintönig, wenn auch jeder einzelne eine Schönheit für sich darstellte. Hier im vierten Abschnitt aber erwartete ihn etwas grundsätzlich Neues. Irgendetwas musste sich hier ereignen, denn am Horizont war der Punkt, an dem die Große Weiße Ebene begann. Dort verschmolzen der gelbe Kreis, das fuchsinfarbene Ei, die rote Birne, die türkisblaue Glocke, der grasgrüne Frosch und so weiter alle in einem einzigen Punkt, in dem das Große Apfelmännchen das Weiße Nichts mit seiner Nasenspitze berührte. Der vierte Abschnitt war nicht nur der letzte seiner heutigen Tagesreise, sondern zugleich die letzte Etappe seiner Reise quer durch das Große Apfelmännchen hindurch, die er am rechten Hinterende begonnen hatte und nun an der äußersten linken Spitze der Nase beenden würde. Von den vier, die er am heutigen Abend durchreiste, sei dieser Abschnitt der wichtigste und interessanteste, meinte Alex.

Länger als gewöhnlich hielt er sich in der Höhe auf, aus der er den gesamten Abschnitt bis zum Grenzpunkt überblicken konnte. Der feine dünne Strich in der Mitte des Bildes ließ schon kaum noch daran glauben, dass auf ihm Apfelmännchen Platz finden könnten, und seien es noch so zwergenhafte. Wenn er aber an dem Bild der Zwerge festhalten wollte, dann – so schien es ihm – wurden ihrer immer mehr, je kleiner sie in Richtung der Nasenspitze wurden.
«Der Zug der Zwerge in die Unendlichkeit» – kam ihm ein Titelvorschlag für dieses Bild in den Sinn. Aber das war, wie er sich sofort eingestand, ein Vorgriff, denn noch hatte er nicht erwiesen, dass da wirklich immer noch Zwergapfelmännchen dahinzogen.
Um ganz sicherzugehen, näherte er sich der Grenze, bis er in den Bereich des kleineren blauen Ovals kam. In dessen Mitte, dort, wo in dem hellen Oval die beiden rot-bräunlichen aneinander stießen, pickte er einen kleinen grünen Punkt heraus. Kaum zu glauben, dass der vielleicht die grüne Zipfelmütze eines Zwergapfelmännchens oder gar ein komplettes Apfelmännchen sein sollte.
Alex machte sich klein und noch viel kleiner, und näher und immer näher ging er auf den grünen Punkt zu. Je näher ihm Alex aber kam, löste der sich in immer mehr Farben auf, nahm allmählich Form und

184 Das gibt es nur im Märchen

185

186

187

188

189

Gestalt an und präsentierte sich schließlich in der Tat als Zwergapfelmännchen.
Wäre Alex ein Künstler oder ein großer Schriftsteller wie die Herren Goethe und Lichtenberg, so hätte er gewiss treffende Worte gefunden, die Schönheit des Bildes wiederzugeben, das sich ihm darbot. Ihm aber verschlug es fast die Sprache. Wie sollte er dem Großen Apfelmännchen beschreiben, welch wunderschöne Gebilde es in sich barg? Er versuchte es gar nicht erst, es wäre ihm ohnehin nicht geglückt. Alles, was er sich für seinen Bericht notierte, war, dass dieses Zwergapfelmännchen in eine Umgebung eingebettet war, die nichts mehr von der bunten Wildheit der Urwaldgiganten an sich hatte, die er auch nicht mehr als nach oben offenes Zirkuszelt ansehen konnte. Für diese schöne und elegante Regelmäßigkeit der Formen und Farben fand er lediglich die Worte:

«Das gibt es nur im Märchen!»

«An diesem Ort möcht ich verweilen», signalisierte Alex seinem Programm. Das hatte keine Einwände. Das Tagespensum war ohnehin erfüllt. Von der Grenze zum Weißen Nichts trennte ihn nur noch eine winzig kleine Entfernung.
Genau die aber war das Problem. Sie würde, wie Alex annahm, zur Wettlaufstrecke zwischen Achilles und der Schildkröte werden. «Und wenn schon», sagte er sich, «den morgigen Tag könnt ich getrost damit verbringen, zu schauen, womit der Weg in die Unendlichkeit gepflastert ist. Für heute aber bleibe ich in dieser Märchenwelt!»
Er machte es sich in der Mitte des Apfelmännchens bequem und ließ seinen Blick rundum schweifen. Schon halb im Traum sah er noch einmal ein reizendes Hinterteil, auf ihm sich überschlagende Brandungswogen sowie Drachenringelschwänze der einfachen, der doppelten und der gedreifachten Art.
«Blau, lila, rot und …», zählte er. Dann war es ganz bunt um ihn her, und er entschlummerte. Kein Blitz und kein Donner weckten ihn aus seinem Traum.

Kapitel 11 Unplanmäßiger Aufenthalt im Museum für Indianische Kunst und im Reich der Blauen Blume

Darin es nicht nur märchenhaft, sondern auch höchst romantisch zugeht, indem Alex zweimal auf die Blaue Blume trifft. In beiden Fällen enthüllt sich als deren tiefstes Geheimnis ein Apfelmännchen.

Ein Traum

> *«So ist mir noch nie zumute gewesen: Es ist, als hätt ich vorhin geträumt oder ich wäre in eine andere Welt hinübergeschlummert»,*

sprach es aus Alex, ohne dass er wusste, woher. Er versuchte sich zu erinnern, aber die Traumbilder waren zu flüchtig. Er bat seinen Speicher, im Verzeichnis «Träume» nachzusehen. Der verlangte jedoch nähere Angaben. Ob es ihm genüge, dass es sehr romantisch zugegangen sei, war alles, was Alex anzubieten hatte. Der Speicher tat, was er konnte. Und förderte folgende Mitteilung zutage:

> Es *«träumte ihm erst von unabsehlichen Fernen und wilden, unbekannten Gegenden. Er wanderte über Meere mit unbegreiflicher Leichtigkeit; wunderliche Tiere sah er; er lebte mit mannigfaltigen Menschen, bald im Kriege, in wildem Getümmel, in stillen Hütten. Er geriet in Gefangenschaft und die schmählichste Not. Alle Empfindungen stiegen bis zu einer nie gekannten Höhe in ihm. Er durchlebte ein unendlich buntes Leben; starb und kam wieder, liebte bis zur höchsten Leidenschaft und war dann wieder auf ewig von seiner Geliebten getrennt. Endlich gegen Morgen … wurde es stiller …»*

Ja, das konnte sein Traum gewesen sein. Träume sollen ja oft phantastische Mischungen aus Bildern von einstmals Erlebtem sein.

«Unabsehliche Fernen und wilde, unbekannte Gegenden» hatte er in den letzten Tagen wahrlich zur Genüge angetroffen. Über und unter Brandungswogen war er *«mit unbegreiflicher Leichtigkeit»*, mitunter freilich auch mit Hilfe von Silica-Gel, umhergewandert. *«Wunderliche Tiere»* mit Einfach-, Doppel- und Dreifachringelschwänzen hatte er gesehen. *«Mannigfaltige Menschen»* waren ihm allerdings nicht begegnet; auch Kriegsgetümmel hatte er nicht vernommen; aber die

Erinnerung an seinen Freund, den Wissenschaftler, war ihm stets gegenwärtig und deshalb wohl in den Traum eingeflossen, ebenso wie sein innigster Wunsch, dass es keine Kriegspiele mehr geben möge – weder für Erwachsene noch für Kinder oder für Computer. Als er von *«Gefangenschaft»* geträumt hatte, waren wohl die Schwarzen Löcher im Spiele gewesen, und in *«schmählichster Not»* hatte er sich vor dem gefräßigen Schlund des Feuerfisches zur Seite geworfen. Er *«durchlebte ein unendlich buntes Leben»* – ja, das traf genau auf ihn zu. Selbst das *«Sterben und Wiederkommen»* war ihm in den vergangenen zwei Tagen in der dreimaligen Auferstehung Schneewittchens begegnet. Was aber *«Liebe bis zur höchsten Leidenschaft»* und *«ewige Trennung von der Geliebten»* betraf, so musste sich etwas in den Traum gemischt haben, das er als Computer nicht kannte, von dem er aber hatte sagen hören, dass es in der Welt der Menschen eine große Rolle spiele und eine «allmächtige Zaubermacht» sei.

Es war ein bewegter, aber schöner Traum gewesen. Und gegen Morgen war es ganz still geworden. Denn kein Blitz und kein Donner hatten seinen Traum gestört.

Blitz oder nicht Blitz?

«Zum Donnerwetter!», fuhr da Alex plötzlich hoch. Mit einem Schlage war er hellwach, und alle Romantik war im Nu verflogen. Was war geschehen? Was hatte ihn mit einem Mal so erregt? Nun, eben die fehlenden Donnerwetter! Was ihm in der Nacht angenehm gewesen, war nun am Morgen zum Problem geworden: Wo waren die gezickten und gezackten Blitze geblieben, die doch alle Schneewittchen auf der Autobahn umgeben hatten?

Erst jetzt fiel Alex sein Versäumnis auf: Er hatte die vielen Zwerge immer nur stichprobenhaft und als ganze zur Kenntnis genommen, ohne sie sich näher – wie die Schneewittchen – zu besehen. Erst im

letzten Winzling, in dem er übernachtet hatte, war sein schon müder Blick rundum geglitten und hatte im Dahindämmern wahrgenommen, dass er in einer seiner gewohnten Welten war.
Aber war er das wirklich? Dann hätte es doch blitzen müssen! Hatte er so fest geschlafen, dass er von dem Donnerwetter nicht aufgewacht war, oder hatte gar keines stattgefunden? Ein Apfelmännchen ohne Blitze, so wollten es seine bisherigen Erfahrungen, war wie ein Computer ohne Bildschirm. Er musste der Sache sofort auf den Grund gehen, bevor er zum langen Marsch zur nahen Grenze aufbrach.

Im Nu war er auf den Beinen. Sorgfältig putzte er Mikroskop, Taschenlampe und Bildschirm blitzeblank; er musste klare, ja klarste Sicht haben. Der Winzling, in dem er sich befand, war einer der kleinsten aus dem blauen Oval kurz vor der Grenze zum weißen Nichts (siehe Seite 217, Abb. 183). Mit Mühe hatte er ihn gestern Abend aus einem einzigen grünen Punkt hervorgelockt. Dieser hatte sich nun zu einem ganzen Universum aufgeplustert, zu einem kompletten Apfelmännchen, bei dem nur fraglich war, ob es über Blitze verfügte. Dieses Detail aufzuklären erforderte, dass alles bestens funktionierte: Mikroskop, Taschenlampe und Bildschirm.
Dem Winzling aufs Dach zu steigen war eine Leichtigkeit. Alex holte Karte Nr. 184 (siehe Seite 219) hervor und steuerte jenen längeren Ausläufer an, der über dem oberen Aufsitzerapfelmännchen liegt und ein wenig nach links weist. Die Frage war: Blitz oder nicht Blitz?

190 Wo ist der Blitz geblieben?

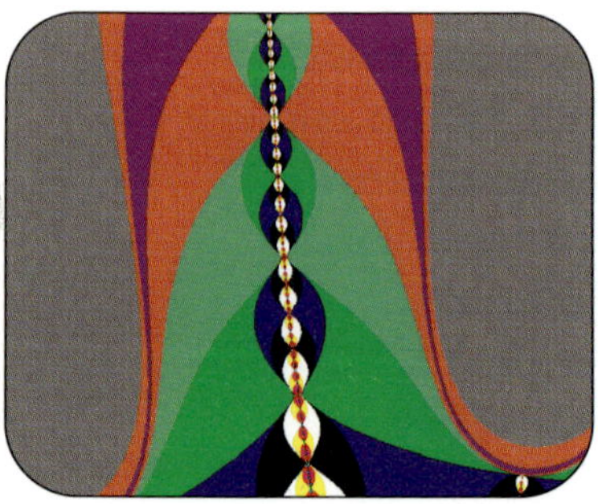

Um es kurz zu machen: Über dem Winzling befand sich tatsächlich kein Blitz. Was Alex hier oben entdeckte, war kein gezickzackter Feuerstrahl, sondern eher das Gegenteil: Herr Lichtenberg hätte vielleicht einen neuartigen Blitzableiter vermutet, so schlank und schnurgerade reckte sich die Dachkonstruktion in die luftige Höhe. Sie reichte so hoch, dass sich ihre Spitze in den Wolken verlor.

Alex hielt sie indes für einen Funk- oder Fernsehturm. Die leichte Linksneigung schien ihm bei der enormen Höhe, die das Bauwerk hatte, normal. Selbst der Berliner Fernsehturm im Zentrum der Stadt beschreibt mit der äußersten Spitze seiner Antenne einen Ausschlag von ungefähr drei Metern, schwankt also bald anderthalb Meter nach der einen Seite, bald anderthalb nach der anderen. Dabei ist er nur dreihundertfünfundsechzig Meter hoch. Dieser hier, auf dem Dach des Apfelmännchenwinzlings, ließ sich allerdings nicht nach Metern messen. Wie hoch er wirklich war, könnt ihr abschätzen, wenn ihr bedenkt, dass auf dem Bild mindestens fünfzig Etagen zu sehen sind und zu ihnen noch die hinzukommen, die in den Wolken liegen.
«Ob der Wolkenkratzer wohl bewohnt ist?», fragte sich Alex. Er hatte große Lust, sich eine der Etagen näher anzusehen. «Aber wenn schon, dann eine hoch oben in der Spitze, wo es am meisten schaukelt», wünschte er sich und verspürte schon ein leichtes Kribbeln in seinen Prozessoren. «Vielleicht ist die Aussicht von dort so imposant wie die vom Empire State Building in New York», fügte er noch großmäulig hinzu, obwohl er nie in New York gewesen war und dieses Bauwerk nur aus Prospekten kannte.
Er erreichte die Spitze aus eigener Kraft. Von Fahrstühlen hielt er ohnehin nicht viel; sie waren ihm zu anfällig und funktionierten meistens gerade dann nicht, wenn sie am nötigsten gebraucht wurden. Kurz unter den Wolken – er hatte sich mehrfach verkleinern müssen! – stoppte er seinen Höhenflug. Ein ovales Fenster bot Einblick in eine der Etagen.

Im VI-SALON

191 Die Blaue Blume

Der Raum war kreuzförmig mit feinstem Parkett ausgelegt, das die Form einer Blauen Blume hatte. Beim Anblick der Blauen Blume erfasste Alex ein unaussprechliches Verlangen. Ihm war, als habe er sich schon lange nach ihr gesehnt und von ihr geträumt, ohne sich dessen je bewusst gewesen zu sein. Ein wunderlicher Zustand! Wo sollte eine so seltsame Leidenschaft für eine Blume bei einem Computer wohl herkommen? Das würde niemand verstehen, nicht einmal er selbst.

Er stand wie gebannt und betrachtete fasziniert dieses Wunderwerk. Die Blaue Blume übte eine magische Anziehungskraft auf ihn aus. Durch das Fenster drang er in die Etage ein, verkleinerte sich aber wohlweislich um ein Vielfaches, um nichts von der hier waltenden Anmut und Eleganz zu beschädigen. Langsam und mit äußerster Vorsicht durchschritt er den blauen Raum in Richtung Zentrum. Und kam aus einem Saal in einen anderen. Und wieder in einen anderen. Und musste sich jedes Mal noch kleiner machen, um in den jeweils nächsten Raum eintreten zu können.

Die Vielfalt der Bilder, mit denen die Örtlichkeiten geschmückt waren, ließ vermuten, dass es sich um ein Kunstmuseum handelte. Eines für moderne Kunst. Oder für alte indianische Kunst? Jedenfalls hatte er solche Bilder noch nie gesehen. Ihr vielleicht? Schaut euch doch bitte das Gemälde an, vor dem sich Alex gerade befindet. In der ganzen Welt des Apfelmännchens, die er bisher bereist hatte, war ihm so etwas noch nicht zu Gesicht gekommen. Ich möchte wetten, dass auch ihr dergleichen noch nicht gesehen habt!

192

Vor lauter Staunen hatte Alex ganz vergessen, Aufnahmen von den vielen bizarren Bildern zu machen. Völlig benommen und damit beschäftigt, sich fortlaufend zu verkleinern, schritt er durch die vielen Säle. Je näher er der Zentralgalerie kam, desto größer wurden seine Augen, sein Staunen und seine Spannung. In den Gemälden selbst wuchs die Spannung zwischen total abstrusen Formen, wohlproportionierter Ausgewogenheit der Farben und verborgener Symmetrie der Gestalten.

Welches bedeutende Kunstwerk mochte sich erst im Zentrum des Museums befinden? Doch bis dahin war es noch weit. Noch schloss sich Saal an Saal, und noch immer musste Alex sich kleiner und kleiner machen, wenn er jeden betreten und alle besichtigen wollte.

193

Schließlich schien er sich doch dem Herzstück der ganzen Anlage zu nähern. Zumindest deutete das in einen achtzackigen Stern auslaufende Rund in der Mitte des Saales darauf hin. Wohl aus Sicherheitsgründen war es von einem fuchsinfarbenen Achteck, einem braunen und einem grauen Quadrat und noch anderen farbigen Figuren eingefasst, ähnlich wie die «Mona Lisa» im Pariser Louvre durch kugelsicheres Glas geschützt ist.

Ehrfürchtig bewegte sich Alex auf das Kleinod zu. Um es besser studieren zu können, verkleinerte er sich noch einmal beträchtlich. Endlich hatte er es in voller Größe vor sich.

194 Wandteppich

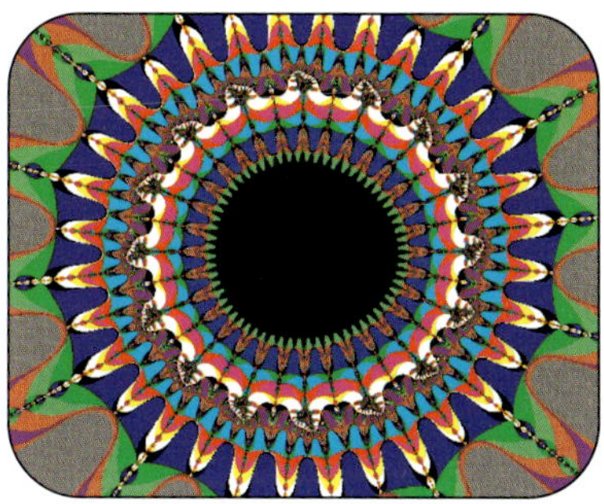

Es war – ein runder Wandteppich! Auf das Sorgfältigste gefertigt, mit den schönsten Ornamenten verziert und mit geheimnisvollen, eingewebten Zeichen! «Vielleicht ein Kalender der Azteken», murmelte Alex.

Im Arbeitszimmer seines Freundes, des Wissenschaftlers, hatte er die Abbildung eines solchen Kalenders einmal gesehen. Er hatte ihm jedoch keine besondere Aufmerksamkeit geschenkt, sonst wäre ihm aufgefallen, dass sich dieser Wandteppich hier sowohl durch die Farbgebung als auch durch die eingewebten Zeichen gründlich von dem Kalender der Azteken unterschied. Außerdem war das hiesige Prachtstück in der Mitte hohl!
Waren der oder die Künstler in ihrer Arbeit aufgehalten worden, sodass der Teppich unvollendet bleiben musste? Oder war ihnen das Material ausgegangen? Oder zeigte sich der Inhalt des Innenkreises nicht jedem, der das Werk betrachtete? Bedurfte es vielleicht magischer Kräfte, um ihn sichtbar zu machen?
«Eine Zauberlaterne müsste man haben», sprach Alex verträumt vor sich hin. So etwas hatte er freilich nicht. Er besaß nur eine Taschenlampe. Aber auch die war ja, wie ihr wisst, keine gewöhnliche. Was hatte er in ihrem Lichte nicht schon alles entstehen und vergehen lassen! Er schaute sich vorsichtshalber im Saale um, ob eine Tafel etwa das Hantieren mit Taschen- und Zauberlampen verbot. Hier war jedoch nichts verboten, nicht einmal das Mitbringen von Mandelbrot und Eistüten.

Die Taschenlampe war auf Lichtstärke 160 eingestellt. Alex rückte sie um eine Null höher und beleuchtete damit den Wandteppich.

195

Die Überraschung war perfekt, als er nun hoch oben über dem Dach des Apfelmännchenwinzlings nahe der Grenze zum Weißen Nichts das bestbehütete Kunstwerk in dieser einzigartigen Gemäldegalerie erblickte: Das Geheimnis der Blauen Blume war – ein Apfelmännchen! Auf seine Art hätte es der Mona Lisa durchaus Konkurrenz machen können. Beide sind unergründlich!

Noch lange verweilte Alex an diesem Ort seiner geheimen Sehnsüchte. Wir wissen nicht, was er hier im Stillen dachte und empfand. Der einzige Satz, den er sprach, war:

> *«Es muss noch viel Worte geben, die ich nicht weiß: wüsste ich mehr, so könnte ich viel besser alles begreifen.»*

Es schien, als sei er selbst zum Bildnis erstarrt. Erst allmählich kam wieder Bewegung in ihn. «Wer mag der Künstler sein, der dieses Kleinod geschaffen hat?», beendete er schließlich seine Andacht mit einer Frage.
Langsam wandte er sich von dem Bilde ab und schritt dem Ausgang zu. Um sich in den vielen Räumen nicht zu verirren, wählte er denselben Weg zurück, auf dem er hierher gefunden hatte. Im letzten Saal bemerkte er eine Tafel mit der Aufschrift

VI-SALON,

die er beim Betreten der Etage mit der Blauen Blume übersehen hatte. Als englischsprachiger Computer deutete er das als

VERY IMPORTANT SALON.

Wenn es ihm mitunter auch romantisch zumute war, unserem Alex, aber ein Romantiker – noch dazu ein deutscher – war er eben doch nicht. Sonst hätte er sofort erkannt, dass «VI-SALON» nichts anderes war als eine rätselhafte Vertauschung der Buchstaben des Wortes

NOVALIS.

Mit der Rückkehr in den VI-SALON hatte Alex seinen Rundgang durch das – nennen wir es: – Museum für Indianische Kunst beendet. Ein Blick auf die Uhr belehrte ihn, dass sich der unplanmäßige Aufenthalt bis über Mittag hingezogen hatte. Über der Neuartigkeit der Eindrücke und Empfindungen, die ihm das Museum vermittelt hatte, war die Zeit wie im Fluge vergangen. Dabei hatte er doch gleich am Morgen den Marsch zur nahen Grenze antreten wollen. Er bereute es jedoch kei-

neswegs, dem fehlenden Blitz nachgegangen zu sein. Ohne diesen Abstecher hätte nicht nur sein Bericht an das Große Apfelmännchen eine bedauerliche Lücke aufgewiesen, sondern er selbst wäre um einen einzigartigen Kunstgenuss gekommen. Von der neuen Erfahrung, dass es auch Apfelmännchen ohne Blitze gibt, ganz zu schweigen.
So viel aber war nun klar: Er würde heute nicht mehr zur Grenze aufbrechen. Die zweite Tageshälfte wollte er damit verbringen, in der Umgebung des Apfelmännchenwinzlings ein wenig umherzustreifen.

In Novalis' Märchen

Von oben – er befand sich noch immer auf der Etage der Blauen Blume dicht unter den Wolken – wagte er einen Rundblick über die Landschaft unter ihm. «Wie wäre es zum Beispiel mit dem Weg dort unten, der vormals» – in einem der vorigen Abschnitte; ihr erinnert euch der gestrigen Reise? – «eine Autobahn war? Gestern habe ich ihn in großer Höhe überflogen. Heute könnte ich ein wenig auf ihm spazieren gehen.»
In bester Stimmung ließ sich Alex – nun wieder entsprechend vergrößert – von dem luftigen Höhenmuseum auf das Dach des Zwergapfelmännchens herab, hangelte sich von einem Blitzableiter zum anderen, bis er den schmalen Weg erreicht hatte, der waagerecht in das Apfelmännchen hinein- und aus ihm herausführte.
Hier war alles so klein, eng und winzig, dass er sich vorkam wie Gulliver bei den Zwergen. Und daher waren einige Verkleinerungsprozeduren nötig, um die ihn umgebende Welt entsprechend größer zu machen. Anstatt es jedoch dem Zufall zu überlassen, wohin sich Alex wenden wird, lasst uns ihn in Novalis' Märchen von der Blauen Blume versetzen und mit ihm gemeinsam nachvollziehen, was dort geschieht. Stellt euch vor, wir begleiten Alex auf seiner Wanderung durch das Wunderland der Blauen Blume:

«Es kam ihm vor, als ginge er in einem dunkeln Walde allein. Nur selten schimmerte der Tag durch das grüne Netz.»

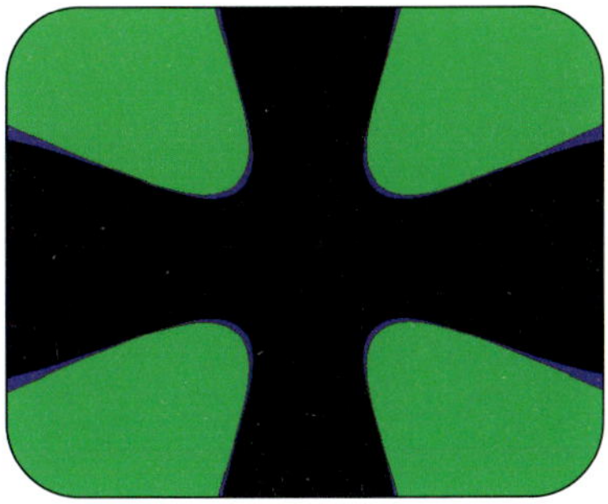

196 Wald

Bei uns schimmert der Tag ziemlich gleichmäßig durch das grüne Netz. Der dunkle Wald ist aber doch ganz echt, nicht wahr? Die geringe Lichtstärke zweiunddreißig, mit der die Taschenlampe scheint, vermag die Dunkelheit nicht zu durchdringen.

«Bald kam er vor eine Felsenschlucht, die bergan stieg. Er musste über bemooste Steine klettern, die ein ehemaliger Strom heruntergerissen hatte.»

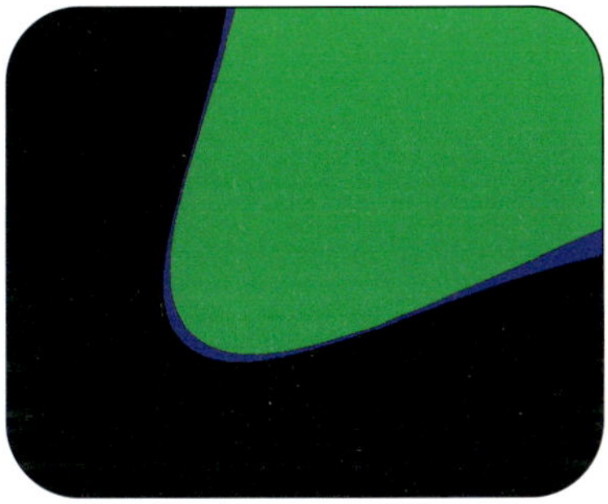

197 Felsenschlucht

Die bergan steigende Felsenschlucht ist, wie ihr seht, so dicht mit grün bemoosten Steinen übersät, dass sie auf dem Bild als durchgehend grüne Fläche erscheint.

«Je höher er kam, desto lichter wurde der Wald.»

Je höher er kam, hatte er nämlich auch die Lichtstärke auf achtundvierzig erhöht. Dadurch wurde es auf dem Waldweg lichter und heller, und es war schon zu erkennen, dass der schmale Pfad keineswegs kahl und unbewachsen war, sondern dass es auf ihm ziemlich bunt zuging.

198 Waldweg

«Endlich gelangte er zu einer kleinen Wiese, die am Hange eines Berges lag.»

Wir haben die kleine Wiese, die bei uns am Fuße des Berges liegt, schon auf dem vorigen Bild von

199 Kleine Wiese

fern sehen können. Jetzt begeben wir uns gemeinsam mit Alex mitten auf die Wiese und bemerken nun:

«Hinter der Wiese erhob sich eine hohe Klippe, an deren Fuß er eine Öffnung erblickte, die der Anfang eines in den Felsen gehauenen Ganges zu sein schien.»

Damit ihr den in den Felsen gehauenen Gang besser erkennen könnt, wollen wir ganz dicht an ihn herangehen. Die Nähe zeigt:

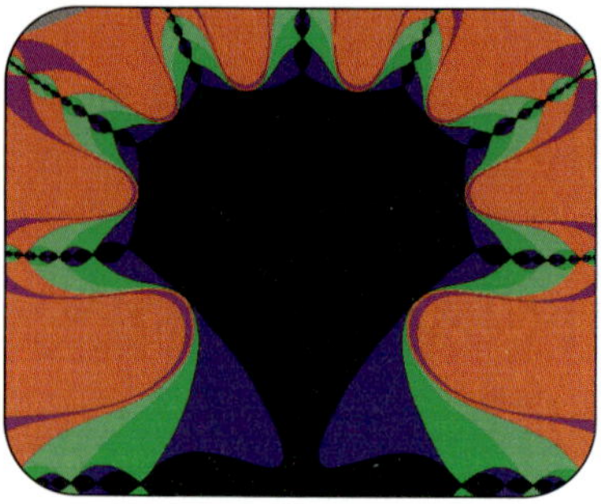

200 Die große Weitung

«Der Gang führte ihn gemächlich eine Zeit lang eben fort bis zu einer großen Weitung, aus der ihm schon von fern ein helles Licht entgegenglänzte.»

Die große Weitung ist wahrlich nicht zu übersehen, aber das helle Licht erschien Alex erst, als er in die Höhle eintrat und die Lichtstärke auf 160 erhöhte:

«Wie er hineintrat, ward er einen mächtigen Strahl gewahr, der wie aus einem Springquell bis an die Decke des Gewölbes stieg und oben in unzählige Funken zerstäubte, die sich unten in einem großen Becken sammelten; der Strahl glänzte wie entzündetes Gold; nicht das mindeste Geräusch war zu hören, eine heilige Stille umgab das herrliche Schauspiel.»

201 Springquell

Würdet ihr das, was ihr auf diesem Bilde seht, besser und einfühlsamer beschreiben können?

Im Märchen von der Blauen Blume wird nun weiter erzählt, was der Held, der bei Novalis natürlich kein Computer, sondern ein schöner Jüngling ist, in dem Gewölbe erlebt:

«Er näherte sich dem Becken, das mit unendlichen Farben wogte und zitterte. Die Wände der Höhle waren mit dieser Flüssigkeit überzogen, die nicht heiß, sondern kühl war und an den Wänden nur ein mattes, bläuliches Licht von sich warf. Er tauchte seine Hand in das Becken und benetzte seine Lippen. Es war, als durchdränge ihn ein geistiger Hauch, und er fühlte sich innigst gestärkt und erfrischt. Ein unwiderstehliches Verlangen ergriff ihn, sich zu baden, er entkleidete sich und stieg in das Becken. Es dünkte ihn, als umflösse ihn eine Wolke des Abendrots; eine himmlische Empfindung überströmte sein Inneres; mit inniger Wollust strebten unzählbare Gedanken in ihm sich zu vermischen; neue, nie gesehene Bilder entstanden, die auch ineinander flossen und zu sichtbaren Wesen um ihn wurden, und jede Welle des lieblichen Elements schmiegte sich wie ein harter Busen an ihn. Die Flut schien eine Auflösung reizender Mädchen, die an dem Jünglinge sich augenblicklich verkörperten.

Berauscht von Entzücken und doch jedes Eindrucks bewusst, schwamm er gemach dem leuchtenden Strome nach, der aus dem Becken in den Felsen hineinfloss. Eine Art von süßem Schlummer befiel ihn, in welchem er unbeschreibliche Begebenheiten träumte und woraus ihn eine andere Erleuchtung weckte.»

Zugegeben, Alex wäre an dieser Stelle des Märchens selber fast in eine Art von süßem Schlummer gefallen. Folgsam schwamm er jedoch gemach dem leuchtenden Strome nach. Die Erleuchtung aber, die ihn

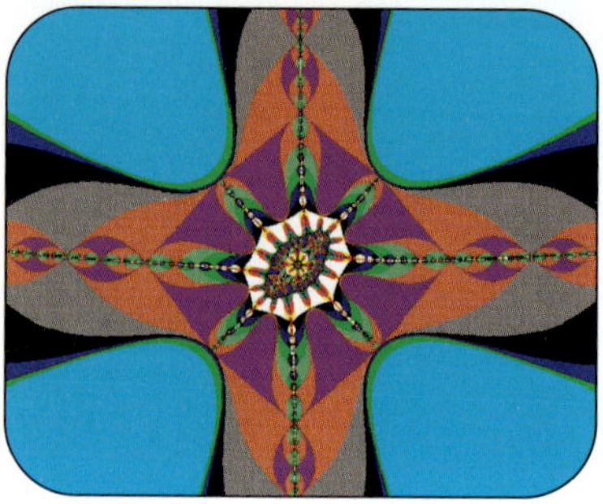

aus dem Traum von unbeschreiblichen Begebenheiten erweckte, war Folgende:

«Er fand sich auf einem weichen Rasen am Rande einer Quelle, die in die Luft hinausquoll und sich darin zu verzehren schien.»

Wenn wir näher an die Quelle herangehen, erkennen wir:

202 Quelle

«Dunkelblaue Felsen mit bunten Adern erhoben sich in einiger Entfernung.»

Und weil wir uns noch mehr nähern und dabei vor allem auf das Licht achten und auf das Stückchen Himmel, das in der linken oberen und in der rechten unteren Ecke des Bildes gerade noch zu sehen ist, heißt es im Märchen:

«Das Tageslicht, das ihn umgab, war heller und milder als das gewöhnliche, der Himmel war schwarzblau und völlig rein.»

203

Ist das nicht merkwürdig: Ein schwarzblauer Himmel? Gewöhnlich erscheint uns der Himmel, wenn er nicht wolkenverhangen ist, in einem strahlend hellen Blau. Im Wunderreich der Blauen Blume indes ist er schwarz und blau. Dunkelblau natürlich. Überzeugt euch selbst: Seht ihr in der rechten unteren Ecke, dort, wo ein kleines Stück vom Himmel ins Bild hineinragt, das Schwarz und das Blau? Und beide Farben nicht etwa gemischt, nein, sondern *«völlig rein»*, genauso wie es im Märchen geschrieben steht.

204 Schwarzblauer Himmel

Jetzt nähern wir uns endlich der Blauen Blume, von der es bei Novalis heißt:

«Was ihn aber mit voller Macht anzog, war eine hohe, lichtblaue Blume, die zunächst an der Quelle stand und ihn mit ihren breiten, glänzenden Blättern berührte. Rund um sie her standen unzählige Blumen von allen Farben, und der köstlichste Geruch erfüllte die Luft.»

205

Leider müssen wir dem Duft der Blauen Blume entsagen; er muss wirklich von der köstlichsten Art und unvergleichlich betörend gewesen sein. Erfreuen wir uns dafür an den unzähligen Blumen in allen Farben, die rund um die Blaue Blume herum stehen. Ist es nicht ein einmaliger und unvergesslich schöner Anblick? Im Märchen heißt es an dieser Stelle:

«Er sah nichts als die blaue Blume und betrachtete sie lange mit unnennbarer Zärtlichkeit.»

206 Ein blauer ausgebreiteter Kragen

Aber es wird noch spannender und noch viel schöner. Zunächst gehen wir noch weiter an die Blume heran, sodass ihr Blütenkelch unser ganzes Bild ausfüllt. Was ihr hier als starres, unbewegliches Resultat seht, ist in der Wirklichkeit des Märchens natürlich allmählich entstanden, und zwar so:

«Endlich wollte er sich ihr nähern, als sie auf einmal sich zu bewegen und zu verändern anfing; die Blätter wurden glänzender und schmiegten sich an den wachsenden Stängel, die Blume neigte sich ihm zu, und die Blütenblätter zeigten einen blauen ausgebreiteten Kragen …»

Auf diesen *«blauen ausgebreiteten Kragen»*, der im Bild gut zu sehen ist und der bei uns noch durch die grünen Fransen hervorgehoben wird,

207

kommt alles an. Er umschließt, wie ihr seht, eine geheimnisvolle Öffnung, mit der es eine wundersame Bewandtnis haben muss.
Und nun treibt das Märchen unaufhaltsam seinem romantischen Höhepunkt zu: Dieser *«blaue ausgebreitete Kragen»* nämlich erweist sich bei Lichtstärke 1600 als ein Rahmen,

«in welchem ein zartes Gesicht schwebte»!

Glaubt ihr nun, dass es wirklich dieses zarte und uns schon so vertraute Gesicht des Apfelmännchens ist, das sich mit der Blauen Blume der Romantik zu einem einzigartigen großen Geheimnis verbindet?
Lasst euch nun noch schnell erzählen, wie das Märchen zu Ende geht:

«Sein süßes Staunen wuchs mit der sonderbaren Verwandlung, als ihn plötzlich die Stimme seiner Mutter weckte und er sich in der elterlichen Stube fand, die schon die Morgensonne vergoldete. Er war zu entzückt, um unwillig über diese Störung zu sein; vielmehr bot er seiner Mutter freundlich guten Morgen und erwiderte herzlich ihre Umarmung.»

Das war Novalis' Märchen von der Blauen Blume. In ihm gibt es die Blaue Blume in nur einem einzigen Exemplar. Im Märchen vom Apfelmännchen dagegen könnten wir viele, viele Blaue Blumen finden, wenn wir nur wollten. Und eine schöner und rätselhafter als die andere!
Vielleicht habt ihr von der geheimnisvollen Blauen Blume auch schon früher gehört und euch gefragt, wo das Land wohl liegen mag, in dem sie sprießt und blüht. Jetzt wisst ihr es:

Das Wunderreich der Blauen Blume liegt in der Nasenspitze des Großen Apfelmännchens unweit der Grenze zum Weißen Nichts!

Kapitel 12 Das russisch-japanische und andere Abenteuer auf dem langen Marsch zur nahen Grenze

Es wird zunächst berichtet, wie Alex sich unweit der Grenze zum Weißen Nichts vor lauter Übermut in eine vielgliedrige Matrjoschka stürzt und infolge eines Missgeschicks anschließend noch weiter durch viele, viele Papierschächtelchen aus feinstem japanischem Pergament hindurchfällt. Springend, grabend und stets neue Apfelmännchen findend gibt Alex den Plan, die Grenze zum Weißen Nichts zu erreichen, schließlich auf und bekennt sich in Verzweiflung zu seiner Endlichkeit.

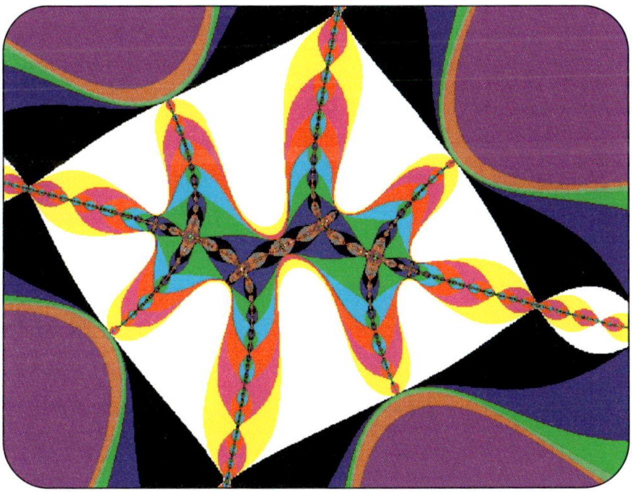

208

«Durch die Wähäldeer, durch die Auen,
zog ich leiheichtehen Sihinns dahahin.»

Mit diesem fröhlichen Lied auf den Lippen zog Alex durch die im morgendlichen Blau strahlende Landschaft. In der Nacht hatte es keine besonderen Vorkommnisse gegeben. Weder Geister noch Heinzelmännchen. Weder Donnerwetter noch wilde Träume. Er war in der besten Stimmung, den vierten, den letzten Abschnitt des Weges bis zur Grenze hinter sich zu bringen.

Schachtelspielzeuge

Welch ein Gegensatz zu dem grünen Wald von gestern, den bemoosten Steinen der Felsenschlucht, der bunten Wiese, der hohen Klippe mit der Weitung und in ihr dem Springquell, der in unzähligen Funken zerstäubte! Keine Spur von unberührter Natur! Die Landschaft hier war mit großer Präzision und kalter Perfektion gestaltet. Alex glaubte, hier könnten Kollegen von ihm am Werke gewesen sein. Nach menschlicher Natur- und Landschaftsgestaltung sah das jedenfalls nicht aus.

In die blaue Ebene war ein schwarzes Oval eingelagert. Dieses barg zwei graue Ovale in sich, ein größeres und ein kleineres. Die grauen enthielten wiederum je zwei braune Ovale; die ihrerseits zwei fuchsinfarbene. Und so setzte sich das fort. Nur die Farben änderten sich: Auf Fuchsinrot folgte ein dunkleres Braun, dann Türkis, Grün, Dunkelblau, Schwarz und so weiter und so fort. «Woran erinnert mich das nur?», arbeitete es in Alex.

Wo hatte er so etwas schon einmal gesehen? Oder zumindest so etwas Ähnliches: In einer Figur steckt eine kleinere, in dieser wiederum eine

noch kleinere, dann die nächste und so fort ... Aber natürlich! Jetzt fiel es ihm ein: Matrjoschkas! Ihr kennt sicher die russischen Matrjoschkas, jene bunt bemalten bauchigen Holzpuppen, die in sich eine gewisse Anzahl immer kleinerer enthalten? Öffnet man die erste, die größte, so kommt in ihr eine zweite zum Vorschein. Nimmt man diese heraus und öffnet auch sie, so steckt in ihr eine dritte. Und so geht das weiter. Eine Matrjoschka gilt als umso wertvoller, je mehr kleinere sie enthält und je farbenprächtiger alle bemalt sind.
Es ließe sich auch eine Matrjoschka denken, in deren kleinster nicht eine noch kleinere steckt, sondern vielleicht ein Bonbon oder eine Perle oder sonst eine Überraschung. Bei seinem Freund, dem Wissenschaftler, hatte Alex einst eine kennen gelernt, die in sich sogar eine Flasche Wodka verbarg. Spielzeuge nach dem Prinzip des Ineinanderschachtelns regen die Neugier an und lassen auf Überraschungen hoffen. Sie eignen sich deshalb auch gut als Geschenke.

In Japan ist es ein schöner Brauch, einem lieben Gast oder einem Freund eigenhändig ein Geschenk zu basteln, dessen Herstellung außerordentliches Geschick erfordert. Man nimmt ein Blatt feinsten farbigen Papiers und faltet es zu einer Schachtel, welche die Form eines Würfels hat, der auf einer Seite offen ist und nicht viel größer als eine Streichholzschachtel sein sollte. Mit dem nächsten Blatt Papier verfährt man ebenso; es muss aber etwas kleiner sein als das erste, denn das aus ihm entstehende Schächtelchen muss gerade so in das erste hineinpassen, dass kaum Luft zwischen den Wänden beider bleibt. So geht das weiter bis zum letzten Schächtelchen, das so klein ist, dass man es kaum noch mit den Fingern fassen kann. Beim Zusammensetzen eines solchen Kleinods geht man natürlich in der umgekehrten Reihenfolge vor: Das kleinere Schächtelchen wird in das jeweils größere gesteckt, und zwar so, dass jedes Mal ein geschlossener Würfel entsteht. An der Zahl der ineinander geschachtelten Kästchen, der Kleinheit des kleinsten und der sorgfältigen Auswahl des farbigen und mit unterschiedlichsten und feinsten Mustern bedruckten Papiers lässt sich bemessen, welcher Grad an Achtung dem Gast oder Freund entgegengebracht wird. Eine der größten Kostbarkeiten seines Freundes war ein solches Geschenk mit dreißig ineinander gesteckten Schächtelchen.

Das Schachtelungsprinzip, auf das Alex hier am Anfang des vierten Abschnitts stieß, unterschied sich von den russischen Matrjoschkas und dem japanischen Gastgeschenk freilich dadurch, dass in jedem Oval jeweils **zwei** kleinere von unterschiedlicher Größe steckten. Auch war überhaupt nicht abzusehen, wie viele hier insgesamt ineinander steckten und wie klein das allerkleinste war. In einem Punkt jedoch konnte sich Alex sicher sein: Wenn dies eine Matrjoschka war, so war sie eine der wertvollsten, wenn nicht überhaupt die wertvollste auf der ganzen Welt. Handelte es sich aber um ein japanisches Gastgeschenk, so musste er hochwillkommen und außerordentlich geachtet sein.
Beides stärkte sein Selbstbewusstsein. Die Versuchung, sich auf ein russisch-japanisches Abenteuer einzulassen, übermannte ihn, und er sprang kopfüber, von just der Stelle, an der er gerade stand, in die erste Matrjoschka hinein.

Sturz durch die Matrjoschkawelten

Das war so Hals über Kopf geschehen, dass Alex gar nicht wusste, wie ihm geschah. Er fiel so schnell, dass ihm schwarz vor Augen wurde. Dann huschte grelles Licht vorbei. Für einen kurzen Augenblick sah er braun, dann zuckte es nur noch: rot – braun – türkis – grün – dunkelblau – … Er musste den Bildschirm abdunkeln, denn die rasche Folge greller Farben war nicht zu ertragen. Er durchrauschte eine Matrjoschka nach der anderen und sah sich schon zerschmettert zu Füßen der letzten liegen.

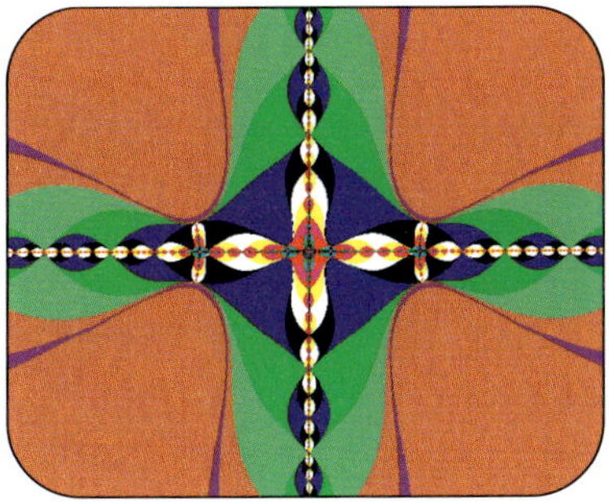

209

Da überzog sich der Bildschirm plötzlich mit einem gleichmäßig hellen Licht. Als Alex ihn wieder normal eingestellt hatte, bemerkte er erleichtert, dass sich unter ihm die festen Konturen eines kreuzförmigen Bauwerks abzeichneten, auf das er langsam herabsank.

Er schien in der letzten Matrjoschka angekommen, und der Himmel hatte ihn vor dem harten Aufprall bewahrt. Von dem hellen Gebäude unter ihm, das in Weiß, Gelb, Fuchsinrot und Türkis erstrahlte und auf einem dunkelblauen, auf der Spitze stehenden Quadrat errichtet war, gingen nach den vier Richtungen des Kreuzes Wege ab, auf denen sich noch viele kleinere Nebengebäude von ovaler Form anschlossen. Oder waren es Perlenschnüre mit neuen Matrjoschkas? Zwei dieser Nebengebäude bildeten allerdings eine Ausnahme. Sie standen quer zum Weg, waren von länglicher Form und leicht gebogen.
Alex, der inzwischen seine Fassung wiedergewonnen hatte, atmete dreimal tief durch. «Wenn ich es recht betrachte», sprach er, «so hält das Apfelmännchen hier am Grunde der letzten Matrjoschka seine übliche Überraschung für mich bereit, nämlich sich selbst.» Er vermutete, dass das Bauwerk, zumindest in seinem zentralen Teil – in der Mitte des blütenförmigen Kreuzes –, von einem Apfelmännchen bewohnt war.
Was meint ihr, sollen wir ihm das glauben? Darf er und dürfen wir seinen Erfahrungen so sehr trauen? Ich nehme ihm das nur ab, weil ich an die Blaue Blume glaube. Und weil es keine Blauen Blumen ohne Apfelmännchen gibt. Und weil es nicht von der Farbe abhängt, ob ein Apfelmännchen in einer Blume steckt oder nicht.
Also ersparen wir es ihm, den zentralen Teil des blumigen Palastes nach Apfelmännchen zu durchsuchen. Außerdem hatte er sich ohnehin schon dem einen der zwei auffallenden Nebengebäude zugewandt.

210

Durch eine leichte Biegung erhielt das Bauwerk eine höchst anmutige Gestalt. Ebenfalls sehr originell war die Idee der Erbauer, den beiden Eingangstüren, durch die man vom Wege her in das Gebäude hineingelangte, dieselbe Form zu geben, wie sie dem gesamten Gebäude eignete. Die mit durchsichtigem blauem Glas überdachte Zentralhalle aber war innen mit einer Blauen Blume ausgelegt.

Ich hätte es doch für gut befunden, wenn Alex sich wenigstens jetzt die Mühe gemacht hätte, das Mikroskop auf die Zentralhalle und die Blaue Blume zu richten. Nicht um sich zu überzeugen, ob dort ein Apfelmännchen wohnt, denn daran zweifeln wir inzwischen nicht mehr, sondern weil er sich viele Male hätte verkleinern müssen, und bei jeder Verkleinerung hätte er uns neues Vergnügen an immer neuen und faszinierenden Bildern beschert. Er aber hatte anderes vor: Er wollte in den oberen Seitenflügel hinein und sich dort am Ende des Ganges etwas umsehen. Vielleicht hoffte er, von dort eine bessere Aussicht auf die Umgebung zu bekommen. Deshalb folgte er dem Bogen des Ganges bis kurz vor dessen Ende. Dort verkleinerte er sich so weit, dass es ihm gelang, in das Schlüsselloch eines der vielen Zimmer hineinzukriechen.

211 Alex im Schlüsselloch

Der Sprung aus dem Schlüsselloch

Ganz klein saß er hoch oben im Schlüsselloch. Ganz groß aber zog sich schräg durch den Raum eine getreue Nachbildung des gesamten architektonischen Komplexes, in dem er sich hier am Boden der letzten Matrjoschka befand. Nur die Farben waren andere; wahrscheinlich experimentierten die Herren Architekten mit verschiedenfarbigen Modellen.
Gelassen und selbstsicher folgte sein Blick den Formen der Anlage und den Perlenschnüren ähnelnden Miniaturausgaben der Gänge und Zimmer. Im Originalbauwerk und im zentralen Teil des Nebengebäudes hatte er noch gläubig darauf verzichtet, das Apfelmännchen nachzuweisen. Hier aber reizte ihn die Aufgabe wegen des Schwierigkeitsgrades ihrer Ausführung.

Verglichen mit der Größe des ganzen Zimmers war der zentrale Teil nur ein winziger Bereich. Alex selbst saß im Schlüsselloch. Um im Zielpunkt zu landen und nicht etwa daneben, musste er die Strecke bis zur Mitte des Zimmers überqueren, also überspringen, und sich dabei wer weiß wie viele Male verkleinern.
Das war eine Aufgabe ganz nach seinem Geschmack. Er zurrte sich den Bildschirm mit der Strippe an sein Gehäuse fest, packte die Taschenlampe mit sicherem Griff, stieß sich kräftig vom Schlüsselloch ab und sprang in die angepeilte Richtung.
Im Vergleich zu dem, was ihm jetzt widerfuhr, war der Kopfsprung durch die Matrjoschkas ein Kinderspiel gewesen! In rasendem Sturzflug – der freie Fall ist dagegen eine harmlose Fallschirmübung – stürzte er durch eine Welt nach der anderen. Die Farben flitzten und blitzten vorbei, als drehe sich ein ganzer Farbkreisel mit Lichtgeschwindigkeit um ihn herum. In kurzen und gleich bleibenden Abständen ertönte ein merkwürdiges Geräusch, ein Knistern und Knallen, so als würde

Papier durchstoßen oder als zerknallten Bonbontüten. Durchrauschte er etwa japanische Papierschächtelchen? Es rüttelte und schüttelte ihn, dass seine Prozessoren fast aus ihren Halterungen sprangen. Der Bildschirm drohte ihm wegzurutschen. In immer schnellerer Folge wechselten Farben und Welten, blitzte und flitzte, knallte und hallte, knisterte und knasterte, klitschte und klatschte, rüttelte und schüttelte es. Und kein Ende!

Dabei hatte er im Speicher noch nicht einmal seinen letzten Willen hinterlegt. Was sollte sein Freund, der Wissenschaftler, von ihm denken, wenn er jetzt aus allen Welten schied, ohne seiner noch einmal freundschaftlich gedacht zu haben? Denn dass es nun mit ihm zu Ende ging, schien ihm unausweichlich. Es sei denn, der Himmel würde ihn noch einmal erretten.

212 Am Grunde der letzten Schachtel

Doch selbst der vollbringt ein und dasselbe Wunder nicht zweimal am gleichen Vormittag. Was soll ich euch sagen: Nicht der Himmel hat Alex diesmal gerettet, sondern die Ausdauer und die Geschicklichkeit seiner japanischen Freunde und die Qualität japanischen Pergaments.

Der Aufprall war gar nicht so hart. Der Boden des letzten Papierschächtelchens hatte dem plötzlichen Druck elastisch nachgegeben, sich etwas gedehnt und war dann sanft zurückgefedert. Bei seinem Sturz durch die Schachtelwelt hatte Alex so viele Papierwände durchschlagen, dass die Geschwindigkeit und die Wucht seines Falles doch nach und nach abgebremst worden waren. Das letzte Schächtelchen, dass aus bestem und ausgesuchtestem Pergament bestand, war deshalb auch die letzte Station seines Absturzes. Nur waren die Kanten des Quadrats an seinem Boden durch den Aufprall ein wenig verbogen und verzogen.

Welch feines und ungewöhnliches Muster aber schmückte das gelblich-weiße Pergament! Graziös und durchsichtig wie Libellenflügel die größeren roten und fuchsinfarbenen, grünen und türkisblauen Strukturen; in sie eingelassen zwei Blaue Blumen mit anmutig geschwungenen und wie Perlenschnüre fein gegliederten Fortsätzen. In der Mitte aber ein dunkelblaues Blütenblatt von bisher ungesehener Gestalt. Solch ein Muster konnte nur den besten Freunden vorbehalten sein.

Über die Faszination, die von dem Bild ausging, hätte Alex fast vergessen, weshalb er eigentlich hier war. Er hatte doch das Apfelmännchen aufspüren wollen. Aber hier war keines! War alles umsonst gewesen? Hatte er sich in die Tiefe gestürzt und war um ein Haar umgekommen, um nun mit leeren Händen am Grunde des letzten Schächtelchens zu sitzen? Konnte er sich nicht mehr auf seine Erfahrungen verlassen?
Ich glaube, wir müssen unseren Freund jetzt etwas trösten. Für den todesmutigen Sprung aus dem Schlüsselloch in das Zentrum des Modells, das in dem Zimmer des Seitenflügels des imposanten Bauwerks aufgebaut war, über dem Alex nach seinem Sturz durch die Matrjoschkas gelandet war, verdient er unsere höchste Achtung. Auch war er genau im Zielpunkt gelandet, was einer Meisterleistung gleichkommt. Dass er noch am Leben ist, verdankt er treuen Freunden; er darf sich ihrer rühmen. Und hat er nicht ein einmalig schönes Muster gefunden, das allein es wert ist, solche Gefahren auf sich zu nehmen?
Nichtsdestotrotz gab es nur einen Weg, aus der für ihn peinlichen Situation herauszufinden: weitersuchen und sich unter Umständen noch einmal in höchste Gefahr begeben.

Alex, der kein Feigling war, ging sein guter Ruf über alles. Er konnte und wollte es nicht auf sich sitzen lassen, auf halbem Wege unverrichteter Dinge umzukehren. Das Problem war einzig und allein seine technische Ausrüstung.
Diesmal war es nicht die Taschenlampe, die ihm Sorgen bereitete; er war hier überall mit Lichtstärke 160 gut ausgekommen. Außerdem verfügte er ja über den Satz Reservebatterien, die ihm die Heinzelmännchen freundlicherweise zugespielt hatten. Heute war es sein Mikroskop, das die Grenze seiner Leistungsfähigkeit erreicht hatte.

Bedenkt bitte: Alex befand sich am Anfang des letzten Abschnitts vor der Grenze zum Weißen Nichts. Der schmale Pfad, der hier durch die Nasenspitze des Apfelmännchens führt, ist nur noch ein ganz dünner Strich. Allein die Wanderung entlang dieses Weges erforderte bereits die Beherrschung der Verkleinerungskunst. Aber dann war er in die vielen Matrjoschkas gestürzt, eine kleiner als die andere. Am Boden der kleinsten war das Bauwerk gelegen, in dessen Nebengebäude er eingedrungen war – wiederum ein Glanzstück an Verkleinerung. Auch das Schlüsselloch hatte ihm einiges abverlangt. Und nun der Sturz durch die unzähligen, dicht an dicht gepackten Papierschächtelchen, wieder eines kleiner als das andere. Wie lange konnte er das fortsetzen? Wann würde ihm das Mikroskop den Dienst versagen? Es half nichts, er musste es darauf ankommen lassen.

Betrübliche Einsicht

In dem Muster auf dem Pergament gab es einige Punkte, an denen er hätte suchen können. Da waren zum Beispiel die beiden Blumen, in deren Blütenkelchen es sich lohnte nachzuschauen; ferner die beiden Schnittpunkte der zentralen Figur mit den Perlenschnüren, welche je zwei Ecken des Quadrats miteinander verbanden, und schließlich das Zentrum der zentralen Figur selbst. Wegen seiner zentralen Lage entschied sich Alex für Letzteres.

Äußerst behutsam versuchte er, sich in die Mitte des Musters auf dem Pergament zu dirigieren. Jetzt war er an dem blauen Gebilde im Zentrum angekommen. Es erinnerte ihn an das winzige Juwel auf der Nadel der Krawatte seines Freundes, des Wissenschaftlers, die er bei festlichen Anlässen in der Akademie gelegentlich getragen hatte. In das wollte er hinein! Er nestelte am Mikroskop. Das funktionierte noch.

Langsam und immer noch schrumpfend schlich er über die blauseidene Krawatte. Und erreichte tatsächlich den kunstvoll gebundenen

Knoten. Das Bild aber, welches das Mikroskop an den Bildschirm weitergab, war nur noch halb so scharf wie alle bisherigen.

Nun schon fast halb blind tastete Alex sich die Nadel entlang an das Juwel heran. Noch einmal verringerte sich die Schärfe des Bildes um mehr als die Hälfte. Wären nicht die unterschiedlichen Farben gewesen, die sein Ziel von der Nadel und dem kunstvoll gebundenen Knoten abhoben, so hätte es Alex schon gar nicht mehr wahrnehmen können. Dabei hätte er das Juwel mit all den zierlichen Details auf seiner Oberfläche doch so gern aus der Nähe besehen. Um jedoch erspähen zu können, ob auf ihm etwa ein Bildnis eingraviert war, hätte er es nochmals, und zwar mehrmals tüchtig vergrößern müssen. An diesem Punkt nun quittierte das Mikroskop endgültig den Dienst. Alex versuchte noch einige Tricks, um vielleicht bei klarer Sicht doch noch näher heranzukommen, aber nichts half mehr.

213 Die blauseidene Krawatte

Vielleicht war es sogar gut so, dass das Experiment in diesem Augenblick seinen jähen Abschluss fand. Denn hätte das Mikroskop weiter funktioniert, so hätte Alex doch viel Zeit benötigt, um sich auf das Juwel zu setzen, und wer weiß, wie lange er dessen Oberfläche noch hätte absuchen müssen, bis er auf das Apfelmännchen getroffen wäre, sofern es überhaupt eines gab. Aus dem Marsch zur Grenze wäre dann auch heute nichts geworden.

Wieder einmal musste Alex erfahren, dass er gegen die Unendlichkeit nicht ankam. Das Mikroskop hatte bisher wirklich Großartiges geleistet; und doch hatte er mit seiner Hilfe nur einen ganz winzigen Zipfel vom Mantel der Unendlichkeit erspäht, der das Innere des Apfelmännchens umgab und durchdrang. Wir haben volles Verständnis für Alex' Wunsch nach einem leistungsfähigeren Mikroskop. Aber selbst wenn er sich mit Hilfe eines solchen Instruments noch viele, viele Male hätte verkleinern können – irgendwann wäre er auch dann an einen Punkt gekommen, an dem es nicht mehr weiterging. Und wieder wäre er betrübt gewesen, dass alle Welten, die hinter – oder besser: die **in** – diesem Punkt lagen, für ihn unerschlossen bleiben mussten.

Als Computer mit endlicher Leistungskraft beschränkte er sich also darauf, das zu tun, was in seinen Möglichkeiten stand. Vor allem musste er jetzt wieder an die Oberfläche des schmalen Pfades aufsteigen, von dem aus er sich in das russisch-japanische Abenteuer gestürzt hatte. Wir werden ihn dabei nicht begleiten, sondern erwarten ihn am rechten Rand von Bild 208 (siehe Seite 238).

Von Rose zu Rose

Nach seinem Wiederauftauchen hatte Alex zunächst einige Wartungsarbeiten an sich vornehmen müssen. Es galt, die Prozessoren wieder ordentlich zu befestigen und einige Schrammen, die der Bildschirm abbekommen hatte, zu beseitigen. Schließlich fühlte er sich wieder voll einsatzfähig und richtete den Blick voraus, der Grenze entgegen.

Das russisch-japanische Abenteuer hatte sich in dem ersten der vier braunen Ovale abgespielt. In dieses wollte er beileibe nicht noch einmal hinabtauchen. Vielmehr versetzte er sich mit einem kräftigen Sprung sogleich an den Anfang des zweiten (siehe Seite 238, Abb. 208).

Auch hier herrschte das Matrjoschka- oder Schachtelungsprinzip. In das braune Oval waren zwei fuchsinrote eingeschlossen, in diese wieder vier braune; dann folgten acht türkisblaue, sechzehn grüne, zweiunddreißig dunkelblaue und so weiter.

Der Plan, den Alex zur Erforschung dieser zweiten Etappe auf dem Weg zur Grenze fasste, sah vor, lediglich an einem markanten Punkt eine Stichprobe zu machen. Im zweiten türkisblauen Oval von rechts wählte er zu diesem Zweck die Schnittstelle zwischen den beiden grünen Ovalen aus.

Das Mikroskop machte keine Schwierigkeiten und zeigte ihm schon bald, dass die Schnittstelle der beiden grünen Ovale eigentlich gar keine war, sondern eine Verengung zwischen den grünen, aber auch den nachfolgenden blauen, schwarzen, weißen und gelben Ovalen, die von einem fuchsinroten Gebiet ausgefüllt war, welches seinerseits ein türkisblaues Oval beherbergte, in dem … Aber lassen wir Alex doch einfach weitergehen, dann können wir viel besser sehen, wie der Engpass im Einzelnen beschaffen ist.

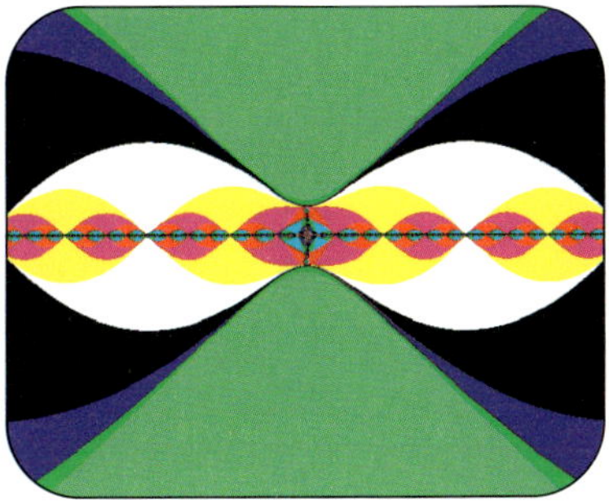

214 Engpass

Unser Freund hatte das türkisfarbene Gebiet in mehreren Schritten, bei denen er sich von Mal zu Mal verkleinerte, schon längst hinter sich gelassen, mehrere andere Farbfelder durchquert und war nun gerade von Fuchsinrot, Braun und neuem Türkis umgeben, an die sich nach der Mitte des Engpasses hin blütenblätterförmig Grün, Blau, Schwarz, Grau und weitere anschlossen. Die Mitte selbst glich mehr einem rundlichen Zusammenspiel hellerer Farben. Als er noch tiefer eindrang, zeigte sich das helle, zentral gelegene Gebiet in der Form eines Achtecks. In dieses waren mehrere andersfarbige Achtecke eingelassen, in deren gemeinsamem Zentrum eine Blume mit acht blauen Blütenblättern und einem weißen, rot und türkis getupften Blütenkelch prangte. Dieser Anblick ließ Alex nach dem betrüblichen Ausgang des russisch-japanischen Abenteuers neue Hoffnung schöpfen. Mit großer Ungeduld wartete er, bis ihn das Mikroskop endlich so weit verkleinert hatte, dass er nun ganz dicht vor die Blume hintreten und direkt in ihren Blütenkelch hineinschauen konnte. Und war überaus

215

216

217

zufrieden, dass ihm aus dem weiß und blau geränderten, mit sechzehn rot-türkis-blauen Spitzen besetzten runden Kissen einer seiner kleinen Apfelmännchenfreunde das Näschen entgegenstreckte.

Solche Stichproben waren für Alex natürlich alles andere als ein zielloses Umherflattern von Rose zu Rose und von einem Apfelmännchen zum anderen. Jede Verengung zwischen zwei Ovalen war ein von Apfelmännchen bevorzugter Ort – das war Alex' Vermutung, die er anhand der Proben exemplarisch zu erhärten suchte. So sagte er denn auch für den einen Engpass, den er sich im nächsten, dem dritten und vorletzten, braunen Oval als Versuchsstück auserkoren hatte, voraus, ein Apfelmännchen zu finden.

218

Zunächst allerdings erschien eine vierblättrige Blume (Abb. 218). Alex war felsenfest davon überzeugt, dass in dem Blütenkelch ein Apfelmännchen sitzen würde. Es sichtbar zu machen wäre für ihn Routine gewesen. Er aber liebte schwierigere Aufgaben. Außerdem gibt es für den aufmerksamen Touristen in Nebenstraßen und engen Seitengässchen gewöhnlich mehr und Interessanteres zu sehen als auf den breiten Boulevards. Deshalb stieg er über die Mitte der Blüte hinweg und krabbelte das nach oben strebende Blütenblatt bis zum Schnittpunkt der weißgelblichen Ovale hinauf.

219

«Lasst uns doch lieber hier nachschauen», sprach er zu sich, führte alle Verkleinerungsprozeduren – und es waren ihrer nicht wenige – korrekt

aus und erhielt als Preis dafür wieder eine vierblättrige Blume (Abb. 219).
Ihre Form glich der vorigen, nur die Farben hatten sich verändert. Ein verborgenes Zeichen war einzig das Innere des Blütenkelches. Es bestand nicht aus dem gewohnten Rund, in dem das Apfelmännchen gewöhnlich nistete, sondern schien ein kreuzförmiges Gebilde zu enthalten, das sofort Alex' Neugier erregte.
Er sandte ein Stoßgebet gen Himmel, dass ihm das Mikroskop nicht wieder den Dienst versagen möge. Dann drang er behutsam in das Innere des Kelches vor.

Ritt auf der Kreuzspinne

220

Je mehr er sich dem grünen Grund des Blütenkelches näherte, desto unheimlicher wurde ihm. Dort in der Tiefe, schräg über ein braunes Achteck hingebreitet, hockte irgendein Wesen, das er nicht zu erkennen und schon gar nicht zu beschreiben vermochte.
Auf den ersten Blick hätte es irgendein Insekt sein können. Das Merkwürdige aber war, dass es zwei Oberkörper und zwei Köpfe hatte und nur einen Hinterleib. Dennoch war es kein Zwi.
Wisst ihr, was ein Zwi ist? Nein? Ich habe es lange Zeit auch nicht gewusst, aber Herr Morgenstern berichtet aus eigener Anschauung und somit aus zuverlässiger Quelle von seiner Begegnung mit einem solchen:

«Er war ein wunderlicher Tropf.
Er hatte außer seinem Kopf
noch einen zweiten Kopf, am Knie,
weshalb man ihn auch hieß: den Zwi.

Unglaublich und absonderlich!
Ein Körper, denkt euch, und zwei Ich!
Ein Mensch, der selbst sich duzt, ein Mann,
der Aug in Aug sich sitzen kann!»

Ein Zwi war dieses Insekt also nicht, was schon daran zu erkennen war, dass sein zweiter Kopf ihm nicht am Knie saß. Außerdem war sein schwarzblauer Hinterleib, der die Form eines spitzen Vierecks hatte, mit einem hellen Kreuz gezeichnet. Von derselben Farbe, aber von anderer Gestalt, waren die beiden Oberkörper, auf denen jeweils ein grüner Kopf saß, der mit dem Oberkörper durch ein blaues Halsteil verbunden war. Seine sechs Beine hatte das Insekt weit über das braune Achteck gespreizt.
«Um Himmels willen, eine Spinne!», schrie Alex auf und fuhr entsetzt zurück. «Eine Kreuzspinne. Pfui Spinne!»
Vor Spinnen hatte Alex einen unheimlichen Respekt. Er rührte daher, dass ihm einmal eine in den Schlitz seines Diskettenlaufwerks eingedrungen war und sein Inneres gehörig durcheinander gebracht hatte. Deshalb wollen wir ihn schnell beruhigen, denn es wäre schade, wenn er jetzt die Flucht ergriffe.
Vor diesem Exemplar, das hier im Blütenkelch saß, brauchte er nicht zu erschrecken. Wenn sie auch ein weißes Kreuz auf dem Hinterleib trug wie echte Kreuzspinnen, war sie doch sofort als Märchenspinne zu erkennen. Nicht nur an ihren sechs Beinen, denn echte Kreuzspinnen haben acht. Was sie eindeutig als ein Fabelwesen auswies, waren die zwei Oberkörper und die zwei Köpfe. Kreuzspinnen mit zwei Köpfen sind in unserer Welt bisher noch nicht gesichtet worden. Außerdem hatte unsere Märchenspinne noch eine merkwürdige Zeichnung auf den Oberkörpern; auch diese Besonderheit tritt bei echten Vertretern der Art nicht auf.

Unsere Argumente müssen Alex eingeleuchtet haben, denn er zeigte schon keine Anzeichen von Panik mehr. Um es genauer zu besehen,

ging er wie ein interessierter Spinnenforscher mit dem Mikroskop sogar ganz dicht an das seltsame Wesen heran. Wollte er sich etwa verkleinern und sich mitten auf die Spinne setzen? Ja, genau! Auf eine echte Kreuzspinne hätte er sich natürlich niemals zu setzen gewagt, aber eine Märchenspinne ist nun mal ganz harmlos und konnte ihm nichts antun. Und nicht einfach auf die Spinne hinaufklettern wollte er, nein, er hatte sich etwas Besonderes ausgedacht.
Fürs Erste holte er sich das merkwürdige Objekt näher ins Mikroskop. Dann wählte er von den zwei Oberkörpern den oberen aus. Der war weißgelblich umrändert und in seinem Zentrum mit einem rundlichen Blau-Bunt gezeichnet. Auf dieses Zentrum steuerte Alex jetzt zu und bohrte sich ganz hinein.

221 Märchenspinne Nr. 1

Erneut begann eine Fahrt durch verschiedene Welten, in denen er sich jedoch nie länger als einen Augenblick aufhielt und die er für seinen Bericht an das Große Apfelmännchen nicht gesondert dokumentierte. Dann kam es zu einem Zwischenfall. Plötzlich hing er nämlich fest und kam nicht weiter. Alex schaute sich völlig verdutzt um und bemerkte zu seinem Entsetzen, dass er in einem Spinnennetz hing.
Es war achteckig und mit feinsten tiefblauen Fäden gezogen. Mittendrin aber hockte eine dicke Spinne. Sie musste von derselben Art sein wie die, auf deren Oberkörper er saß, denn auch sie hatte nur einen Hinterleib, aber zwei Oberkörper und zwei Köpfe. Das weiße Kreuz auf ihrem Hinterleib war jedoch viel kleiner als das auf der ersten.
Alex folgerte blitzschnell: Offensichtlich war auch diese hier nur eine Märchenspinne, die sich mitsamt ihrem Netz gegenüber der ersten um ungefähr fünfundvierzig Grad nach links gedreht hatte. Eines aber beunruhigte ihn doch. Er war in den Oberkörper der Kreuzspinne eingedrungen und fand wieder eine. Sie war zwar harmlos, aber eben auch kein Apfelmännchen! Gewiss, er hatte eine interessante Ent-

222 Märchenspinne Nr. 2

deckung gemacht, aber nicht die, auf die er eigentlich aus war. Er kam sich vor wie Kolumbus, der den westlichen Seeweg nach Indien finden wollte und dabei unversehens Amerika entdeckt hatte.

Was aber, wenn er der zweiten Spinne nur rein zufällig begegnet und sie die einzige war, die sich auf dem Oberkörper der ersten aufhielt? Das ließe sich ja leicht feststellen, meinte Alex, und da es ihm als Computer keine Probleme bereitete, sich aus den Fängen des Netzes zu befreien, saß er auch schon auf dem Oberkörper der zweiten Spinne. Immer darauf gefasst, vielleicht wieder in einem Spinnennetz hängen zu bleiben, grub er sich durch viele Welten tief und tiefer in sie hinein. Deshalb erschreckte es ihn auch keineswegs, als es nach einiger Zeit tatsächlich ruckte und irgendetwas seine Fahrt jäh unterbrach.

223 Märchenspinne Nr. 3

«Natürlich eine dritte Kreuzspinne», bemerkte er mit kalter Stimme. «Selbstverständlich sitzt auch sie in einem achteckigen, wenn auch andersfarbigen Netz und ist gegenüber der in dem blauen Netz wiederum um ungefähr fünfundvierzig Grad nach links gedreht.»

Der Ton, in dem er das Erscheinen dieser dritten Kreuzspinne kommentierte, machte mehr als deutlich, dass er kein Verlangen mehr hatte, noch weiter in dieses Spinnennest einzudringen. Und da er auf seinem Marsch zur Grenze ohnehin schon viel zu viel Zeit mit dem russisch-japanischen Abenteuer zugebracht hatte, beschloss er kurzerhand, die Schar sich drehender Kreuzspinnen nicht weiter zu verfolgen, und kehrte zu dem schmalen Pfad zurück.

Das weiße Apfelmännchen

Es war schon später Nachmittag, als Alex den Engpass zwischen dem dritten und dem vierten braunen Oval zu Fuß erreichte. Das vierte Oval war in der gleichen eintönigen Weise gestaltet wie die vorigen. Es enthielt acht türkisblaue Ovale. Das letzte, das unmittelbar vor der Grenze lag, war schon so klein, dass es nur noch als Punkt sichtbar war.

Den Engpass am rechten Rand des braunen Ovals untersuchte Alex als ersten. Alles verlief wie am Schnürchen. Schon nach wenigen Schritten in die Tiefe stieß er auf eine vierblättrige Blume. Sie barg in ihrem Innern eine achtblättrige, in deren Blütenkelch schon ein Apfelmännchen sichtbar war.

224

Nach dem Kreuzspinnenabenteuer war es Alex nur recht, dass er so nahe an der Oberfläche auf einen seiner Freunde stieß. Doch wünschte er sich, es möge ihm größer entgegentreten. Das Apfelmännchen tat ihm den Gefallen gern; was blieb ihm auch anderes übrig, nachdem Alex sich entsprechend verkleinert und die Lichtstärke der Taschenlampe auf 1600 erhöht hatte.

«Ein weißes Apfelmännchen!», rief Alex entzückt. So etwas sah er zum ersten Male. «Bist du eine Apfelmännchenbraut im weißen Hochzeitsgewand?», fragte er die Erscheinung. Doch es kam keine Antwort. «Oder bist du ein Apfelmännchengreis mit schlohweißem Haar?» Leider blieb das Apfelmännchen abermals stumm. «Es ist wohl doch ein schon sehr altes Exemplar», konstatierte Alex betrübt.

225

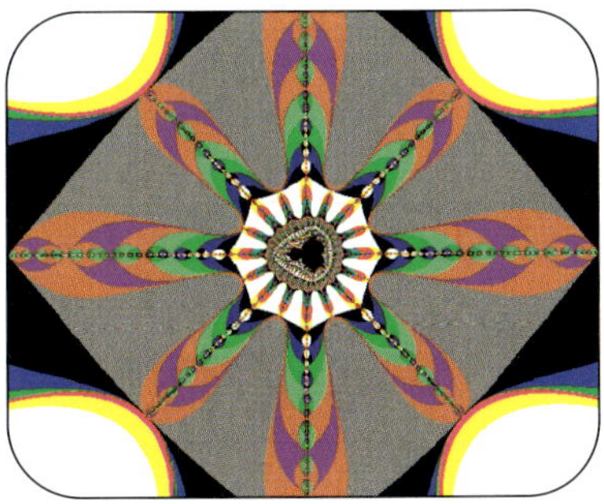

Ihr mögt euch wundern, dass er auf dieser Deutung bestand. Doch war es keineswegs reine Willkür, die ihm diese Sicht suggerierte. Vielmehr

226 Das weiße Apfelmännchen

erfasste ihn, je näher er der Grenze kam, ein unerklärliches Gefühl, dass die Apfelmännchen in dieser Gegend seltener wurden und älter waren als alle, die er von früheren Reisen her kannte. Woher dieser Eindruck stammte, wusste er nicht, und auch ich vermag es euch nicht zu sagen. Nehmen wir es einfach zur Kenntnis.
Alex verbeugte sich still und ehrfürchtig vor dem Greis und verabschiedete sich. Sichtlich nachdenklich kehrte er zum Engpass zwischen dem dritten und dem vierten braunen Oval zurück.

Maulwurf Alex

Es dunkelte schon, als er sich auf den Weg zu einer weiteren Schnittstelle machte. Die Grabungsarbeiten, die hier bevorstanden, waren eine willkommene Ablenkung von den Gedanken an Alter und Vereinsamung.
Betont emsig trug er Schicht um Schicht von dem Engpass ab und wühlte sich tief in die Schnittstelle hinein. Es dauerte lange, bis er endlich fündig und in der verborgenen Tiefe eine vierblättrige Blume sichtbar wurde. Einmal freigelegt, dankte sie mit einem kräftigen Farbenspiel. Ihre eleganten Blütenblätter leuchteten dunkelblau auf türkisfarbenem Grund, und ein achtzackiger Stern bildete ihren Blütenkelch.
Dieser zog Alex wie ein Magnet an. In demselben Maße, wie Alex kleiner wurde, erreichte der Kelch eine stattliche Größe. Alex lag daran zu erfahren, wie wohl das Apfelmännchen aussehe, das sich im Innern des Kelches bereits zeigte. Ob es noch älter als der Apfelmännchengreis und gänzlich von schlohweißem Haar umgeben war?
Mit bangen Gefühlen näherte er sich dem Apfelmännchen und sah

ihm bei Lichtstärke 1600 voll ins Gesicht. Alex' Züge entspannten sich. Nein, das war kein Greis! Ein rosarotes Vollblutapfelmännchen strahlte ihn an. Zwar war es ebenfalls von weißen und grauen Randzonen umgeben, doch nicht in einer Weise, dass man hätte sagen müssen, es handle sich um ein uraltes Apfelmännchen. Sichtlich erleichtert nahm Alex zur Kenntnis, dass sich seine dunklen Ahnungen nicht bestätigt hatten. Es war mitnichten so, dass, je näher er der Grenze kam, die Apfelmännchen immer älter wurden.

227

In diesem letzten Abschnitt nahm Alex noch viele Grabungen vor. Mit jeder Schnittstelle zwischen zwei Ovalen kam er der Grenze zum Weißen Nichts näher und näher. Zugleich schoben sich in den verbliebenen Raum immer neue Ovale hinein. Er grub und grub wie ein Besessener. Ein Maulwurf hätte nicht schneller und gründlicher vorgehen können. Und jedes Mal stieß er zunächst auf eine vierblättrige Blume, dann auf eine achtblättrige, eine sechzehnblättrige und so weiter, bis im Blütenkelch das erwartete Apfelmännchen auftauchte.

228

So ging das von Oval zu Oval und von Engpass zu Engpass: graben – finden – auftauchen – springen – graben – graben – finden – auftauchen – springen – graben – graben – graben – … Nein, das hielt auf die Dauer nicht der stärkste Computer aus.
«So komme ich doch nie zur Grenze», stöhnte unser Freund. Und weil es in komplizierten Situationen immer besser ist, trotz großer Zeitnot eine Denkpause einzulegen, als unüberlegt zu handeln, besann er sich erst einmal und dachte nach.

229

Bekenntnis zur Endlichkeit

Von Achilles hatte er gelernt, dass der Unendlichkeit mit bloßem Ihr-Hinterherlaufen nicht beizukommen ist. Ein allerletztes Oval, gleich in welcher Farbe, würde es nicht geben; immer lägen im allerletzten wieder vier andersfarbige allerallerletze, deren letztes das allerallerallerletzte wäre, welches seinerseits – na, und so fort. Irgendwann träfe er freilich endgültig auf ein letztes, nämlich dann, wenn das Mikroskop seine Leistungsgrenze erreichte. Seine eigene Endlichkeit war der Unendlichkeit des Apfelmännchens nicht gewachsen. Zwischen den unendlich vielen Ovalen, die noch vor ihm lagen, gab es unendlich viele Engpässe mit unendlich vielen vier- und achtblättrigen Blumen und den dazugehörigen Apfelmännchen.
So schwindelerregend diese Überlegung auch war, sie entlockte Alex doch ein leises Lächeln. Denn nun gab es wirklich keinen Grund mehr für trübe und dunkle Ahnungen, seine Lieblinge könnten in der Nähe der Grenze seltener, vereinzelter oder alt, uralt und noch urälter werden. Auf dem winzigen noch verbliebenen Stück Weg bis zur nahen Grenze tummelten sich in den farbenprächtigsten Blütenkelchen unendlich viele springlebendige Apfelmännchen! Das Problem war nur, dass er sich kleiner und immer kleiner machen und tiefer und immer tiefer graben musste, um sie zu finden, und er unendlich viel Zeit benötigte, um an allen Engpässen zu graben.
«Keinen Sprung weiter zum nächsten Oval!», entschied Alex ein für alle Mal. Also Rast und Übernachtung, ohne die Grenze erreicht zu haben, und morgen Rückkehr gesenkten Hauptes? Kein schöner Gedanke.

Nach längerem Nachdenken entschloss er sich zu einer neuen Taktik. Er wollte sich um keine Ovale und keine Engpässe mehr kümmern, sondern die Grenze fest ins Auge fassen und so nahe an sie herangehen, wie sein Mikroskop es zuließ. Von dieser letzten Station sollte das Große Apfelmännchen ein Bilddokument erhalten, und er würde ihm

230 An der Grenze zum Weißen Nichts

reinen Gewissens versichern, wirklich bis an die Grenze gegangen zu sein. Nicht bis zu der des Apfelmännchens, aber bis an seine eigene. Es war schon dunkle Nacht, als er diesen allerletzten Sprung vollzog. Was er sah, war eine schier endlose Kolonne vielfarbiger Matrjoschkas, die ineinander geschachtelt und im Gänsemarsch der unendlich fernen Grenze entgegenzogen.

«Mich fasst Verzweiflung, foooltert Spott»,

schrie er den Schluss des Liedes heraus, mit dem er in den Morgen gezogen war. Dann sank er total erschöpft zu Boden und in einen tiefen, tiefen, traumlosen Schlaf.

Fragender Nachtrag

Nein, verzweifelt muss er wahrlich nicht sein, unser Alex, weil er die Unendlichkeit vor der Grenze zum Weißen Nichts durch Sprünge von einem Apfelmännchen zum nächsten nicht einholen kann. Diese Erfahrung hat er während seiner Reise ausgehend vom Hinterende des Großen Apfelmännchens bis in dessen Nasenspitze ja wiederholt gemacht. Und hat er nicht nach jeder Ernüchterung immer wieder neuen Mut gefasst und sich in neue Abenteuer gestürzt, die ihm stets zu neuen Erlebnissen, auch zu neuen Einsichten, wenn nicht gar Erkenntnissen verholfen haben?

Und Spott braucht er ebenfalls nicht zu befürchten. Wer wie er bemüht ist, getreulich zu beschreiben, wie es im Innern des Apfelmännchens aussieht, darf zu Recht Zuspruch und Belobigung erwarten. Gewiss, er kleidete seine Einsichten nicht immer in eine strenge Form, wie sein Freund, der Wissenschaftler, dies gewiss getan hätte. Dem war bei Alex' Resümee seiner ersten Begegnung mit falschen Apfelmännchen, dass es im Kopf zwar ähnlich, aber doch ganz anders zugeht als im Bauch, ein kalter Schauer über den Rücken gelaufen. Aber hatte Alex etwa nicht Recht mit seiner Schlussfolgerung?

Nun ist er in der Nasenspitze des Apfelmännchens, unweit der Grenze zum Weißen Nichts, vollkommen erschöpft entschlummert. Gönnen wir ihm die Ruhe. Und wünschen wir ihm und uns, dass er irgendwo im Apfelmännchen und irgendwann in diesem oder im nächsten Jahrhundert wieder auftauchen wird, denn schließlich hatte er sich vorgenommen, das Apfelmännchen nicht nur von rechts nach links zu bereisen, sondern auch dessen obere bzw. untere Regionen zu inspizieren, weil doch das Apfelmännchen nicht nur eine Grenze zum Weißen Nichts hat, sondern überall in ihm die Grenze zwischen seinen vielfältigen Strukturen und seinem schwarzen Inneren verläuft. Wer weiß schon, was den armen Alex dort noch alles erwartet?

Literatur

Aristoteles. Werke. Bd. 19. Problemata Physika. Akademie-Verlag. Berlin 1975

Binnig, Gerd: Wer sich isoliert, kann überleben. In: Die Welt, 30. Dezember 1989. S. 17

Binnig, Gerd: Die Geheimnisse der Kreativität. In: Bild der Wissenschaft. H.3 / 1990

Binnig, Gerd: Aus dem Nichts. Serie Piper. München / Zürich 1992

Carroll, Lewis: Alice im Wunderland. Alice im Spiegelland. Reclam. Leipzig 1981

Collodi, Carlo: Pinocchios Abenteuer. Reclam. Leipzig 1983

Feigenbaum, Mitchell: Universal Behaviour in Nonlinear Systems. Los Alamos Science. 1980

Goethes Naturwissenschaftliche Schriften. I. Teil. In: Goethes Werke. Hrsg. im Auftrage der Großherzogin Sophie von Sachsen. II. Abt., 11. Bd. Weimar 1893

Goethe, Johann Wolfgang von: Das Märchen. Leipzig 1921

Aus Goethes Brieftasche. Die schönsten Aufsätze über Natur, Kunst, Volk von Johann Wolfgang Goethe. Verlag der Nation. Berlin 1978

Grimms Märchen. Gesammelt durch die Brüder Grimm. Aufbau-Verlag. Berlin 1959

Wilhelm Hauffs sämtliche Werke in vier Bänden. Zweiter Band. Märchen. Reclam. Leipzig 1902

Julia, Gaston: Mémoire Sur L'Iteration des Fonctions Rationelles. In: Journal de Math. Pure et Appl. 4, 47 (1918)

Lichtenberg, Georg Christoph: Sudelbücher. In: Vermächtnisse. Hamburg 1972

Mandelbrot, Benoît B.: Die fraktale Geometrie der Natur. Akademie-Verlag. Berlin 1987

Mandelbrot, Benoît B.: Fraktale und die Wiedergeburt der Experimentellen Mathematik. In: Peitgen, H.-O., Jürgens, H., Saupe, D.: Bausteine des Chaos – Fraktale. Berlin, Heidelberg 1992

Morgenstern, Christian: Alle Galgenlieder. Leipzig und Weimar 1981

Nadolny, Sten: Die Entdeckung der Langsamkeit. Serie Piper. München, Zürich 1983

Nietzsche, Friedrich: Die fröhliche Wissenschaft. Wilhelm Goldmann Verlag. München 1999

Novalis (Friedrich von Hardenberg): Heinrich von Ofterdingen. In: Dichtungen und Prosa. Reclam. Leipzig 1975

Ovid: Metamorphosen. In: Ovid. Werke in zwei Bänden. Erster Band. Aufbau-Verlag. Berlin und Weimar 1968

Peitgen, Heinz-Otto, und Richter, Peter H.: The Beauty of Fractals. Images of Complex Dynamical Systems. Springer-Verlag. Berlin, Heidelberg, New York, Tokyo 1986

Peitgen, H.-O.: Mit den Fraktalen kehren die Bilder in die Mathematik zurück. In: Kunstforum, **124**, Nov. / Dez. 1993 (116–117)

Peitgen, H.-O., Jürgens, H., Saupe, D.: Bausteine des Chaos – Fraktale. Berlin, Heidelberg 1992

Saint-Exupéry de, Antoine: Der kleine Prinz. Berlin 1965

Wege in die Unendlichkeit - Daten der Graphiken

Lfd. Nr.	ReStart	ReEnd	ImStart	MaxIt
1	-2.55	2.8	-2	1
2	"	"	"	2
3	"	"	"	3
4	"	"	"	4
5	"	"	"	5
6	"	"	"	6
7	"	"	"	7
8	"	"	"	8
9	"	"	"	9
10	"	"	"	10
11	"	"	"	11
12	"	"	"	12
13	"	"	"	13
14	"	"	"	14
15	"	"	"	15
16	"	"	"	16
17	"	"	"	1 600
18	-2.25	1	-1.2	160
19	0.25	0.27	-0.007	160
20	"	"	"	1 600
21	0.25	0.2500 5	-0.0000 13	1 600
22	0.2504 995	0.2505 1	-0.0000 23	160
23	"	"	"	272
24	"	"	"	288
25	"	"	"	320
26	"	"	"	480
27	"	"	"	800
28	"	"	"	1 600
29	"	"	"	16000
30	0.2505 043	0.2505 05	-0.0000 182	16000
31	0.2505 073	0.2505 086	-0.0000 1885	160

Lfd. Nr.	ReStart	ReEnd	ImStart	MaxIt
32	"	"	"	240
33	"	"	"	272
34	"	"	"	320
35	"	"	"	448
36	"	"	"	560
37	"	"	"	1 600
38	0.2505 0752	0.2505 0765	-0.0000 1863 35	640
39	"	"	"	800
40	"	"	"	560
41	"	"	"	480
42	0.2505 07604	0.2505 0761 7	-0.0000 1858 95	704
43	"	"	"	832
44	"	"	"	848
45	"	"	"	992
46	"	"	"	1 200
47	"	"	"	1 600
48	0.2505 0760 78	0.2505 0761 27	-0.0000 1858 64	1 600
49	"	"	"	2 400
50	"	"	"	16000
51	0.2505 0762 35	0.2505 0762 65	-0.0000 1818 4937	16000
52	-0.8	-0.7	-0.035	1 600
53	-0.8	-0.7	-0.08	1 600
54	-0.7508	-0.7498	-0.0216 5	160
55	-0.75	-0.7495	-0.0216 1	160
56	"	"	"	16000
57	-0.7498 85	-0.7498	-0.0215 78	320
58	"	"	"	640
59	-0.7507 13	-0.7506 6	-0.0214 5	320
60	"	"	"	640
61	-0.75	-0.7498	-0.0216 65	160
62	"	"	"	176
63	"	"	"	256
64	"	"	"	320
65	"	"	"	800
66	"	"	"	1 600
67	"	"	"	16000

Lfd. Nr.	ReStart	ReEnd	ImStart	MaxIt
68	-0.7508	-0.7505 7	-0.0214 8	160
69	″	″	″	288
70	″	″	″	320
71	″	″	″	480
72	″	″	″	1 600
73	-0.7506 79	-0.7506 75	-0.0214 447	480
74	″	″	″	640
75	″	″	″	800
76	″	″	″	1 600
77	-0.7506 7723	-0.7506 7705	-0.0214 4258	1 600
78	″	″	″	16 000
79	-0.7506 772	-0.7506 755	-0.0214 431	800
80	″	″	″	1 600
81	-0.7498 816	-0.7498 66	-0.0215 939	8 000
82	″	″	″	16 000
83	-0.7499 41	-0.7499 29	-0.0215 95	480
84	″	″	″	640
85	-0.7499 38	-0.7499 33	-0.0215 923	800
86	″	″	″	16 000
87	-0.7499 9466 4	-0.7499 9466 1	-0.0216 0382 62	320
88	-0.7499 9466 3727 7	-0.7499 9466 3725	-0.0216 0382 5464	320
89	-0.7499 9466 15	-0.7499 9466 085	-0.0216 0382 59	320
90	″	″	″	480
91	-2	-1.39	-0.25	160
92	-1.42	-1.4	-0.007	1 600
93	-1.403	-1.401	-0.0007	160
94	″	″	″	1 600
95	-1.4012	-1.4010 7	-0.0000 5	1 600
96	″	″	″	16 000
97	-1.4010 89	-1.4010 859	-0.0000 173	1 600
98	-1.4010 897	-1.4010 847	-0.0000 165	16 000
99	-1.4010 876	-1.4010 8725	-0.0000 173	1 376
100	″	″	″	1 392
101	″	″	″	1 408
102	″	″	″	1 600

Lfd. Nr.	ReStart	ReEnd	ImStart	MaxIt
103	-1.4010 8739 3	-1.4010 8739 21	-0.0000 173	1 600
104	-1.4010 8739 2616	-1.4010 8739 2589	-0.0000 1729 9614	1 600
105	"	"	"	2 400
106	"	"	"	3 200
107	"	"	"	16 000
108	-1.4010 8739 2606 5	-1.4010 8739 26	-0.0000 1729 9607 5	2 400
109	"	"	"	2 752
110	"	"	"	2 768
111	"	"	"	2 784
112	"	"	"	2 896
113	"	"	"	3 200
114	-1.4010 8739 2603 5	-1.4010 8739 2602	-0.0000 1729 9604 3	2 784
115	-1.4010 8739 2602 85	-1.4010 8739 2602 73	-0.0000 1729 9603 75	2 784
116	"	"	"	3 200
117	"	"	"	16 000
118	-1.4010 854	-1.4010 852	-0.0000 1485	16 000
119	-1.4010 8522 9	-1.4010 8521 49	-0.0000 1484 44	12 000
120	"	"	"	12 960
121	"	"	"	14 000
122	"	"	"	16 000
123	-1.4010 8522 3	-1.4010 8522 23	-0.0000 1484 385	16 000
124	"	"	"	24 000
125	"	"	"	32 000
126	-1.4010 854	-1.4010 852	-0.0000 1485	24 000
127	-1.412	-1.404	-0.003	1 600
128	-1.4113	-1.4108	-0.0001 79	1 600
129	-1.549	-1.415	-0.05	1 600
130	-1.495	-1.455	-0.015	1 600
131	-1.485	-1.47	-0.0057	1 600
132	-1.4747	-1.4743	-0.0001 5	160
133	"	"	"	1 600
134	-1.4745	-1.4744	-0.0001 5	160
135	"	"	"	176
136	"	"	"	240
137	"	"	"	480
138	"	"	"	1 600

Lfd. Nr.	ReStart	ReEnd	ImStart	MaxIt
139	-1.4744 4	-1.4744 2	-0.0001 1	320
140	-1.4744 385	-1.4744 285	-0.0001 06	320
141	″	″	″	480
142	″	″	″	800
143	″	″	″	3 200
144	-1.4744 254	-1.4744 235	-0.0001 052	320
145	″	″	″	480
146	″	″	″	4 800
147	-1.4744 254	-1.4744 2475	-0.0001 042	320
148	-1.4744 254	-1.4744 2515	-0.0001 0416	320
149	-1.4744 2528 3	-1.4744 2524 4	-0.0001 0407 9	320
150	″	″	″	3 200
151	-1.4806	-1.4793	-0.001	1 600
152	-1.4800 5	-1.4796 5	-0.0010 2	160
153	-1.4797 2	-1.4796 4	-0.0008 6	400
154	-1.4796 97	-1.4796 94	-0.0008 277	560
155	″	″	″	16000
156	-1.4801 5	-1.4799 5	-0.0009 2	320
157	-1.4799 83	-1.4799 75	-0.0008 32	320
158	″	″	″	640
159	-1.4799 81	-1.4799 78	-0.0008 31	640
160	″	″	″	16000
161	-1.4767	-1.4762	-0.0036 5	1 600
162	-1.4764	-1.4762	-0.0036 3	320
163	-1.513	-1.45	-0.05	160
164	-1.4883	-1.478	-0.032	160
165	-1.4834 9	-1.4830 5	-0.0287 6	1 600
166	-1.676	-1.574	-0.038	1 600
167	-1.639	-1.6155	-0.009	1 600
168	-1.6243 85	-1.6242 05	-0.0000 6	160
169	-1.6242 81	-1.6242 47	-0.0000 57	160
170	″	″	″	320
171	-1.6284 35	-1.6282 9	-0.0007 95	320
172	-1.6287 2	-1.6286	-0.0007 5	320
173	-1.6256	-1.6255	-0.002855	320
174	-1.647	-1.603	-0.035	160

Lfd. Nr.	ReStart	ReEnd	ImStart	MaxIt
175	-1.6282 5	-1.6274	-0.0224 5	1 600
176	-1.85	-1.67	-0.067	1 600
177	-1.85	-1.8	-0.0175	160
178	-1.8101 5	-1.8098 9	-0.0001 1	1 600
179	-1.9	-1.85	-0.0175	160
180	-1.8849 3	-1.8847 2	-0.0000 75 1	1 600
181	-1.95	-1.9	-0.0175	160
182	-1.9181 859	-1.9181 846	-0.0000 005	1 600
183	-2	-1.95	-0.0175	160
184	-1.9963 89	-1.9963 67	-0.0000 08	1 600
185	-1.9963 7525	-1.9963 75	-0.0000 0009	160
186	-1.9963 7508	-1.9963 7503	-0.0000 0009 6	320
187	-1.9963 788	-1.9963 7853	-0.0000 0096	320
188	-1.9963 794	-1.9963 7913	-0.0000 0098	240
189	-1.9963 7625	-1.9963 7614	-0.0000 0259	320
190	-1.9963 79	-1.9963 76	-0.0000 075	160
191	-1.9963 7773 01	-1.9963 7772 64	-0.0000 0750 06	160
192	-1.9963 7772 84	-1.9963 7772 81	-0.0000 0749 935	160
193	-1.9963 7772 8267 9	-1.9963 7772 8267 45	-0.0000 0749 9237 1	160
194	-1.9963 7772 8267 6996	-1.9963 7772 8267 6922	-0.0000 0749 9236 934	160
195	〃	〃	〃	1 600
196	-1.9963 6813	-1.9963 6806 5	-0.0000 0002 5	32
197	-1.9963 681	-1.9963 6806 5	-0.0000 0002 5	32
198	-1.9963 6813	-1.9963 6806 5	-0.0000 0002 5	48
199	-1.9963 6811	-1.9963 6808 5	-0.0000 0001	48
200	-1.9963 681	-1.9963 6809 45	-0.0000 0000 4	48
201	〃	〃	〃	160
202	-1.9963 6809 74	-1.9963 6809 7	-0.0000 0000 26	160
203	-1.9963 6809 725	-1.9963 6809 715	-0.0000 0000 2476	160
204	-1.9963 6809 7224 6	-1.9963 6809 717	-0.0000 0000 246	160
205	-1.9963 6809 7205	-1.9963 6809 7193 5	-0.0000 0000 2444	160
206	-1.9963 6809 7199 5	-1.9963 6809 7198 5	-0.0000 0000 2440 3	160
207	〃	〃	〃	1 600
208	-2	-1.9963 89	-0.0013	160
209	-1.9965 8018	-1.9965 8015 6	-0.0000 0000 9	160

Lfd. Nr.	ReStart	ReEnd	ImStart	MaxIt
210	-1.9965 8016 565	-1.9965 8016 27	-0.0000 0000 11	160
211	-1.9965 8016 4215 7	-1.9965 8016 4210 3	-0.0000 0000 1043 9	160
212	-1.9965 8016 4213 0486 9	-1.9965 8016 4213 0481 57	-0.0000 0000 1041 6572 4	160
213	-1.9965 8016 4213 0485 1	-1.9965 8016 4213 0483 6	-0.0000 0000 1041 6570 95	160
214	-1.9982 2	-1.9982	-0.0000 07	160
215	-1.9982 11	-1.9982 09	-0.0000 0075	160
216	-1.9982 0999 3	-1.9982 0994	-0.0000 0002	160
217	-1.9982 0997 5	-1.9982 0995 9	-0.0000 0000 6	1 600
218	-1.9995 5305 86	-1.9995 5304	-0.0000 0000 7	160
219	-1.9995 5304 9510 3	-1.9995 5304 9508 1	-0.0000 0000 4045 03	160
220	-1.9995 5304 9509 4	-1.9995 5304 9509	-0.0000 0000 4044 36	160
221	-1.9995 5304 9509 31	-1.9995 5304 9509 08	-0.0000 0000 4044 3	160
222	-1.9995 5304 9509 179	-1.9995 5304 9509 169	-0.0000 0000 4044 2417	160
223	-1.9995 5304 9509 1743 5	-1.9995 5304 9509 1738 5	-0.0000 0000 4044 2398	160
224	-1.9997 76	-1.9997 721	-0.0000 0145	160
225	-1.9997 7427 5	-1.9997 7383	-0.0000 0016 7	160
226	-1.9997 7411	-1.9997 74	-0.0000 0004 1	1 600
227	-1.9999 8591 3	-1.9999 8584 9	-0.0000 0002 4	160
228	-1.9999 8588 25	-1.9999 8587 98	-0.0000 0000 1	160
229	-1.9999 8588 14	-1.9999 8588 0935	-0.0000 0000 017	1 600
230	-2	-1.9999 9999 9999 9998 659	-0.0000 0000 0000 0000 5	160

rororo science: Die Titel

- Amdahl, Kenn
  Elektronen gibt es hier nicht
  Elektrizität für coole Köpfe
  60727 1

- Baeyer, Hans Christian von
  Das All, das Nichts und Achterbahn
  Physik und Grenzerfahrungen
  60357 8

  Regenbogen, Schneeflocken und Quarks
  Physik und die Welt, die wir täglich erleben
  19709 X

- Barrow, John D.
  Ein Himmel voller Zahlen
  Auf den Spuren mathematischer Wahrheit
  19742 1

  Die Natur der Natur
  Wissen an den Grenzen von Raum und Zeit
  19608 5

- Basieux, Pierre
  Abenteuer Mathematik
  Brücken zwischen Wirklichkeit und Fiktion
  60178 8

  Die Top Ten der schönsten mathematischen Sätze
  60883 9

  Die Welt als Roulette
  Denken in Erwartungen
  19707 3

  Die Architektur der Mathematik
  61119 8 (November 2000)

- Beck-Bornholdt, Hans-Peter · Dubben, Hans-Hermann
  Der Hund, der Eier legt
  Erkennen von Fehlinformation durch Querdenken
  60359 4

- Blech, Jörg
  Leben auf dem Menschen
  Die Geschichte unserer Besiedler
  60880 4

- Braun, Karl-Ferdinand
  Geheimnisse der Zahl und Wunder der Rechenkunst
  60808 1

- Crick, Francis
  Was die Seele wirklich ist
  Die naturwissenschaftliche Erforschung des Bewußtseins
  60257 1

- Dawkins, Marian Stamp
  Die Entdeckung des tierischen Bewußtseins
  19743 X

- Dawkins, Richard
  Das egoistische Gen
  19609 3

- Di Trocchio, Federico
  Der große Schwindel
  Betrug und Fälschung in der Wissenschaft
  60809 X

- Dörner, Dietrich
  Die Logik des Mißlingens
  Strategisches Denken in komplexen Situationen
  19314 0

- Drösser, Christoph
  Stimmt's?
  Moderne Legenden im Test
  60728 X

  Stimmt's? Noch mehr moderne Legenden im Test
  60933 9

- Duve, Christian de
  Aus Staub geboren
  Leben als kosmische Zwangsläufigkeit
  60160 5

- Einstein, Albert · Infeld, Leopold
  Die Evolution der Physik
  19921 1

- Genz, Henning
  Die Entdeckung des Nichts
  Leere und Fülle im Universum
  60729 8

  Wie die Zeit in die Welt kam
  Die Entstehung einer Illusion aus Ordnung und Chaos
  60731 X

- Gierer, Alfred
  Die gedachte Natur
  Ursprünge der modernen Wissenschaft
  60552 X

- Graßmann, Hans
  Das Top Quark, Picasso und Mercedes-Benz
  oder Was ist Physik?
  60806 5

- Haken, Hermann
  Erfolgsgeheimnisse der Natur
  Synergetik: Die Lehre vom Zusammenwirken
  19744 8

- Halpern, Paul
  Löcher im All
  Modelle für Reisen durch Zeit und Raum
  60356 X

- Hargittai, István · Hargittai, Magdolna
  Symmetrie
  Eine neue Art, die Welt zu sehen
  60358 6

- Hawking, Stephen · Penrose, Roger
  Raum und Zeit
  60885 5

- Hawking, Stephen
  Einsteins Traum
  Expeditionen an die Grenzen der Raumzeit
  60132 X

  Eine kurze Geschichte der Zeit
  60555 4

  Stephen Hawkings Welt
  Ein Wissenschaftler und sein Werk
  19661 1

- Jaynes, Julian
  Der Ursprung des Bewußtseins
  19529 1

- Kaku, Michio
  Im Hyperraum
  Eine Reise durch Zeittunnel und Paralleluniversen
  60360 8

- Kippenhahn, Rudolf
  Verschlüsselte Botschaften
  Geheimschrift, Enigma und Chipkarte
  60807 3

- Kröber, Karl Günter
  Das Märchen vom Apfelmännchen
  Band 1: Wege in die Unendlichkeit
  60881 2

  Das Märchen vom Apfelmännchen
  Band 2: Reise durch das malumitische Universum
  60882 0 (Oktober 2000)

- Linke, Detlef B.
  Hirnverpflanzung
  Die erste Unsterblichkeit auf Erden
  60135 4

- Lurija, Alexander R.
  Das Gehirn in Aktion
  Einführung in die Neuropsychologie
  19322 1

- Mérö, Làszlo
  Die Logik der Unvernunft
  Spieltheorie und die Psychologie des Handelns
  60821 9

- Monka, Michael · Tiede, Manfred · Voß, Werner
  Gewinnen mit Wahrscheinlichkeit
  Statistik für Glücksritter
  60730 1

- Neubauer, Dieter
  Demokrit läßt grüßen: Eine andere Einführung in die Anorganische Chemie
  60550 3

- Nørretranders, Tor
  Spüre die Welt
  Die Wissenschaft des Bewußtseins
  60251 2

- Peitgen, Heinz-Otto · Jürgens, Hartmut · Saupe, Dietmar
  Bausteine des Chaos
  Fraktale
  60250 4

  Chaos
  Bausteine der Ordnung
  60551 1

- Pössel, Markus
  Phantastische Wissenschaft
  Über Erich von Däniken und Johannes von Buttlar
  60259 8

- Poundstone, William
  Im Labyrinth des Denkens
  Wenn Logik nicht weiterkommt: Paradoxien, Zwickmühlen und die Hinfälligkeit unseres Denkens
  19745 6

- Randow, Gero von (Hg.)
  Der Fremdling im Glas und weitere Anlässe zur Skepsis, entdeckt im «Skeptical Inquirer»
  19665 4

  Mein paranormales Fahrrad
  und andere Anlässe zur Skepsis, entdeckt im «Skeptical Inquirer»
  19535 6

- Randow, Gero von
  Roboter
  Unsere nächsten Verwandten
  60553 8

  Das Ziegenproblem
  Denken in Wahrscheinlichkeiten
  19337 X

- Schnabel, Ulrich · Sentker, Andreas
  Wie kommt die Welt in den Kopf?
  Reise durch die Werkstätten der Bewußtseinsforscher
  60256 3

- Trefil, James
  Physik in der Berghütte
  Von Gipfeln, Gletschern und Gestein
  19382 5

- Tudge, Colin
  Letzte Zuflucht Zoo
  Die Erhaltung bedrohter Arten in Zoologischen Gärten
  60361 6

- Turkle, Sherry
  Leben im Netz
  Identität in Zeiten des Internet
  60069 2

- Watson, James D.
  Die Doppelhelix
  Ein persönlicher Bericht über die Entdeckung der DNS-Struktur
  60255 5

- White, Michael · Gribbin, John
  Stephen Hawking: Die Biographie
  19992 0